Así es la biología

Así es la biología

ERNST MAYR

Traducción de
Juan Manuel Ibeas

DEBATE

Papel certificado por el Forest Stewardship Council®

Penguin
Random House
Grupo Editorial

Título original: *This Is Biology*

Primera edición en este formato: febrero de 2025

© 1995, Ernst Mayr
© 2016, 2025, de la presente edición en castellano para todo el mundo:
Penguin Random House Grupo Editorial, S. A. U.
Travessera de Gràcia, 47-49. 08021 Barcelona
© 1998, Juan Manuel Ibeas Delgado, por la traducción

Printed in Spain – Impreso en España

ISBN: 978-84-10433-53-3
Depósito legal: B-21.336-2024

Impreso en Liber Digital S. L.
Casarrubuelos (Madrid)

C 4 3 3 5 3 3

En recuerdo de mi madre,
Helene Pusinelli Mayr,
a la que tanto debo

Índice

Prefacio 9

1 ¿Cuál es el sentido de «la vida»? 15

2 ¿Qué es la ciencia? 39

3 ¿Cómo explica la ciencia el mundo natural? 61

4 ¿Cómo explica la biología el mundo vivo? 83

5 ¿Avanza la ciencia? 99

6 ¿Cómo están estructuradas las ciencias de la vida? 125

7 El «qué». El estudio de la biodiversidad 143

8 El «cómo». La formación de un nuevo individuo 169

9 El «por qué». La evolución de los organismos 193

10 ¿Qué preguntas se plantea la ecología? 225

11 ¿Dónde encajan los humanos en la evolución? 247

12 ¿Puede la evolución explicar la ética? 269

Bibliografía 291

Glosario 305

Agradecimientos 315

Índice alfabético 317

Prefacio

Hace unos años, el entonces presidente de Francia, Valéry Giscard d'Estaing, declaró que el siglo XX había sido «el siglo de la biología». Puede que esto no sea del todo exacto para la totalidad del siglo, pero desde luego es cierto en lo referente a su segunda mitad. En la actualidad, la biología es un campo de investigación en plena expansión. Hemos sido testigos de descubrimientos trascendentales sin precedentes en genética, biología celular y neurología, y de espectaculares avances en biología evolutiva, antropología física y ecología. Las investigaciones sobre biología molecular han generado toda una industria, cuyos resultados se advierten ya en campos tan diversos como la medicina, la agricultura, la cría de animales y la nutrición humana, por citar sólo unos pocos.

No siempre ha sido tan boyante la posición de la biología. Desde la revolución científica del siglo XVII hasta bastante después de la segunda guerra mundial, para la mayoría de la gente sólo eran ciencias las ciencias «exactas» –física, química, mecánica, astronomía–, todas las cuales tenían una sólida base matemática e insistían en la importancia de ciertas leyes universales. Durante este tiempo, la física estuvo considerada como la ciencia modelo. En comparación, el estudio de los seres vivos se consideraba una ocupación inferior. Todavía son mayoría las personas que malinterpretan gravemente las ciencias de la vida. Por ejemplo, en los medios de comunicación se aprecia con frecuencia un gran desconocimiento de la biología, ya se esté tratando de la evolución, de la medición de la inteligencia, de la posibilidad de detectar vida extraterrestre, de la extinción de especies o de los peligros del tabaco.

Pero lo más lamentable es que entre los propios biólogos hay muchos que tienen un concepto obsoleto de las ciencias de la vida. Los biólogos modernos tienden a ser especialistas en grado sumo. Pueden saberlo todo sobre una especie concreta de ave, sobre las hormonas sexuales, sobre el comportamiento parental, sobre la neuroanatomía o sobre la estructura molecular de los genes, pero no suelen estar informados de los avances realizados fuera de su campo de estudio. Los biólogos casi nunca tienen tiempo para dejar de concentrarse en los avances de su especialidad y contemplar las ciencias de la vida en conjunto. Los genetistas, los embriólogos, los taxonomistas y los ecólogos se consideran a sí mismos biólogos, pero hay muy pocos que sean capaces de apreciar lo que sus diversas especialidades tienen en común y lo que las diferencia fundamentalmente de las ciencias físicas. Uno de los principales objetivos de este libro es arrojar algo de luz sobre estos temas.

He sido naturalista casi desde que aprendí a andar, y mi amor por las plantas y los animales me llevó a contemplar el mundo vivo de un modo holístico. Afortunadamente, las clases de biología en el instituto alemán al que asistí allá por 1920 se centraban en el organismo completo y sus interacciones con el entorno animado e inanimado. Ahora diríamos que allí se enseñaba historia de la vida, comportamiento y ecología. La física y la química, que también se estudiaban en el instituto, eran cosas completamente diferentes, y tenían muy poco que ver con las plantas y los animales vivos.

Durante los años en los que estudié medicina, estaba demasiado ocupado y demasiado entusiasmado con la medicina como para prestar atención a cuestiones básicas como «¿qué es la biología?» y «¿por qué la biología es una ciencia?». De hecho, en aquella época no existía ninguna asignatura –al menos, en las universidades alemanas– que se llamara «biología». Lo que ahora llamaríamos biología se enseñaba en los departamentos de zoología y botánica, en los que se daba mucha importancia al estudio de los tipos estructurales y su filogenia. A decir verdad, también había cursos de fisiología, genética y otras disciplinas más o menos experimentales, pero existía muy poca integración de unas con otras, y la base conceptual de los experimentalistas era en gran medida incompatible con la de los zoólogos y botánicos, cuyo trabajo se basaba en la historia natural.

Cuando me pasé de la medicina a la zoología (con especial interés por las aves) después de superar los exámenes preclínicos, seguí unos cursos de filosofía en la Universidad de Berlín. Pero me llevé una decepción al comprobar que no se tendían puentes entre la materia de estudio de las ciencias biológicas y la de la filosofía. No obstante, en los años veinte y treinta se iba desarrollando una disciplina que con el tiempo se denominaría «filosofía de la ciencia». En los años cincuenta, cuando me puse al corriente de sus enseñanzas, me llevé una nueva y amarga desilusión. Aquello no era filosofía de la ciencia; era filosofía de la lógica, de las matemáticas y de las ciencias físicas. No tenía casi nada que ver con los temas que interesan a los biólogos. Más o menos por entonces, elaboré una lista de las principales generalizaciones de la biología evolutiva explicadas en libros y artículos científicos –a estas alturas, varias de ellas eran aportación mía– y comprobé que ni una sola de ellas se abordaba adecuadamente en la literatura filosófica; la mayoría ni siquiera se mencionaba.

Aun así, yo todavía no había pensado en hacer una contribución a la historia y filosofía de la ciencia. Mis diversos ensayos sobre estos temas eran consecuencia de invitaciones a conferencias y simposios, que me obligaban a dejar temporalmente de lado mis estudios sobre teoría evolutiva y sistemática. Mi única intención era poner de manifiesto lo diferente que es la biología de la física en ciertos aspectos. Por ejemplo, en 1960, Daniel Lerner, del Instituto de Tecnología de Massachusetts, me invitó a participar en una serie de conferencias sobre la causa y el efecto. El problema de la causalidad biológica me había interesado desde que publiqué en 1926 un artículo sobre el verdecillo *(Serinus serinus)* y en 1930 otro sobre el origen de la migración de las aves. Así pues, acogí con agrado esta oportunidad de repasar mis ideas sobre el tema. Desde hacía mucho tiempo, me constaba que existía una diferencia categórica entre el mundo vivo y el inanimado. Ambos mundos obedecen las leyes universales descubiertas y analizadas por las ciencias físicas, pero los organismos vivos están sometidos, además, a un segundo conjunto de causas: las instrucciones del programa genético. Este segundo tipo de causación no existe en el mundo inanimado. Desde luego, no había sido yo el primer biólogo que descubría la dualidad de causación en los organismos, pero mi publicación de 1961, basada en aquella serie de conferencias, fue la primera que aportó un análisis detallado de la cuestión.

La verdad es que mis diversos ensayos acerca de las diferencias entre las ciencias de la vida y las ciencias físicas no iban especialmente dirigidas a los filósofos y los físicos, sino más bien a mis colegas los biólogos, que, sin darse cuenta, habían adoptado en sus publicaciones muchos conceptos fisicistas. Por ejemplo, a mí me parecía absurdo que se afirmara que todos los atributos de los sistemas vivos complejos podían explicarse mediante el estudio de los componentes inferiores (moléculas, genes o cosas por el estilo). Los organismos vivos forman una jerarquía de sistemas cada vez más complejos: moléculas, células y tejidos, organismos completos, poblaciones y especies. En cada nivel surgen características que no se habrían podido predecir estudiando los componentes del nivel inferior.

En un principio yo creía que este fenómeno de la emergencia, como ahora se le llama, era exclusivo del mundo vivo; y reconozco que en una conferencia que pronuncié en Copenhague, a principios de los cincuenta, afirmé que la emergencia era uno de los rasgos distintivos del mundo orgánico. En aquella época, todo el concepto de la emergencia se consideraba un tanto metafísico. Cuando el físico Niels Bohr, que se encontraba entre el público, pidió la palabra durante el coloquio, me preparé para encajar una refutación aniquiladora. Sin embargo, y para mi sorpresa, Bohr no puso ninguna objeción al concepto de emergencia, sino sólo a mi idea de que establecía una divisoria entre las ciencias físicas y las biológicas. Citando el caso del agua, cuya «acuosidad» no se puede predecir a partir de las características de sus dos componentes, el hidrógeno y el oxígeno, Bohr afirmó que la emergencia campa por sus respetos en el mundo inanimado.

Además del reduccionismo, otra bestia negra que me disgustaba de manera especial era el pensamiento tipológico, bautizado más adelante como «esencialismo» por el filósofo Karl Popper. Consistía en clasificar la diversidad de la naturaleza en tipos fijos (clases), invariables y perfectamente diferenciados de los demás tipos. Este concepto, que se remonta a Platón y a la geometría pitagórica, resultaba particularmente inadecuado para la biología evolutiva y de poblaciones, donde uno no encuentra clases, sino agrupaciones de individuos únicos; es decir, poblaciones. A los que están acostumbrados al pensamiento fisicista parece que les resulta difícil explicar fenómenos variables del mundo vivo en términos de poblaciones (el llamado pensamiento poblacionista). Discutí este problema largo y tendido con el físico Wolfgang Pauli, que estaba muy interesado en entender cómo pensábamos los biólogos. Casi llegó a entenderlo cuando le sugerí que pensara en un gas formado por sólo 100 moléculas, cada una moviéndose en distinta dirección y a diferente velocidad. Él lo llamó «gas individual».

La biología también ha sido mal interpretada por muchos de los que intentan elaborar una historia de la ciencia. En 1962, cuando se publicó *Estructura de las revoluciones científicas,* de Thomas Kuhn, yo no me explicaba a qué venía tanto alboroto. Era innegable que Kuhn había refutado algunas de las tesis más disparatadas de la filosofía de la ciencia tradicional, y que había recalcado la importancia de los factores históricos. Pero lo que ofrecía a cambio me parecía igual de disparatado. En la historia de la biología, ¿dónde estaban las revoluciones cataclísmicas y dónde los largos períodos de «ciencia normal» postulados por la teoría de Kuhn? Según mis conocimientos de la historia de la biología, no existían tales cosas. Nadie pone en duda que *El origen de las especies* de Darwin, publicado en 1859, fuera revolucionario, pero las ideas sobre la evolución llevaban un siglo rondando. Y además, la teoría darvinista de la selección natural –el mecanismo clave de la adaptación evolutiva– no se aceptó plenamente hasta casi un siglo después de su publicación. Durante todo este tiempo hubo revoluciones menores, pero jamás un período de ciencia «normal». No sé si la tesis de Kuhn será válida para las ciencias físicas, pero no se puede aplicar a la biología. Los historiadores con formación física no parecían darse cuenta de lo que había sucedido en el estudio de los organismos vivos en los tres últimos siglos.

Para mí estaba cada vez más claro que la biología era una ciencia muy diferente de las ciencias físicas; difería drásticamente en su materia de estudio, en su historia, en sus métodos y en su filosofía. Si bien todos los procesos biológicos son compatibles con las leyes de la física y la química, los organismos vivos no se pueden reducir a estas leyes fisicoquímicas, y las leyes físicas no pueden explicar muchos aspectos de la naturaleza que son exclusivos del mundo vivo. Las ciencias físicas clásicas, en las que se basaba la filosofía de la ciencia clásica, estaban dominadas por un conjunto de ideas inadecuadas para el estudio de los organismos: entre ellas figuraban el esencialismo, el determinismo, el universalismo y el reduccionismo. La biología bien entendida incluye el pensamiento poblacionista, la probabilidad, la oportunidad, el pluralismo, la emergencia y la narración histórica. Se necesitaba una nueva filosofía de la ciencia que pudiera incorporar el modo de pensar de todas las ciencias, tanto la física como la biología.

Lo cierto es que cuando me planteé escribir este libro, tenía en la cabeza un proyecto más modesto. Quería escribir una «biografía» de la biología que diera a conocer al lector la importancia y la riqueza de la biología en su totalidad, y que al mismo tiempo ayudara a los biólogos a título individual a afrontar un problema cada vez más abrumador: la explosión informativa. Cada año aumenta el número de profesionales que contribuyen a engrosar la avalancha de publicaciones. Prácticamente todos los biólogos con los que he hablado se quejan de que ya no tienen tiempo para ponerse al día en cuanto a las publicaciones de su especialidad, y ya no hablemos de las disciplinas afines. Y sin embargo, la información que llega de fuera de los estrechos dominios de la propia especialidad es, a menudo, decisiva para los avances conceptuales. Con mucha frecuencia, a uno se le ocurren nuevas direcciones de investigación cuando se aleja un poco de su propio campo y lo ve como una parte de una explicación más amplia del mundo vivo, en toda su maravillosa diversidad. Ojalá este libro proporcione una plataforma conceptual desde la que los biólogos puedan obtener una perspectiva más amplia de su programa de investigación particular.

Donde más aparente resulta la explosión informativa es en la biología molecular. En este volumen falta una discusión detallada de este campo, no porque yo considere que la biología molecular es menos importante que otros campos de la biología, sino precisamente por la razón contraria. Cuando tratamos de fisiología, desarrollo, genética, neurobiología o comportamiento, los procesos moleculares son los responsables primarios de todo lo que sucede, y cada día se realizan nuevos descubrimientos en estos campos. En los capítulos 8 y 9 he resaltado algunas de las principales generalizaciones («leyes») descubiertas por los biólogos moleculares. Aun así, me da la impresión de que hemos identificado muchos árboles pero aún no hemos visto el bosque. Puede que algunos no estén de acuerdo; en cualquier caso, un repaso completo de la biología molecular exige una competencia que yo no poseo.

Lo mismo se puede decir de otro campo sumamente importante: la biología de los procesos mentales. Todavía nos encontramos en una fase de exploración local y, simplemente, carezco de los conocimientos necesarios de neurobiología y psicología para intentar un análisis general. Un último campo que este volumen no aborda con detalle es la genética. El programa genético desempeña un papel decisivo en todos los aspectos de la vida de un organismo: estructura, desarrollo, funciones y actividades. Desde el auge de la biología molecular, los estudios genéticos se han centrado preferentemente en la genética del desarrollo, que se ha convertido prácticamente en una rama de la biología molecular, y por esta razón no he intentado cubrir este campo. No obstante, tengo la esperanza de que mi tratamiento de la biología como un todo pueda contribuir a una futura «biografía» de ésta y otras ramas fundamentales de la biología que no se abordan directamente en este libro.

Si los biólogos, físicos, filósofos, historiadores y otros profesionales interesados en las ciencias de la vida encuentran observaciones útiles en los capítulos que siguen, este libro habrá cumplido uno de sus objetivos principales. Pero toda persona culta debería estar familiarizada con los conceptos biológicos básicos: evolución, biodiversidad, competencia, extinción, adaptación, selección natural, reproducción, desarrollo y otros muchos que se comentan en este libro. La superpoblación, la destrucción del ambiente y la mala calidad de vida en las ciudades no se pueden resolver con adelantos técnicos, ni por medio de la literatura o la historia, sino sólo con medidas basadas en el conocimiento de las raíces biológicas de estos problemas. «Conocernos a nosotros mismos», como recomendaban los antiguos griegos, implica en primer lugar y por encima de todo conocer nuestros orígenes biológicos. El objetivo principal de este libro es ayudar a los lectores a adquirir un mejor conocimiento de nuestra posición en el mundo vivo y de nuestra responsabilidad hacia el resto de la naturaleza.

Cambridge, Massachusetts,
septiembre de 1996

Capítulo 1

¿Cuál es el sentido de «la vida»?

Los humanos primitivos vivían cerca de la naturaleza. Todos los días tenían que tratar con animales y plantas, actuando como recolectores, cazadores o pastores. Y la muerte –de niños y mayores, de las mujeres en el parto, de los hombres en contiendas– estaba siempre presente. Estoy seguro de que nuestros primeros antepasados ya se plantearon la eterna pregunta: «¿qué es la vida?»

Es posible que en un principio no se estableciera una distinción clara entre la vida de un organismo vivo y el espíritu de un objeto natural no vivo. Casi todos los pueblos primitivos creían que existían espíritus residentes tanto en las montañas y ríos como en los árboles, animales o personas. Este concepto animista de la naturaleza fue extinguiéndose poco a poco, pero se siguió creyendo firmemente que en los seres vivos existía «algo» que los distinguía de la materia inanimada y que se separaba del cuerpo en el momento de la muerte. En la antigua Grecia, ese algo, en el ser humano, se llamó «aliento». Más adelante, y sobre todo en la religión cristiana, se denominó alma.

En los tiempos de Descartes y de la revolución científica, los animales (junto con las montañas, ríos y árboles) habían perdido ya su derecho a poseer alma. Pero la división dualista entre cuerpo y alma en los seres humanos seguía gozando de una aceptación casi universal, y todavía hay mucha gente que cree en ella. Para los dualistas, la muerte era un problema especialmente desconcertante. ¿Por qué tendría el alma que morir de repente o abandonar el cuerpo? Si el alma se separaba del cuerpo, ¿iba a alguna parte, ya fuera el cielo o el nirvana? Hasta que Charles Darwin no desarrolló su teoría de la evolución por selección natural, no fue posible una explicación científica y racional de la muerte. August Weismann, un seguidor de Darwin de finales del siglo XIX, fue el primero en explicar que una rápida secuencia de generaciones produce nuevos genotipos en número suficiente como para hacer frente de manera permanente a los cambios del ambiente. Su ensayo sobre la muerte marcó el comienzo de una nueva era en nuestro conocimiento de lo que la muerte significa.

Sin embargo, cuando los biólogos y los filósofos hablan de «la vida», por lo general no se están refiriendo a la vida (esto es, al vivir) en contraste con la muerte, sino a la vida en contraste con el no vivir de los objetos inanimados. Explicar la naturaleza de esa entidad llamada «vida» ha sido uno de los principales objetivos de la biología. El problema es que «la vida» sugiere la existencia de «algo» –una sustancia o una fuerza–, y durante siglos los filósofos y biólogos han intentado en vano identificar esa sustancia o fuerza vital. En realidad, el sustantivo «vida» es una simple cosificación del proceso de vivir. No existe como entidad independiente[1]. El proceso de vivir se puede estudiar científicamente, cosa que no es posible con la abstracción «vida». Se puede describir e incluso intentar definir lo que es vivir; se puede definir lo que es un organismo vivo; y se puede intentar establecer una distinción entre lo vivo y lo no vivo. Incluso se puede intentar explicar cómo el proceso de vivir es el producto de moléculas que en sí mismas no están vivas[2].

Qué es la vida y cómo se pueden explicar los procesos vitales han sido temas de acaloradas controversias desde el siglo XVI. En pocas palabras, la situación era la siguiente: siempre existía un bando que afirmaba que, en realidad, los organismos vivos no eran diferentes de la materia inanimada; a estas personas se las llamó primero mecanicistas y más tarde fisicistas. Y siempre existió un bando contrario –los llamados vitalistas– que aseguraba que los organismos vivos tenían propiedades que no existían en la materia inerte, y que, por lo tanto, las teorías y conceptos biológicos no se podían reducir a las leyes de la física y la química. En algunos períodos y en ciertos círculos intelectuales, los fisicistas parecieron salir victoriosos; en otros tiempos y lugares pareció que ganaban los vitalistas. En este siglo ha quedado claro que ambos bandos tenían parte de razón y ambos se equivocaban en parte.

Los fisicistas habían acertado al insistir en que no existe un compo-

---

[1] Aún más estéril resulta la búsqueda si se sustituye la palabra «vida» por «mente» o «conciencia». Esta sustitución se hizo para facilitar la distinción entre la vida humana y la de los animales, pero resultó ser una mala estrategia porque no existe una definición de mente o de conciencia que sólo sea aplicable a los humanos y excluya a todos los animales.

[2] En el siglo pasado se hicieron muchos intentos de definir la vida (o el vivir) en una sola frase; algunos basados en la filosofía, otros en la genética, pero ninguno completamente satisfactorio. Lo que sí se ha conseguido es describir de modo cada vez más correcto y completo todos los aspectos de la vida. Se podría decir que «vivir es el conjunto de actividades de los sistemas autoconstruidos, controlados por un programa genético». Rensch (1968:54) afirma que «los organismos vivos son sistemas abiertos, ordenados jerárquicamente, compuestos principalmente de moléculas orgánicas, y que normalmente consisten en individuos claramente delimitados, compuestos de células y con una duración limitada». Sattler (1986:228) dice que un sistema vivo se puede definir como «un sistema abierto que se autorreproduce, se autorregula, manifiesta individualidad y se alimenta de energía del entorno». Pero éstas son descripciones, más que definiciones; contienen afirmaciones que no son necesarias y omiten referencias al programa genético, que posiblemente sea el rasgo más característico de los organismos vivos.

nente metafísico de la vida, y en que, a nivel molecular, la vida se puede explicar según los principios de la física y la química. Por su parte, los vitalistas tenían razón al afirmar que, a pesar de todo, los organismos vivos no son como la materia inerte, sino que poseen numerosas características propias –en especial sus programas genéticos, adquiridos a lo largo del tiempo– que no se han encontrado en la materia inanimada. Los organismos son sistemas ordenados a muchos niveles, muy diferentes de todo lo que conocemos en el mundo inanimado. A la filosofía que acabó compaginando los principios más válidos del fisicismo y el vitalismo (tras descartar los excesos) se le dio el nombre de organicismo, y es el paradigma dominante en la actualidad.

LOS FISICISTAS

Los primeros intentos de explicación natural del mundo (en contraposición con las explicaciones sobrenaturales) fueron obra de varios filósofos griegos, entre ellos Platón, Aristóteles, Epicuro y otros muchos. Sin embargo, estos prometedores principios cayeron en el olvido en siglos posteriores. En la Edad Media predominó la estricta adhesión a las enseñanzas de la Biblia, que atribuían todo lo que existe en la naturaleza a Dios y Sus leyes. Pero el pensamiento medieval, sobre todo a nivel popular, se caracterizaba también por la creencia en toda clase de fuerzas ocultas. Con el tiempo, este pensamiento animista y mágico fue desplazado, aunque no eliminado, por una nueva manera de contemplar el mundo, que se llamó muy apropiadamente «la mecanización de la imagen del mundo» (Maier, 1938)[3].

Las influencias que condujeron a la mecanización de la imagen del mundo fueron múltiples. No sólo hay que incluir a los filósofos griegos,

---

[3] Los historiadores Maier (1938) y Dijksterhuis (1950, 1961) han descrito de manera espléndida el cambio gradual desde los griegos, pasando por la «Era Oscura» y la filosofía escolástica, hasta los comienzos de la revolución científica, representada por los nombres de Copérnico, Galileo y Descartes. Estos historiadores han determinado las múltiples influencias que incidieron en este desarrollo y lo que se ha conservado de la tradición griega. Esto incluye, por ejemplo, «el apasionado empeño de la ciencia física clásica en buscar en todas partes lo inmutable que se oculta tras la variabilidad de los fenómenos» (Dijksterhuis 1961:8); es decir, el esencialismo. «La idea fundamental de toda la filosofía [de Platón] es que las cosas que percibimos son sólo copias imperfectas, imitaciones o reflejos de formas o conceptos ideales» (Dijksterhuis 1961:13). Es evidente que Platón influyó más que Aristóteles en el desarrollo de estas ideas. Fue él quien «respaldó con entusiasmo el principio pitagórico... como germen de la matematización de la ciencia». Platón convierte el cosmos en un ser vivo, infundiendo un alma al cuerpo del mundo» (Dijksterhuis 1961:15).

transmitidos al mundo occidental por los árabes junto con escritos originales redescubiertos, sino también los adelantos tecnológicos del final de la Edad Media y comienzos del Renacimiento. A la gente le fascinaban los relojes y otros autómatas y, a decir verdad, casi cualquier tipo de máquina. Esto culminó con la afirmación cartesiana de que todos los organismos, excepto los humanos, no eran otra cosa que máquinas.

Descartes (1596-1650) se convirtió en el portavoz de la revolución científica, que, con su afán de precisión y objetividad, no podía aceptar ideas vagas, basadas en la metafísica y lo sobrenatural, como la del alma de los animales y plantas. Al restringir la posesión de un alma a los humanos y declarar que los animales no eran más que autómatas, Descartes cortó el nudo gordiano, por decirlo de algún modo. Con la mecanización del alma animal, Descartes completó la mecanización de la imagen del mundo[4].

Se hace un poco difícil entender que el concepto mecanicista de los organismos pudiera gozar de tan prolongada aceptación. Al fin y al cabo, no ha existido nunca una máquina que se construyera a sí misma, se reprodujera, se autoprogramara o fuera capaz de procurarse energía por sí misma. La similitud entre un organismo y una máquina es superficial en grado sumo. Y sin embargo, el concepto no acabó de morir hasta bien entrado el siglo XX.

El éxito de Galileo, Kepler y Newton, que utilizaron las matemáticas para reforzar su explicación del cosmos, contribuyó también a la mecanización de la imagen del mundo. Galileo (1623) expresó sucinta-

---

[4] En realidad, ésta es una presentación bastante simplista del modo en que Descartes llegó a dicha conclusión. La historia se remonta a la teoría de Aristóteles, aceptada por los filósofos escolásticos, según la cual las plantas tienen un alma nutritiva, los animales un alma sensitiva, y sólo el ser humano posee un alma racional. Al alma sensitiva de los animales se le atribuía sustancia material, mientras que el alma racional era inmortal. Las capacidades del alma sensitiva de los animales se limitaban a percepciones sensoriales y memoria. En los escritos de Descartes queda claro que éste entendía por alma (racional) «la conciencia reflexiva del propio ser y del objeto del pensamiento». Atribuir a los animales la capacidad de pensamiento racional equivaldría a aceptar que poseen un alma inmortal, y eso para Descartes era una proposición inaceptable, porque significaría que sus almas irían al cielo. (Al parecer, a Descartes nunca se le pasó por la cabeza la idea atea de que tal vez no existiera un cielo ni siquiera para las almas humanas.) En último término, el razonamiento de Descartes se basaba en las definiciones escolásticas de sustancia y esencia, que negaban la existencia de alma en los animales y la limitaban a los seres humanos pensantes y racionales. Esta conclusión eliminaba la inaceptable posibilidad de que los animales poseyeran un alma inmortal que ascendería al cielo después de la muerte (Rosenfield 1941: 21-22). Y si se negaba la existencia de alma en los animales, estaba claro que no se podía aceptar la creencia, todavía muy extendida en la Europa del siglo XVII, en un alma universal o *vita mundi* que impregnara el universo.

mente el prestigio de las matemáticas en el Renacimiento al decir que el libro de la naturaleza «no se puede entender a menos que antes se aprenda el idioma y se sepan leer las letras en que está escrito. Está escrito en el idioma de las matemáticas, y sus caracteres son triángulos, círculos y otras figuras geométricas, sin las cuales resulta humanamente imposible entender una sola palabra; sin ellas, uno se limita a vagar por un laberinto a oscuras».

Poco después, el rápido avance de la física hizo adelantar otro paso la revolución científica, convirtiendo el mecanicismo más bien general del período anterior en un fisicismo más específico, basado en un conjunto de leyes concretas que regulan el funcionamiento de cielos y tierra[5].

El movimiento fisicista tuvo el enorme mérito de refutar gran parte del pensamiento mágico que, en general, había caracterizado los siglos precedentes. Su principal logro consistió, seguramente, en aportar una explicación natural de los fenómenos físicos, eliminando en gran medida la fe en lo sobrenatural, que previamente era aceptada por casi todo el mundo. Es cierto que el mecanicismo, y sobre todo su derivación, el fisicismo, fue demasiado lejos en ciertos aspectos, pero esto era inevitable en un movimiento nuevo y enérgico. Sin embargo, debido a su parcialidad y a su incapacidad para explicar cualquiera de los fenómenos y procesos exclusivos de los seres vivos, el mecanicismo tuvo que enfrentarse a una rebelión. Este contramovimiento se suele describir con el término genérico de vitalismo.

Desde Galileo hasta los tiempos modernos, en biología se ha dado un tira y afloja entre las explicaciones de la vida estrictamente mecanicistas y las más vitalistas. El cartesianismo alcanzó su culminación con la publicación de *El hombre máquina,* de La Mettrie (1749). Vino a continuación un vigoroso florecimiento del vitalismo, sobre todo en Francia y Alemania, pero los nuevos triunfos de la física y la química a mediados del siglo XIX inspiraron otro resurgimiento del fisicismo en biología. Se limitó prácticamente a Alemania, lo cual no resulta sorprendente, teniendo en cuenta que en el siglo XIX Alemania era el país donde más estudios biológicos se realizaban.

---

[5] La palabra «mecanicista» se utilizó durante todo el siglo XIX y parte del XX con dos significados distintos. Por una parte, se refería a las opiniones de los que negaban la existencia de fuerzas sobrenaturales. Para los darvinistas, por ejemplo, significaba negar la existencia de todas las teologías cósmicas. Para otros, en cambio, la palabra mecanicista designaba a los que creían que no existe diferencia entre los organismos y la materia inanimada, que no existen procesos específicos de la vida. Para los fisicistas, éste era el principal significado del mecanicismo.

El florecimiento del fisicismo

El movimiento fisicista del siglo XIX se produjo en dos oleadas. La primera fue una reacción contra el vitalismo moderado defendido por Johannes Müller (1801-1858), que en los años 30 del siglo se pasó de la fisiología pura a la anatomía comparada, y por Justus von Liebig (1803-1873), famoso por sus incisivas críticas, que contribuyeron a poner fin al reinado del inductivismo. Los impulsores del movimiento fueron cuatro ex alumnos de Müller: Hermann Helmholtz, Emil DuBois-Reymond, Ernst Brücke y Matthias Schleiden. La segunda oleada, que comenzó hacia 1865, se identifica con los nombres de Carl Ludwig, Julius Sachs y Jacques Loeb. Es innegable que estos fisicistas hicieron importantes contribuciones a la fisiología. Helmholtz (junto con Claude Bernard en Francia) despojó al «calor animal» de sus connotaciones vitalistas, y DuBois-Reymond desveló gran parte del misterio de la fisiología nerviosa al presentar una explicación física (eléctrica) de la actividad de los nervios. Schleiden hizo avanzar la botánica y la citología con su insistencia en que las plantas están formadas por células y en que todos los elementos estructurales de las plantas son células o productos celulares. Helmholtz, DuBois-Reymond y Ludwig se destacaron sobre todo por inventar instrumentos cada vez más precisos para realizar las minuciosas mediciones que les interesaban. Esto les permitió, entre otros logros, descartar la existencia de una «fuerza vital», al demostrar que el trabajo se podía transformar en calor sin que quedara residuo. Todas las historias de la fisiología escritas desde entonces han recogido éstos y otros importantes avances.

Sin embargo, la filosofía básica de esta escuela fisicista era bastante ingenua, y era inevitable que provocara el desdén de los biólogos con conocimientos de historia natural. En las crónicas históricas de los muchos logros de los fisicistas, se suele pasar por alto su ingenuidad al referirse a los procesos biológicos. Pero no se puede entender la apasionada resistencia de los vitalistas a las proclamas de los fisicistas sin estar familiarizado con las explicaciones que los fisicistas ofrecían.

Resulta irónico que los fisicistas atacaran a los vitalistas por invocar una «fuerza vital» abstracta, ya que en sus propias explicaciones ellos mismos empleaban factores igualmente abstractos, como «energía» y «movimientos». Las definiciones de la vida y las descripciones de los procesos vitales formuladas por los fisicistas solían consistir en declaraciones absolutamente vacuas. Por ejemplo, el físico-químico Wilhelm Ostwald definía un erizo de mar como «una suma coherente y espacialmente discreta de cantidades de energía», como cualquier otro fragmento de materia. Para muchos fisicistas, una definición vitalista inaceptable se convertía en aceptable si se sustituía la fuerza vital por una «energía» igualmente indefinida. Wilhelm Roux (1895), responsable del florecimiento de la embriología experimental, declaró que el desarrollo es «la producción de diversidad debida a la distribución desigual de energía».

Aún más en boga que «energía» estaba la palabra «movimiento» para explicar los procesos vitales, incluidos los de desarrollo y adaptación. DuBois-Reymond (1872) escribió que el conocimiento de la naturaleza «consiste en explicar todos los cambios del mundo como consecuencia del movimiento de átomos»; es decir, en «reducir los procesos naturales a la mecánica de los átomos... Cuando se demuestra que los cambios de todos los cuerpos naturales se pueden explicar como una suma constante... de energía potencial y cinética, no queda ya nada por explicar en dichos cambios». Sus contemporáneos no parecían advertir que estas afirmaciones no eran más que palabras vacías, sin evidencia sustancial y con muy poco valor explicativo.

La creencia en la importancia del movimiento de los átomos no era exclusiva de los fisicistas: también la compartían algunos de sus oponentes. Para Rudolf Kölliker (1886) –un citólogo suizo que se percató de que los cromosomas del núcleo intervienen en la herencia y de que los espermatozoides son células–, el desarrollo era un fenómeno estrictamente físico, controlado por diferencias en los procesos de crecimiento: «Basta con postular la ocurrencia en el núcleo de movimientos regulares y típicos, controlados por la estructura del idioplasma».

Como queda de manifiesto en las declaraciones del botánico Karl Wilhelm von Nägeli (1884), otra de las explicaciones favoritas de los mecanicistas consistía en invocar «movimientos de las partes más pequeñas» para explicar «la mecánica de la vida orgánica»[6]. Para E. Strasburger, uno de los principales botánicos de la época, el efecto del núcleo sobre el resto de la célula –el citoplasma– consistía en «una propagación de movimientos moleculares... de un modo que podría compararse a la transmisión de un impulso nervioso»; no se trataba, pues, de un transporte de materiales. Por supuesto, esta idea es completamente errónea. Estos fisicistas nunca se dieron cuenta de que sus declaraciones sobre energía y movimiento no explicaban absolutamente nada. Los movimientos, si no se dirigen, se producen al azar, como el movimiento browniano. Algo tiene que dar dirección a esos movimientos, y en eso precisamente insistían siempre sus adversarios vitalistas.

---

[6] Nägeli (1845:1) dice que los términos concretos empleados en una explicación «deben estar expresados de manera general, absoluta y en forma de movimiento». Rawitz (fide Roux 1915) define la vida como «una forma especial de movimientos moleculares, y todas las manifestaciones de la vida son variaciones de esto».

Donde más quedaba en evidencia la debilidad de las interpretaciones puramente fisicistas era en las explicaciones de la fecundación. Cuando F. Miescher (discípulo de His y Ludwig) descubrió el ácido nucleico en 1869, creía que la función del espermatozoide era puramente mecánica, consistente en iniciar la división celular. Como consecuencia de esta ofuscación fisicista, Miescher no se percató de la importancia de su propio descubrimiento. Jacques Loeb sostenía que los agentes verdaderamente fundamentales de la fecundación no eran las nucleínas del espermatozoide, sino los iones. Casi da vergüenza leer a Loeb cuando afirma que «el *Branchipus* es un crustáceo de agua dulce que, si se cría en una solución salina concentrada, se hace más pequeño y experimenta algunos otros cambios; en este caso, se le llama *Artemia*». Los conocimientos biológicos de los fisicistas no estaban a la altura de su refinada formación química y, sobre todo, físico-química. Ni siquiera Sachs, que tan diligentemente estudió los efectos de diversos factores extrínsecos en el crecimiento y la diferenciación, parece haberse planteado en algún momento la cuestión de por qué las semillas de diferentes especies de plantas, criadas en idénticas condiciones de luz, agua y nutrientes, daban lugar a plantas de especies completamente diferentes.

Posiblemente, la escuela mecanicista más intransigente de la biología moderna fue la de la *Entwicklungsmechanik,* fundada hacia 1880 por Wilhelm Roux. Esta escuela de embriología representó una rebelión contra la parcialidad de los embriólogos comparativos, que sólo estaban interesados en cuestiones filogenéticas. Uno de los colaboradores de Roux, el embriólogo Hans Driesch, empezó siendo más mecanicista aún que él, si cabe, pero con el tiempo experimentó una conversión radical, de mecanicista extremista a vitalista extremista. Esto sucedió cuando dividió un embrión de erizo de mar en la fase de dos células, obteniendo dos embriones de una célula cada uno, y observó que estos embriones no daban lugar a medios organismos, como sus teorías mecanicistas postulaban, sino que eran capaces de compensar la pérdida y desarrollarse hasta formar larvas algo pequeñas, pero por lo demás perfectas.

Con el tiempo, la vaciedad e incluso el absurdo de estas explicaciones de la vida puramente fisicistas se hicieron evidentes para casi todos los biólogos, que, sin embargo, solían conformarse con adoptar la postura agnóstica y argumentar simplemente que los organismos y los procesos vitales no se pueden explicar por completo mediante el fisicismo reduccionista.

Los vitalistas

El problema de explicar «la vida» interesó a los vitalistas desde la revolución científica hasta bien avanzado el siglo XIX, pero no se convirtió en materia de análisis científico hasta el auge de la biología posterior a la década de 1820. Descartes y sus seguidores habían sido incapaces de convencer a los que estudiaban los animales y las plantas de que no existían diferencias trascendentales entre los organismos vivos y la materia inanimada. Pero tras la oleada de fisicismo, estos naturalistas tuvieron que plantearse de nuevo la naturaleza de la vida e intentar presentar argumentos *científicos* (no metafísicos o teológicos) contra la teoría maquinista de Descartes acerca de los organismos. Esta necesidad hizo surgir la escuela vitalista de biología[7].

Las reacciones de los vitalistas a las explicaciones fisicistas fueron muy diversas, ya que el mismo paradigma fisicista era muy amplio, no sólo en lo que afirmaba (que los procesos biológicos son mecánicos y se pueden reducir a las leyes de la física y la química), sino también en lo que no tenía en cuenta (las diferencias entre los organismos y la materia inerte, la existencia de propiedades adaptativas mucho más complejas en animales y plantas –la *Zweckmässigkeit* de Kant– y las explicaciones de la evolución). Cada una de estas afirmaciones y omisiones fue criticada por uno u otro adversario del fisicismo. Algunos vitalistas se centraron en las propiedades vitales no explicadas, otros en el carácter holístico de los seres vivos, y otros más, en la adaptación o la determinación (como en el desarrollo del óvulo fecundado).

Tradicionalmente, todas estas argumentaciones contrarias a los diversos aspectos del fisicismo se han agrupado bajo la etiqueta de vitalismo. En cierto sentido, esto no carecía de razón, ya que todos los antifisicistas defendían las propiedades específicamente biológicas de los organismos vivos. Sin embargo, la etiqueta de vitalistas enmascara la heterogeneidad de este grupo[8]. Por ejemplo, en Alemania, algunos biólogos (a los que Lenoir llama teleomecanicistas) pretendían explicar mecánicamente los procesos fisiológicos, pero insistían en que esto no explicaba ni la adaptación ni los procesos dirigidos, como el desarrollo

---

[7] Casi todas las historias del vitalismo que se han escrito son bastante parciales, ya que fueron escritas o bien por vitalistas como Driesch (1905), o bien por sus adversarios, que no veían nada bueno en él. Posiblemente, la mejor historia es la de Hall (1969, caps. 28-35). La de Blandino (1969) se concentra en Driesch; también la de Cassirer (1950) se centra en Driesch, sus seguidores y sus oponentes. El conciso ensayo de Jacob (1973) está bien equilibrado y sigue la evolución del vitalismo desde el animismo en adelante. Sin embargo, aún no existe una historia completa y verdaderamente imparcial del vitalismo.

[8] Tal como ha señalado acertadamente Lenoir (1982).

del óvulo fecundado. Estas cuestiones se plantearon una y otra vez desde 1790 hasta finales del siglo XIX, pero ejercieron muy poco efecto en los escritos de los principales fisicistas, como Ludwig, Sachs o Loeb.

El vitalismo, desde su aparición en el siglo XVII, fue siempre un antimovimiento. Fue una rebelión contra la filosofía mecanicista de la revolución científica y contra el fisicismo de Galileo o Newton. Combatió apasionadamente la doctrina que afirma que un animal no es más que una máquina y que todas las manifestaciones de la vida se pueden explicar perfectamente como materia en movimiento. Pero, a pesar de lo decididos y convincentes que se mostraron los vitalistas en su rechazo del modelo cartesiano, sus propias explicaciones resultaban indecisas y poco convincentes en la misma medida. Hubo una gran diversidad de explicaciones, pero ninguna teoría aglutinante.

Según un grupo de vitalistas, la vida estaba relacionada con una sustancia especial (a la que llamaban protoplasma) que no se encontraba en la materia inanimada, o con un estado especial de la materia (como el estado coloidal) que, según se afirmaba, las ciencias fisicoquímicas eran incapaces de analizar. Otro conjunto de vitalistas sostenía que existe una fuerza vital especial (llamada a veces *Lebenskraft,* entelequia o *élan vital),* diferente de las fuerzas que estudian los físicos. Algunos de los que aceptaban la existencia de dicha fuerza eran también teólogos, que creían que la vida se había creado con algún propósito final. Otros autores invocaban fuerzas psicológicas o mentales (psicovitalismo, psicolamarckismo) para explicar aspectos de los organismos vivos que los fisicistas habían sido incapaces de explicar.

Los que defendían la existencia de una fuerza vital tenían opiniones muy diversas acerca de la naturaleza de dicha fuerza. Aproximadamente desde mediados del siglo XVII, el agente vital se describió con mucha frecuencia como un fluido (no un líquido), en analogía con la gravedad de Newton, el fluido calórico, el flogisto y otros «fluidos imponderables». La gravedad era invisible, lo mismo que el calor que fluía desde un objeto caliente a uno frío; por lo tanto, no se consideraba disparatado o improbable que el fluido vital fuera también invisible, aunque no se tratara necesariamente de algo sobrenatural. Por ejemplo, el influyente naturalista alemán de finales del siglo XVIII J. F. Blumenbach (que escribió abundantemente sobre extinción, creación, catástrofes, mutabilidad y generación espontánea) consideraba que dicho fluido vital, aunque invisible, era algo muy real y que se podía estudiar científicamente, lo mismo que la gravedad[9]. Con el tiempo, el concepto del fluido vital fue sus-

---

[9] «De hecho, varias formas de vitalismo representan ampliaciones legítimas del programa cartesiano de mecánica biológica por medios newtonianos» (McLaughlin 1991).

tituido por el de la fuerza vital. Incluso un científico tan eminente como Johannes Müller consideraba que una fuerza vital era indispensable para explicar las de otro modo inexplicables manifestaciones de la vida.

En Inglaterra, todos los fisiólogos de los siglos XVI, XVII y XVIII tenían ideas vitalistas, y durante el período de 1800-1840 el vitalismo aún seguía pujante en los escritos de J. Hunter, J. C. Prichard y otros. En Francia, donde el cartesianismo había ejercido mayor influencia, no resulta sorprendente que el contramovimiento de los vitalistas fuera igualmente vigoroso. Sus representantes más destacados en Francia fueron los de la escuela de Montpellier (un grupo de médicos y fisiólogos vitalistas) y el histólogo F. X. Bichat. Incluso Claude Bernard, que estudió materias tan funcionales como los sistemas nervioso y digestivo y se consideraba contrario al vitalismo, defendió numerosas ideas vitalistas. Por añadidura, casi todos los lamarckistas eran bastante vitalistas en su manera de pensar.

Pero fue en Alemania donde el vitalismo floreció con más intensidad y alcanzó mayor diversidad. Georg Ernst Stahl, químico y médico de finales del siglo XVII conocido principalmente por su teoría flogística de la combustión, fue el primer gran adversario de los mecanicistas. Posiblemente fue más animista que vitalista, pero sus ideas ejercieron gran influencia en la escuela de Montpellier.

El siguiente impulso del movimiento vitalista en Alemania coincidió con la controversia preformación/epigénesis, que dominó la biología del desarrollo durante la segunda mitad del siglo XVIII. Los partidarios de la preformación sostenían que las partes del organismo adulto existen, aunque muy pequeñas, desde el comienzo mismo del desarrollo. Los epigenetistas sostenían que los órganos del adulto aparecen como consecuencia del desarrollo, pero no están presentes desde un principio. En 1759, cuando el embriólogo Caspar Friedrich Wolff refutó la teoría de la preformación en favor de la epigénesis, tuvo que invocar algún agente causal que transformara la masa completamente informe del huevo fecundado en un adulto de la especie, y llamó a dicho agente *vis essentialis*.

J. F. Blumenbach rechazó por abstracta la *vis essentialis* y propuso en su lugar una fuerza formadora concreta, el *nisus formativus*, que desempeñaría una función decisiva no sólo en el desarrollo del embrión, sino también en el crecimiento, la regeneración y la reproducción. También aceptaba la existencia de otras fuerzas, como la irritabilidad y la sensibilidad, que contribuirían al mantenimiento de la vida. Blumenbach era bastante pragmático respecto a dichas fuerzas: las consideraba básicamente etiquetas para designar procesos observados, cuyas causas desconocía. Más que principios metafísicos, para él eran «cajas negras», mecanismos de funcionamiento misterioso.

La rama de la filosofía alemana denominada *Naturphilosophie,* fundada por F. W. J. Schelling y sus seguidores a principios del siglo XIX, era un vitalismo claramente metafísico, pero la filosofía práctica de biólogos profesionales como Wolff, Blumenbach y, con el tiempo, Müller, era antifisicista pero no metafísica. Müller ha sido tildado de metafísico y anticientífico, pero la acusación es injusta. Era coleccionista de mariposas y plantas desde la infancia y había adquirido el hábito del naturalista de considerar los organismos holísticamente. Sus alumnos carecían de esta percepción y tendían más a apoyarse en las matemáticas y las ciencias físicas. Müller se dio cuenta de que el lema «la vida es un movimiento de partículas» no significaba nada y no explicaba nada, y defendió en su lugar el concepto de *Lebenskraft* (fuerza vital), que era falso pero más cercano al concepto de programa genético que las superficiales explicaciones fisicistas de sus discípulos rebeldes[10].

Muchos de los argumentos propuestos por los vitalistas pretendían explicar características concretas de los organismos, que hoy se explican con el programa genético. Presentaron numerosas refutaciones, perfectamente válidas, de la teoría maquinista; pero, debido al estado incipiente de los conocimientos biológicos de la época, fueron incapaces de encontrar las explicaciones correctas de muchos fenómenos vitales, que se descubrieron durante el siglo XX. En consecuencia, la mayor parte de la argumentación de los vitalistas era negativa. A partir de la década de 1890, Driesch sostenía, por ejemplo, que el fisicismo era incapaz de explicar la autorregulación de las estructuras embrionarias, la regeneración, la reproducción y los fenómenos psíquicos, como la memoria y la inteligencia. Y lo curioso es que si en los escritos de Driesch se sustituye la palabra «entelequia» por «programa genético», surgen frases perfectamente correctas. Aquellos vitalistas no sólo sabían que en las explicaciones mecanicistas faltaba algo; también describieron con detalle la

---

[10] Unas pocas citas demostrarán lo similar que era el concepto de *Lebenskraft* al de programa genético: «El *Lebenskraft* [de Müller] actúa en todos los órganos como causa y origen primario de todos los fenómenos, siguiendo un plan [programa] definido.» (DuBois-Reymond 1860:205). Partes del *Lebenskraft,* «que representan al todo, se transmiten en la reproducción sin que se pierda nada en cada germen, donde pueden permanecer latentes hasta la germinación» (ibíd.). Los cuatro principales atributos del *Lebenskraft* citados por Müller son también característicos del programa genético: 1) no está localizado en un órgano concreto; 2) es divisible en un gran número de partes, todas las cuales siguen manteniendo las propiedades del todo; 3) desaparece con la muerte, sin dejar ningún residuo (no hay alma que abandone el cuerpo); y 4) actúa siguiendo un plan (tiene propiedades teleonómicas). He descrito con tanto detalle las creencias de Müller para corregir el malicioso tratamiento que le dieron fisicistas como DuBois-Reymond, que lo difamaron tachándolo de metafísico y anticientífico.

naturaleza de los fenómenos y procesos que los mecanicistas eran incapaces de explicar[11].

Teniendo en cuenta los numerosos puntos débiles, e incluso contradicciones, de las explicaciones vitalistas, puede parecer sorprendente que el vitalismo se difundiera tanto y predominase durante tanto tiempo. Una de las razones, como hemos visto, fue que en aquella época no existía otra alternativa a la teoría reduccionista del organismo como máquina, que para muchos biólogos era sencillamente inaceptable. Otra razón fue que el vitalismo contaba con el firme apoyo de otras ideologías entonces dominantes, entre ellas la creencia en un propósito cósmico (teleología o finalismo). En Alemania, Immanuel Kant ejerció gran influencia en el vitalismo, sobre todo en la escuela teleomecanicista, y dicha influencia se advierte aún en los escritos de Driesch. En las obras de muchos vitalistas se hace evidente una estrecha relación con el finalismo[12].

Debido en parte a sus tendencias teleológicas, los vitalistas se opusieron con firmeza a la selección natural darviniana. La teoría evolucionista de Darwin negaba la existencia de una teleología cósmica y proponía en su lugar un «mecanismo» del cambio evolutivo: la selección natural. «En el descubrimiento darviniano de la selección natural en la lucha por la existencia vemos la prueba más decisiva de la validez exclusiva de las causas de funcionamiento mecánico en todo el reino de la biología, y vemos en ello el fallecimiento definitivo de todas las teorías teleológicas y vitalistas de los organismos» (Haeckel 1866). El seleccionismo convirtió el vitalismo en algo superfluo en el terreno de la adaptación.

Driesch fue un antidarvinista furioso, lo mismo que otros vitalistas, pero sus argumentos en contra de la selección natural eran consistentemente ridículos y demostraban claramente que no había entendido nada de la teoría. El darwinismo, que aportaba un mecanismo para la evolución y negaba al mismo tiempo los conceptos finalistas o vitalistas, se convirtió en la base de un nuevo paradigma para explicar «la vida».

El declive del vitalismo

Cuando se propuso por primera vez y ganó amplia aceptación, el vitalismo parecía aportar una respuesta razonable a la engorrosa pregunta

---

[11] Von Uexküll, B. Dürken, Meyer-Abich, W. E. Agar, R. S. Lillie, J. S. Haldane, E. S. Russell, W. McDougall, DeNouy y Sinnott fueron algunos de los numerosos vitalistas de principios del siglo XX. Ghiselin (1974) considera «criptovitalistas» a W. Cannon, L. Henderson, W. M. Wheeler y A. N. Whitehead.

[12] Goudge (1961), Lenoir (1982). Otro componente frecuente de los argumentos vitalistas era la oposición a la selección natural de Darwin (Driesch 1905).

«¿qué es la vida?». Además, en aquella época constituía una alternativa teórica legítima, no sólo al crudo mecanicismo de la revolución científica, sino también al fisicismo del siglo XIX. El vitalismo parecía explicar las manifestaciones de la vida mucho mejor que la simplista teoría de la máquina propuesta por sus oponentes.

Sin embargo, considerando el dominio que ejerció el vitalismo en la biología y lo mucho que duró este predominio, resulta sorprendente lo rápido y completo que fue su declive. El último apoyo del vitalismo como concepto biológico viable desapareció hacia 1930. A su caída contribuyeron muchos y muy diferentes factores.

En primer lugar, el vitalismo se veía cada vez más como un concepto metafísico, no científico. No se lo consideraba científico porque los vitalistas carecían de métodos para ponerlo a prueba. Al afirmar dogmáticamente la existencia de una fuerza vital, los vitalistas impidieron con frecuencia la búsqueda de un reduccionismo constructivo, que pudiera esclarecer las funciones básicas de los organismos vivos.

En segundo lugar, la creencia en que los organismos estaban formados por una sustancia especial, muy diferente de la materia inanimada, fue perdiendo apoyo poco a poco. Durante gran parte del siglo XIX se creyó que dicha sustancia era el protoplasma, el material celular que rodea al núcleo[13]. Más adelante se la llamó citoplasma (término introducido por Kölliker). Dado que el protoplasma parecía poseer lo que se llamaba «propiedades coloidales», dio lugar a una floreciente rama de la química: la química coloidal. Sin embargo, la bioquímica y la microscopía electrónica acabaron determinando la auténtica composición del citoplasma y esclareciendo la naturaleza de sus diversos componentes: orgánulos celulares, membranas y macromoléculas. Se comprobó que no existía una sustancia especial a la que llamar «protoplasma», y la palabra y el concepto desaparecieron de la literatura biológica. También la naturaleza del estado coloidal se explicó bioquímicamente, y la química de coloides dejó de existir. De este modo quedó refutada la existencia de una sustancia viva de naturaleza aparte, y se pudieron explicar las propiedades aparentemente únicas de la materia viva en términos de macromoléculas y su organización. Y por otra parte, las macromoléculas están compuestas por los mismos átomos y pequeñas moléculas que la

---

[13] A partir de C. F. Wolff (1734-1794) se fue desarrollando la idea de que existía un material básico y no diferenciado que daba origen a los elementos más formados. F. Dujardin (1801-1860) fue el primero que lo describió (1835), asignándole el nombre de «sarcoda». Con los avances de la microbiología, se le fue prestando cada vez más atención. Purkinje introdujo la palabra «protoplasma» en 1840. En 1869, el protoplasma era para T. H. Huxley la base física de la vida. Kölliker introdujo el término «citoplasma» para designar al material celular que no forma parte del núcleo.

materia inanimada. Cuando Wöhler, en 1828, sintetizó en su laboratorio urea –una sustancia orgánica–, demostró por primera vez la posibilidad de transformar artificialmente compuestos inorgánicos en una molécula orgánica.

En tercer lugar, todos los intentos de los vitalistas de demostrar la existencia de una fuerza vital no material acabaron en fracasos. Cuando los procesos fisiológicos y del desarrollo empezaron a explicarse como procesos fisicoquímicos a niveles celular y molecular, estas explicaciones no dejaron ningún resto inexplicado que exigiera una interpretación vitalista. El vitalismo, simplemente, era ya superfluo.

En cuarto lugar, se desarrollaron nuevos conceptos biológicos que explicaban los fenómenos que solían citarse como pruebas del vitalismo. Dos avances concretos resultaron decisivos para este cambio. Uno fue el auge de la genética, que dio lugar al concepto de programa genético. Al menos en principio, ya se podían explicar todos los fenómenos vitales dirigidos hacia un objetivo como procesos teleonómicos controlados por programas genéticos. Otro fenómeno aparentemente teleológico que quedó reinterpretado fue la *Zweckmässigkeit* de Kant. La nueva interpretación fue posible gracias al segundo avance, el darwinismo. La selección natural hacía posible la adaptación, utilizando la abundante variabilidad de la naturaleza viva. Y así quedaron destruidos dos de los principales puntales ideológicos del vitalismo: la teleología y el antiseleccionismo. La genética y el darwinismo consiguieron aportar interpretaciones válidas de los fenómenos que, según los vitalistas, no se podían explicar más que invocando una sustancia o fuerza vital.

Si diéramos crédito a los escritos de los fisicistas, el vitalismo no fue más que un impedimento para el desarrollo de la biología. Para los fisicistas, el vitalismo había sacado los fenómenos de la vida fuera del terreno científico, transfiriéndolos al campo de la metafísica. La verdad es que los escritos de algunos de los vitalistas más místicos justifican esta crítica, pero no es justa cuando se dirige contra científicos prestigiosos como Blumenbach y, sobre todo, Müller, que estudió metódicamente todos los aspectos de la vida que los fisicistas habían dejado sin explicar. Que la explicación adoptada por Müller fuera incorrecta no disminuye el mérito de haber esbozado los problemas que aún estaban por resolver.

Existen en la historia de la ciencia muchas situaciones similares, en las que se adoptaron explicaciones inadecuadas para problemas claramente visualizados, porque todavía no existía una base de conocimientos que permitiera llegar a la verdadera explicación. Un ejemplo famoso es la explicación de Kant de la evolución por teleología. Probablemente, estaría justificado llegar a la conclusión de que el vitalismo fue un movimiento necesario para demostrar la vacuidad de las explicaciones de la vida aportadas por el fisicismo superficial. Lo cierto es, tal como ha expuesto acertadamente François Jacob (1973), que los vitalistas fueron responsables en gran medida del reconocimiento de la biología como disciplina científica autónoma.

Antes de pasar al paradigma organicista que sustituyó tanto al vitalismo como al fisicismo, citemos de pasada un fenómeno bastante peculiar del siglo XX: la aparición de creencias vitalistas entre los físicos. Parece que fue Niels Bohr el primero que sugirió la posibilidad de que en los organismos rigieran leyes especiales, que no se dan en la naturaleza inanimada. Consideraba que dichas leyes serían análogas a las leyes de la física, sólo que restringidas a los organismos. Erwin Schrödinger y otros físicos sostuvieron ideas similares. Francis Crick (1966) dedicó todo un libro a refutar las ideas vitalistas de los físicos Walter Elsasser y Eugene Wigner. Resulta curioso que una forma del vitalismo sobreviviera en las mentes de varios prestigiosos físicos mucho tiempo después de que se hubiera extinguido en las mentes de los biólogos prestigiosos.

Pero también es irónico que, después de 1925, muchos biólogos creyeran que los principios físicos recién descubiertos, como la teoría de la relatividad, el principio de complementariedad de Bohr, la mecánica cuántica y el principio de indeterminación de Heisenberg, permitirían conocer mejor los procesos biológicos. De hecho, hasta donde llegan mis conocimientos, ninguno de esos principios físicos se aplica a la biología. Por mucho que Bohr buscara en la biología pruebas de la complementaridad y estableciera algunas analogías desesperadas, la verdad es que no existe en biología nada parecido a dicho principio. Y la indeterminación de Heisenberg es una cosa muy diferente de cualquier tipo de indeterminación que pueda encontrarse en biología.

El vitalismo sobrevivió mucho más en las obras de los filósofos que en las de los físicos. Pero, que yo sepa, no hay ningún vitalista entre los filósofos de la biología que empezaron a publicar a partir de 1965. Tampoco conozco un solo biólogo vivo con algún prestigio que siga apoyando el vitalismo estricto. Los pocos biólogos del siglo XX que sostuvieron opiniones vitalistas (A. Hardy, S. Wright, A. Portmann) ya no están vivos.

LOS ORGANICISTAS

Hacia 1920, el vitalismo parecía desacreditado. El fisiólogo J. S. Haldane (1931) declaró acertadamente que «los biólogos han abandonado casi unánimemente el vitalismo como creencia aceptable». Pero también dijo que una interpretación puramente mecanicista no puede explicar la coordinación, que es tan característica de la vida. Lo que más intrigaba a Haldane era la secuencia ordenada de sucesos durante el desarrollo. Tras demostrar la no validez de ambas posturas, vitalista y mecanicista, Haldane declaró que «debemos encontrar una base teórica diferente para la biología, basada en la observación de que todos los fenómenos vitales tienden a estar tan coordinados que expresen lo que es normal en un organismo adulto».

La caída del vitalismo, lejos de significar la victoria del mecanicismo, dio lugar a un nuevo sistema explicativo. Este nuevo paradigma aceptaba que los procesos a nivel molecular se podían explicar perfectamente por mecanismos fisicoquímicos, pero que dichos mecanismos tenían una influencia cada vez menor, si no nula, en los niveles superiores de integración. Las características exclusivas de los organismos vivos no se deben a su composición, sino a su organización. En la actualidad, a esta manera de pensar se la suele denominar *organicismo*. Insiste de manera especial en las características de los sistemas más complejos y organizados, y en la historia evolutiva de los programas genéticos de los organismos.

Según W. E. Ritter, que introdujo la palabra «organicismo» en 1919[14], «los todos están tan relacionados con sus partes que no sólo la existencia del todo depende de la cooperación ordenada y la interdependencia de sus partes, sino que el todo ejerce además un cierto grado de control determinista sobre sus partes» (Ritter y Bailey 1928). J. C. Smuts (1926) explicó su propio concepto holístico de los organismos del modo siguiente: «El todo, según la opinión que aquí presentamos, no es simple sino compuesto, y está formado por partes. Los todos naturales, como los organismos, son... complejos o compuestos y constan de muchas partes en relación activa, con un tipo u otro de interacción. Las mismas partes pueden ser todos menores, como las células de un organismo.» Estas opiniones fueron condensadas después por otros biólogos en la concisa máxima «el todo es más que la suma de sus partes»[15].

---

[14] En realidad, esta palabra se había utilizado en las ciencias sociales desde los tiempos de Comte, aunque para los sociólogos «organicismo» significaba algo muy diferente de lo que significaba para los biólogos. Bertalanffy (1952:182) citaba unos treinta autores que habían manifestado su simpatía por el enfoque holístico. Pero su lista era muy incompleta, ya que ni siquiera incluía los nombres de Lloyd Morgan, Smuts y J. S. Haldane. El concepto de integrón de F. Jacob (1973) es un respaldo particularmente bien argumentado del pensamiento organicista.

[15] Woodger (1929) presenta una impresionante lista de biólogos que respaldaron la postura organicista. E. B. Wilson (1925:256), por ejemplo, declaró que «incluso el estudio más superficial de las actividades celulares nos demuestra que [la explicación de la célula como una máquina química] no se puede tomar en el crudo sentido mecánico, ya que la diferencia

Desde los años 20, las palabras holismo y organicismo se han empleado indistintamente. Tal vez en un principio se utilizara más «holismo», resultando útil, todavía, el adjetivo «holístico». Pero «holismo» no es un término estrictamente biológico, ya que muchos sistemas inorgánicos son también holísticos, como ha indicado acertadamente Niels Bohr. Así pues, ahora en biología se usa más el término «organicismo», que es más restringido. Lleva implícita la aceptación de que una característica importante del nuevo paradigma es la existencia de un programa genético.

Más que a los aspectos mecanicistas del fisicismo, los organicistas se oponían a su reduccionismo. Los fisicistas decían que sus explicaciones eran mecanicistas, y efectivamente lo eran, pero lo que más las caracterizaba era su reduccionismo. Para los reduccionistas, el problema de la explicación se resuelve en cuanto se logra la reducción a los componentes más pequeños. Aseguran que en cuanto se completa el inventario de dichos componentes y se ha determinado la función de cada uno, debería resultar fácil explicar también todo lo observado en los niveles superiores de organización.

Los organicistas demostraron que esta afirmación no es cierta, porque el reduccionismo es completamente incapaz de explicar características de los organismos que se manifiestan en los niveles de organización superiores. Lo más curioso es que la mayoría de los mecanicistas reconocían la insuficiencia de las explicaciones puramente reduccionistas. El filósofo Ernest Nagel (1961), por ejemplo, reconocía que «existen grandes sectores de la ciencia biológica en los que las explicaciones fisicoquímicas no desempeñan actualmente ningún papel, y se han propuesto y confirmado numerosas e importantes teorías biológicas que no son de naturaleza fisicoquímica». Nagel intentó salvar al reduccionismo insertando la palabra «actualmente», pero ya resultaba bastante evidente que

---

entre una célula y la más avanzada máquina artificial sigue siendo enorme y no se puede salvar con los conocimientos actuales.... Las investigaciones modernas nos han convencido cada vez más del hecho de que la célula es un sistema orgánico, en el que debemos reconocer la existencia de algún tipo de estructura ordenada u organización». No es de extrañar que el pensamiento holístico haya estado siempre muy bien representado entre los biólogos del desarrollo. Se manifestaba con fuerza en los escritos de C. O. Whitman, E. B. Wilson y F. R. Lillie. Haraway (1976) dedica la mayor parte de uno de sus libros al organicismo de tres embriólogos, Ross Harrison, Joseph Needham y Paul Weiss. Resulta interesante que Harrison considerara que la emergencia es un concepto metafísico y, por lo tanto, tomara por vitalista a Lloyd Morgan. Como otros muchos biólogos posteriores a 1925, pensaba que los principios físicos recién descubiertos –como la teoría de la relatividad, el principio de complementaridad, la mecánica cuántica y el principio de indeterminación de Heisenberg– se aplicaban por igual a la biología y a la física.

conceptos tan puramente biológicos como territorio, galanteo, burlar a los depredadores, etc., no podrían nunca reducirse a términos físicos y químicos sin perder todo su significado biológico[16].

Los pioneros del holismo (por ejemplo, E. S. Russell y J. S. Haldane) argumentaron con eficacia en contra de la postura reduccionista y describieron de manera convincente lo bien que se aplica el enfoque holista a los fenómenos del comportamiento y el desarrollo. Pero no consiguieron explicar la verdadera naturaleza de los fenómenos holísticos. Fracasaron en sus intentos de explicar la naturaleza del «todo» o la integración de las partes en el todo. Ritter, Smuts y otros de los primeros defensores del holismo fueron igualmente imprecisos (y algo metafísicos) en sus explicaciones. La verdad es que algunas de las frases de Smuts tienen un cierto sabor teleológico[17].

En cambio, Alex Novikoff (1947) expuso con todo detalle por qué la explicación de los seres vivos debe ser holista: «Los todos de un nivel se convierten en partes de un nivel superior... tanto las partes como los todos son entidades materiales, y la integración es el resultado de la interacción de las partes, como consecuencia de sus propiedades.» Puesto que rechaza la reducción, el holismo «no considera los organismos vivos como máquinas formadas por una multitud de partes discretas (unidades fisicoquímicas) que se puedan desmontar como los pistones de un motor y se puedan describir sin hacer referencia al sistema del que se han desmontado». Debido a la interacción de las partes, la descripción de dichas partes por separado no puede explicar las propiedades del sistema en su conjunto. Es la organización de las partes lo que controla todo el sistema.

Existe integración de las partes a todos los niveles, de la célula a los tejidos, órganos, sistemas y organismos completos. Esta integración existe a nivel bioquímico, a nivel de desarrollo y, en el organismo completo, a nivel de comportamiento[18]. Todos los holistas están de acuerdo

---

[16] Nagel (1961) definía a los mecanicistas biológicos como «los que creen que todos los fenómenos de la vida se pueden explicar inequívocamente en términos fisicoquímicos, es decir según teorías desarrolladas originariamente para los campos de investigación en los que no existe distinción entre lo vivo y lo no vivo, y que por común acuerdo se clasifican como pertenecientes a la física y la química». Esta reducción caracteriza todas las explicaciones de Nagel.

[17] Por ejemplo: «El holismo es una tendencia específica, de carácter concreto, creadora de todas las características del universo, y por lo tanto muy fructífera en resultados y explicaciones referentes a todo el curso del desarrollo cósmico» (1926:100). No resulta sorprendente que el holismo, tal como lo presentaba Smuts, estuviera considerado por muchos como un concepto metafísico.

[18] La cuestión de los niveles de integración se discutió con gran detalle en un volumen especial de *Symposia* (R. Redfield 1942).

en que ningún sistema se puede explicar por completo describiendo las propiedades de sus componentes aislados. La base del organicismo es el hecho de que los seres vivos poseen organización. No son simples montones de caracteres o de moléculas, porque su funcionamiento depende por completo de su organización, de sus interrelaciones mutuas, de sus interacciones e interdependencias.

Emergencia

Ahora está claro que en todas las presentaciones iniciales del holismo faltaban dos importantes pilares de la moderna teoría biológica. Uno de ellos, el concepto de programa genético, faltaba porque aún no se había desarrollado. El otro pilar que faltaba era el concepto de emergencia: en todo sistema estructurado, en los niveles de integración superiores emergen nuevas propiedades que no se habrían podido predecir por muy bien que se conocieran los componentes del nivel inferior. Este concepto faltaba, o bien porque a nadie se le había ocurrido, o bien porque lo había descartado por acientífico y metafísico. Cuando incorporó los conceptos de programa genético y emergencia, el organicismo se convirtió en antirreduccionista sin dejar de ser mecanicista.

Jacob (1973) describe de este modo la emergencia: «En cada nivel se asocian unidades de tamaño relativamente bien definido y estructura casi idéntica, para formar una unidad del nivel superior. A cada una de estas unidades, formada por la integración de subunidades, se le puede dar el nombre general de "integrón". Un integrón está formado por la unión de integrones del nivel inferior, y forma parte de la construcción del integrón del nivel superior.» Cada integrón presenta nuevas características y propiedades, que no existían en ninguno de los niveles de integración inferiores; se puede decir que han emergido[19].

El concepto de emergencia recibió especial atención por primera vez en el libro de Lloyd Morgan sobre la evolución emergente (1923). No

---

[19] Un error muy frecuente en esta época consistía en considerar cada nivel de integración como un fenómeno global. Pero estos niveles no son así. Cada integrón, desde el nivel molecular al supraorganísmico, es singular. No existe ninguna contradicción entre esta interpretación y lo que decía Novikoff (1945): «Las leyes que describen las propiedades exclusivas de cada nivel son cualitativamente diferentes, y para descubrirlas se necesitan métodos de investigación y análisis adecuados para cada nivel concreto» (a lo cual añadiríamos ahora «adecuados para cada integrón concreto»). Un evolucionista moderno diría que la formación de un sistema más complejo, que represente un nuevo nivel más elevado, es estrictamente cuestión de variación genética y selección. Tampoco existe contradicción con los principios del darwinismo.

obstante, los darvinistas que aceptaban la evolución emergente tenían ciertas dudas al respecto, porque temían que fuera antigradualista. De hecho, algunos de los primeros emergencistas eran también saltacionistas, sobre todo durante el período del mendelismo; es decir, creían que la evolución procedía a saltos grandes y discontinuos (saltaciones). Aquellos recelos están ya superados, porque ahora se acepta que la unidad de la evolución no es el gen ni el individuo, sino la población (o la especie); dentro de las poblaciones pueden darse diferentes formas (discontinuidades fenotípicas) por recombinación del ADN existente, pero el conjunto de la población tiene necesariamente que evolucionar gradualmente. Un evolucionista moderno diría que la formación de un sistema más complejo, que represente la emergencia de un nuevo nivel superior, es estrictamente cuestión de variación genética y selección. Los integrones evolucionan por selección natural, y en todos los niveles hay sistemas adaptados, porque contribuyen al éxito reproductor del individuo. Esto no se contradice en nada con los principios del darvinismo.

En resumen, el organicismo se caracteriza sobre todo por la doble creencia en la importancia de considerar el organismo como un todo y en que dicho todo no debe considerarse como algo misteriosamente cerrado al análisis, sino que debe estudiarse y analizarse eligiendo el nivel de análisis adecuado. Los organicistas no rechazan el análisis, pero insisten en que el análisis debe continuar hacia abajo sólo hasta el nivel más bajo en que este enfoque proporcione nueva información y nuevos conocimientos. Todo sistema y todo integrón pierden algunas de sus características cuando se descomponen, y muchas de las interacciones más importantes de los componentes de un organismo no tienen lugar al nivel fisicoquímico, sino en un nivel de integración superior. Y por último, es el programa genético el que controla el desarrollo y las actividades de los integrones orgánicos que emergen en cada sucesivo nivel de integración.

LAS CARACTERÍSTICAS QUE DISTINGUEN LA VIDA

En la actualidad, cuando uno consulta a biólogos o a filósofos de la ciencia, parece existir un consenso sobre la naturaleza de los organismos vivos. A nivel molecular, todas sus funciones –y a nivel celular, casi todas– obedecen las leyes de la física y la química. No existe ningún residuo que obligue a recurrir a principios vitalistas autónomos. Sin embargo, los organismos son fundamentalmente diferentes de la materia inerte. Son sistemas ordenados jerárquicamente, con numerosas propiedades emergentes que no se observan nunca en la materia inanimada; y lo más importante es que sus actividades están gobernadas por programas genéticos que contienen información adquirida a lo largo del tiempo, algo que tampoco se da en la naturaleza no viva.

En consecuencia, los organismos vivos representan una forma muy notable de dualismo. No se trata de la dualidad cuerpo y alma, o cuerpo y mente, que es una dualidad en parte física y en parte metafísica. El dualismo de la biología moderna es perfectamente compatible con la física-química, y surge del hecho de que los organismos poseen un genotipo y un fenotipo. Para entender el genotipo, consistente en ácidos nucleicos, se precisan explicaciones evolutivas. El fenotipo, construido sobre la base de la información aportada por el genotipo –y consistente en proteínas, lípidos y otras macromoléculas–, exige para su comprensión explicaciones funcionales (próximas). No se conoce una dualidad semejante en el mundo inanimado. Para explicar el genotipo y el fenotipo se necesitan diferentes tipos de teorías.

Permítaseme citar algunos de los fenómenos específicos de los seres vivos:

Programas evolucionados. Los organismos son el producto de 3.800 millones de años de evolución. Todas sus características reflejan esta historia. El desarrollo, el comportamiento y todas las demás actividades de los organismos vivos están controlados en parte por programas genéticos (y somáticos) que son el resultado de la información genética acumulada a lo largo de la historia de la vida. Históricamente, ha habido una corriente ininterrumpida desde el origen de la vida y los procariontes más simples hasta los árboles gigantes, los elefantes, las ballenas y los seres humanos.

Propiedades químicas. Aunque, en último término, todos los organismos están compuestos por los mismos átomos que la materia inanimada, los tipos de moléculas responsables del desarrollo y funcionamiento de los organismos vivos –ácidos nucleicos, péptidos, enzimas, hormonas, componentes de las membranas...– son macromoléculas que no existen en la naturaleza no viva. La química orgánica y la bioquímica han demostrado que todas las sustancias encontradas en los organismos vivos se pueden descomponer en moléculas inorgánicas más simples y, al menos en principio, se pueden sintetizar en laboratorio.

Mecanismos reguladores. Los sistemas vivos se caracterizan por poseer toda clase de mecanismos de control y regulación, incluyendo múltiples mecanismos de retroalimentación que mantienen el estado estacionario del sistema, de un tipo que jamás se ha hallado en la naturaleza inanimada.

Organización. Los organismos vivos son sistemas complejos y ordenados. Esto explica su capacidad de regulación y control de las interacciones del genotipo, así como sus limitaciones de desarrollo y evolución.

Sistemas teleonómicos. Los organismos vivos son sistemas adaptados, como resultado de la selección natural a que se vieron sometidas incontables generaciones anteriores. Se trata de sistemas programados para actividades teleonómicas (dirigidas a un objetivo), desde el desarrollo embrionario hasta las actividades fisiológicas y de comportamiento de los adultos.

Orden de magnitud limitado. El tamaño de los organismos vivos varía dentro de unos límites reducidos, desde los virus más pequeños hasta las ballenas y los árboles más grandes. Las unidades básicas de la organización biológica –las células y los componentes celulares– son muy pequeñas, lo cual confiere a los organismos gran flexibilidad de desarrollo y evolución.

Ciclo vital. Los organismos –al menos los que se reproducen sexualmente– recorren un ciclo vital muy concreto, que comienza con un zigoto (óvulo fecundado) y pasa por varias fases embrionarias o larvarias hasta llegar al estado adulto. Las complejidades del ciclo vital varían según las especies, y en algunas incluyen la alternancia de generaciones sexuales y asexuales.

Sistemas abiertos. Los organismos vivos obtienen constantemente energía y materiales del exterior, y eliminan los productos de desecho de su metabolismo. Al ser sistemas abiertos, no están sometidos a las limitaciones de la segunda ley de la termodinámica.

Estas propiedades de los organismos vivos les confieren una serie de capacidades que no existen en los sistemas inanimados:

Capacidad de evolución.

Capacidad de autorreplicación.

Capacidad de crecimiento y diferenciación, siguiendo un programa genético.

Capacidad de metabolismo (captación y liberación de energía).

Capacidad de autorregulación, para mantener el complejo sistema en estado estacionario (homeostasis, retroalimentación).

Capacidad (gracias a la percepción y a los órganos de los sentidos) de responder a estímulos del ambiente.

Capacidad de cambio a dos niveles, el del fenotipo y el del genotipo.

Todas estas características de los organismos vivos los distinguen categóricamente de los sistemas inanimados. La aceptación gradual de este carácter único que diferencia al mundo vivo dio origen a la rama de la ciencia llamada biología, y ha conducido al reconocimiento de la autonomía de esta ciencia, como veremos en el Capítulo 2.

Capítulo 2

¿Qué es la ciencia?

La biología abarca todas las disciplinas dedicadas al estudio de los organismos vivos. Dichas disciplinas se denominan en ocasiones «ciencias de la vida», un término muy útil que distingue la biología de las ciencias físicas, centradas en el mundo inanimado. Otros cuerpos de conocimiento sistematizados son las ciencias sociales, la ciencia política y la ciencia militar; y además de estas especialidades académicas, nos encontramos con frecuencia con la ciencia marxista, la ciencia occidental, la ciencia feminista y ciencias putativas como la ciencia cristiana y la ciencia creacionista. ¿Por qué todas estas disciplinas tan diversas se llaman a sí mismas «ciencia»? ¿Cuáles son las características de una auténtica ciencia, que la distinguen de otros sistemas de pensamiento? ¿Posee la biología dichas características?

Cualquiera pensaría que tendría que resultar fácil responder a estas preguntas básicas. ¿Acaso no sabe todo el mundo lo que es la ciencia? Pues no es éste el caso, como resulta evidente cuando se estudian no sólo las columnas de la prensa popular sino también la abundante literatura profesional que trata de esta cuestión[1]. T. H. Huxley, amigo de Charles Darwin y divulgador de las teorías de éste, definió la ciencia como «nada más que sentido común entrenado y organizado». Por desgracia, esto no es cierto. Muy a menudo, la ciencia tiene que corregir al sentido común. Por ejemplo, el sentido común nos dice que la Tierra es plana y que el Sol da vueltas en torno a ella. En todas las ramas de la ciencia ha habido que demostrar la falsedad de opiniones basadas en el sentido común. Se podría incluso decir que la actividad científica consiste en confirmar o refutar el sentido común.

Numerosos factores explican las dificultades que han encontrado los filósofos para ponerse de acuerdo en una definición de la ciencia. Uno de

---

[1] Esta literatura comenzó con Whewell (1840) y condujo a las explicaciones clásicas de Nagel (1961), Popper (1952) y Hempel (1965), así como a las obras, más recientes, de Laudan (1977), Giere (1988) y McMullin (1988), en las cuales se cita mucha más literatura sobre el tema. Todos estos autores, y muchos otros, han intentado aportar una respuesta definitiva a la cuestión. Pearson (1982) consideraba que lo que caracteriza a la ciencia es la metodología común. Pero este criterio omite la importante consideración de que todas las auténticas ciencias, como veremos más adelante, tienen también en común ciertos principios, como el de la objetividad.

ellos es que la ciencia es al mismo tiempo una actividad (lo que hacen los científicos) y un cuerpo de conocimientos (lo que saben los científicos). Casi todos los filósofos actuales, cuando tienen que definir la ciencia, insisten en la continua actividad de los científicos: exploración, explicación y comprobación. Pero otros filósofos tienden a definir la ciencia como un cuerpo de conocimientos en constante crecimiento, «la organización y clasificación del conocimiento sobre la base de principios explicativos»[2].

La insistencia en la recolección de datos y en la acumulación de conocimientos es un residuo de los primeros tiempos de la revolución científica, cuando la inducción era el método favorito de los científicos. Entre los induccionistas estaba muy extendido el error de creer que una acumulación de datos no sólo permitiría hacer generalizaciones, sino que produciría automáticamente nuevas teorías, como por combustión espontánea. En la actualidad, casi todos los filósofos están de acuerdo en que los datos por sí solos no explican nada, e incluso hay muchos que ponen en duda que existan datos puros. «Todas las observaciones están contaminadas por la teoría», argumentan. No se trata de una actitud nueva. Ya en 1861, Charles Darwin escribió: «Qué extraño es que nadie se haya dado cuenta de que todas las observaciones, para servir de algo, tienen que estar a favor o en contra de alguna teoría.»

A decir verdad, casi todos los autores que utilizan la palabra «conocimiento» lo hacen con un significado que no sólo se refiere a un conjunto de datos sino que incluye una interpretación de los datos. No obstante, resultaría menos confuso utilizar en este sentido la palabra «comprensión». Como en la definición «El objetivo de la ciencia es hacer avanzar nuestra comprensión de la naturaleza». Algunos filósofos añadirían «resolviendo problemas científicos»[3]. Y otros han ido

---

[2] Nagel (1961:4). Evidentemente, resulta más fácil describir lo que es la ciencia y lo que hacen los científicos que presentar una definición concisa y de aceptación universal. Ejemplos de descripciones son: «La ciencia estudia cosas que son desconcertantes y por lo tanto despiertan la curiosidad humana»; o «Las funciones de la ciencia son la predicción, el control, la comprensión y el descubrimiento de causas» (Beckner 1959:39); o «La ciencia se propone aumentar nuestros conocimientos del mundo sobre la base de principios explicativos y con comprobación continua y crítica de todos los descubrimientos» (Mayr ms.); o «La ciencia empírica tiene dos objetivos principales: describir fenómenos concretos en el mundo de nuestra experiencia y establecer principios generales, por medio de los cuales se puedan explicar y predecir dichos fenómenos» (Hempel). Otras definiciones: «La ciencia abarca todas las actividades de la inteligencia humana que dependen por completo de datos objetivos y de la lógica; incluye también la comprobación ilimitada de teorías»; o «La ciencia consiste en sentencias generales y lógicas que están directa o indirectamente sometidas a confirmación o refutación mediante la observación, y que se pueden utilizar en explicaciones y predicciones».

[3] Para una discusión detallada de la naturaleza de los problemas científicos, véase Laudan (1977).

aún más lejos al declarar que «los objetivos de la ciencia son comprender, predecir y controlar». Sin embargo, existen muchas ramas de la ciencia en las que la predicción desempeña un papel muy secundario, y en muchas de las ciencias no aplicadas jamás se plantea la cuestión del control.

Otra razón de que los filósofos tengan tantas dificultades para ponerse de acuerdo en una definición de ciencia es que las actividades que llamamos ciencia han ido cambiando continuamente a lo largo de los siglos. Por ejemplo, la teología natural –el estudio de la naturaleza para llegar a comprender las intenciones de Dios– se consideró una rama legítima de la ciencia hasta hace ciento cincuenta años. En consecuencia, en 1859, algunos críticos de Darwin le reprocharon que utilizara en su explicación del origen de las especies un factor tan «anticientífico» como el azar y no tuviera en cuenta lo que ellos veían claramente como la mano de Dios en el diseño de todas las criaturas, grandes y pequeñas. En cambio, en el siglo XX hemos sido testigos de una inversión completa de la opinión que tienen los científicos del azar. Tanto en las ciencias de la vida como en las ciencias físicas, se ha pasado de un determinismo estricto en la interpretación del funcionamiento del mundo natural a una postura mucho más probabilística.

Veamos otro ejemplo de cómo va cambiando gradualmente la ciencia: el pujante empirismo de la revolución científica hizo que se insistiera mucho en el descubrimiento de nuevos datos y, curiosamente, apenas se hablaba del importante papel que desempeña el desarrollo de nuevos conceptos en el avance de la ciencia. En la actualidad, conceptos como competencia, ascendencia común, territorio y altruismo son tan significativos en biología como lo son las leyes y descubrimientos en las ciencias físicas, y sin embargo, aunque parezca extraño, su importancia no se ha tenido en cuenta hasta tiempos muy recientes. Esta omisión se refleja, por ejemplo, en las normas para la concesión del premio Nobel. Aunque hubiera un premio Nobel de biología (que no lo hay), Darwin no habría podido ganarlo por desarrollar el concepto de selección natural –sin duda, el mayor avance científico del siglo XIX–, porque no se trataba de un descubrimiento. Esta actitud, que favorece a los descubrimientos por encima de los conceptos, continúa en nuestros tiempos, aunque en menor medida que en tiempos de Darwin.

Nadie sabe qué nuevos cambios de la imagen de la ciencia nos traerá el futuro. Lo mejor que podemos hacer, dadas las circunstancias, es intentar presentar un esbozo del tipo de ciencia que predomina en nuestra época, a finales del siglo XX.

Los orígenes de la ciencia moderna

La ciencia moderna comenzó con la revolución científica, aquel gran salto adelante del intelecto humano personificado en las figuras de Copérnico, Galileo, Kepler, Newton, Descartes y Leibniz. En aquella época se desarrollaron muchos de los principios básicos del método científico, que todavía siguen caracterizando la ciencia actual. Desde luego, lo que cada uno considera ciencia es cuestión de opiniones. En algunos aspectos, la biología de Aristóteles era ciencia, aunque le faltaba el rigor metodológico y el carácter general de la ciencia biológica tal como ésta se desarrolló desde 1830 hasta la década de 1860.

Las disciplinas científicas que dieron origen al concepto de ciencia que predominó durante la revolución científica fueron las matemáticas, la mecánica y la astronomía. Todavía no se ha determinado con exactitud el alcance de la contribución de la lógica escolástica a la estructura original de aquella ciencia fisicista; es indudable que desempeñó un papel fundamental en el pensamiento de Descartes. Los ideales de esta nueva ciencia racional eran la objetividad, el empirismo, el inductivismo y el empeño en eliminar todo resto de metafísica, es decir, las explicaciones mágicas o supersticiosas de los fenómenos, no basadas en el mundo físico.

Sin embargo, prácticamente todos los arquitectos de la revolución científica siguieron siendo devotos cristianos; por eso no debe sorprendernos que el tipo de ciencia que desarrollaron fuera, en muchos aspectos, una ramificación de la fe cristiana. Desde su punto de vista, el mundo había sido creado por Dios y, por lo tanto, no podía ser caótico. Estaba gobernado por Sus leyes, que, puesto que eran leyes divinas, eran universales. Se consideraba que una explicación de un fenómeno o un proceso era sólida si se ajustaba a una de dichas leyes. De este modo se pretendía llegar a un conocimiento claro y absoluto del funcionamiento del cosmos, y con el tiempo sería posible demostrar y predecir todo. Así pues, la tarea de la ciencia de Dios consistía en descubrir aquellas leyes universales para descubrir la verdad universal definitiva encarnada en dichas leyes, y en poner a prueba su veracidad mediante predicciones y experimentos.

En el caso de la mecánica, los hechos se ajustaban bastante bien a este ideal. Los planetas orbitaban en torno al Sol y las bolas rodaban por planos inclinados de un modo predecible. No debió ser un accidente de la historia que la mecánica, siendo la más simple de las ciencias, fuera la primera en desarrollar un conjunto de leyes y métodos coherentes. Pero en cuanto empezaron a progresar las otras ramas de la física, se fueron encontrando más y más excepciones a la universalidad y el determinismo de la mecánica, que obligaron a introducir diversas modificaciones. Lo cierto es que, en la vida cotidiana, las leyes de la mecánica se ven frustradas por procesos ocurridos al azar (estocásticos) con tanta frecuencia que el determinismo parece completamente inexistente. Por ejemplo, los movimientos de las masas de aire y de agua suelen ir acompañados por tantas turbulencias que las leyes de la mecánica no permiten hacer predicciones a largo plazo ni en meteorología ni en oceanografía.

En el caso de las ciencias biológicas, la receta mecanicista del mundo natural funcionaba peor aún. En el método científico de los mecanicistas no tenían cabida ni la reconstrucción de secuencias históricas, como ocurría en la evolución de la vida, ni el pluralismo de respuestas y causas que hacen imposible la predicción del futuro en las ciencias biológicas. Cuando se puso a prueba el «carácter científico» de la biología evolutiva según los criterios de la mecánica, no pasó el examen.

Esto resultaba especialmente cierto cuando se trataba del método de investigación favorito de la mecánica: el experimento. El experimento era tan valioso en este campo que se acabó considerándolo como casi el *único* método científico válido. Cualquier otro método se consideraba ciencia de segunda clase. Pero como no era de buen gusto tachar de malos científicos a los colegas, se dio en llamar «ciencias descriptivas» a estas otras ciencias no experimentales. Durante siglos, este término se aplicó peyorativamente a las ciencias de la vida.

En realidad, nuestros conocimientos básicos en *todas* las ciencias se basan en descripciones. Cuanto más joven es una ciencia, más descriptiva tiene que ser para establecer una base fáctica. Incluso en nuestros días, casi todas las publicaciones de biología molecular son esencialmente descriptivas. En realidad, «descriptiva» quiere decir «basada en obsevaciones», pues toda descripción se basa en observaciones, ya se realicen a simple vista o con otros órganos de los sentidos, ya con microscopios o telescopios sencillos, ya con instrumentos de altísima tecnología. Incluso durante la revolución científica, la observación (más que la experimentación) desempeñó un papel decisivo en el progreso de la ciencia. Las generalizaciones cosmológicas de Copérnico y Kepler, y gran parte de las de Newton, se basaban en observaciones y no en experimentos de laboratorio. En la actualidad, las teorías básicas de campos como la astronomía, la astrofísica, la cosmología, la planetología y la geología cambian con cierta frecuencia, como consecuencia de nuevas observaciones que tienen poco o nada que ver con la experimentación.

Se podría expresar de otro modo, diciendo que los descubrimientos descritos por Galileo y sus seguidores se basaban en experimentos de la naturaleza, que ellos pudieron observar. Los eclipses y oclusiones de planetas y estrellas serían experimentos naturales, lo mismo que los terremotos, las erupciones volcánicas, los cráteres abiertos por meteoritos, los cambios magnéticos y la erosión. En biología evolutiva, uno de estos experimentos habría sido la unión de América del Norte y América del Sur durante el Plioceno, que permitió un considerable intercambio de fauna entre ambos continentes a través del istmo de Panamá. Otros experimentos naturales habrían sido la colonización de islas y archipiélagos volcánicos, como Krakatoa, las Galápagos y las islas Hawai, y eso por no hablar de la defaunación y posterior recolonización de gran parte del hemisferio Norte, debido a las glaciaciones del Pleistoceno. Muchos de los avances de las ciencias observacionales se deben al genio de los que descubrieron, evaluaron críticamente y compararon estos experimentos naturales, en campos en los que los experimentos de laboratorio son sumamente difíciles, si no imposibles.

Aunque la revolución científica fue una revolución del pensamiento –por su rechazo de la superstición, la magia y los dogmas de los teólogos medievales–, no llegó a incluir una rebelión contra el sometimiento a la religión cristiana, y este condicionamiento ideológico tuvo consecuencias adversas para la biología. La respuesta a los problemas más básicos de los organismos vivos depende de si uno invoca o no la mano de Dios. Y esto se aplica de manera especial a todas las cuestiones de origen (las cuestiones que interesaban a los creacionistas) y diseño (las que interesaban a los teólogos naturales). La aceptación de un universo en el que no existían más que Dios, almas humanas, materia y movimiento dio buenos resultados en las ciencias físicas de la época, pero obstaculizó el avance de la biología[4].

En consecuencia, la biología permaneció prácticamente latente hasta los siglos XIX y XX. Aunque durante los siglos XVII y XVIII se acumuló un considerable volumen de conocimientos fácticos sobre historia natural, anatomía y fisiología, en aquella época se consideraba que el estudio de la vida correspondía al campo de la medicina; y, efectivamente, así ocurría con la anatomía y la fisiología, e incluso con la botánica, que consistía en gran medida en la identificación de plantas con propiedades medicinales. Hay que reconocer que también había algo de historia natural, pero o se practicaba como *hobby* o se ponía al servicio de la teología natural. Ahora resulta evidente que parte de aquella primitiva historia natural era muy buena ciencia, pero como en su época no se reconocía como tal, no contribuyó a la filosofía de la ciencia.

Por último, la aceptación de la mecánica como ciencia modelo indujo a creer que los organismos no son diferentes en modo alguno de

---

[4] Véase Hall (1954).

la materia inerte. Y de ahí se llegó a la conclusión lógica de que el objetivo de la ciencia consistía en reducir toda la biología a las leyes de la física y la química. Con el tiempo, los adelantos de la biología demostraron que esta postura era insostenible (véase Capítulo 1). Finalmente, la derrota del mecanicismo, y de su rival el vitalismo, con la aceptación en el siglo XX del paradigma del organicismo, ejerció profundo impacto en la posición de la biología entre las ciencias. Un impacto que muchos filósofos de la ciencia aún no han apreciado en toda su importancia.

¿Es la biología una ciencia autónoma?

Desde mediados del siglo XX, se pueden distinguir tres opiniones muy diferentes acerca de la posición de la biología entre las ciencias. Según uno de los extremos, la biología deber quedar completamente excluida de las ciencias, porque carece de universalidad, de la estructuración sometida a leyes y del carácter estrictamente cuantitativo de la «verdadera ciencia» (tradúzcase por física). Según el otro extremo, la biología no sólo posee todos los atributos necesarios de una auténtica ciencia, sino que además se diferencia de la física en aspectos importantes, por lo que debe considerarse una ciencia autónoma, equiparable a la física. Entre estos dos extremos están los que sostienen que la biología debería tener la consideración de ciencia «provinciana», ya que carece de universalidad y sus descubrimientos pueden reducirse, en último término, a las leyes de la física y la química.

La pregunta «¿es la biología una ciencia autónoma?» podría replantearse en dos partes: «¿es la biología una ciencia, como la física y la química?» y «¿es la biología una ciencia, exactamente como la física y la química?». Para responder a la primera pregunta, podríamos consultar los ocho criterios de John Moore para determinar si una cierta actividad puede considerarse como ciencia. Según Moore (1993): 1) Una ciencia debe estar basada en datos recogidos en el campo o en el laboratorio por observación o experimento, sin invocar factores sobrenaturales. 2) Para responder preguntas hay que reunir datos, y para respaldar o refutar conjeturas hay que realizar observaciones. 3) Se deben emplear métodos objetivos, para reducir al mínimo los posibles prejuicios. 4) Las hipótesis deben ser consistentes con las observaciones y compatibles con el marco conceptual general. 5) Todas las hipótesis se deben poner a prueba y, si es posible, se deben elaborar hipótesis alternativas y comparar su grado de validez (capacidad de resolver problemas). 6) Las generalizaciones deben tener validez universal dentro del dominio de la ciencia en cuestión. Los acontecimientos únicos se deben poder explicar sin invocar factores sobrenaturales. 7) Para eliminar la posibilidad de error, un dato o descubrimiento sólo se debe aceptar plenamente si lo confirman (repetidamente) otros investigadores. 8) La ciencia se caracteriza por el continuo perfeccionamiento de las teorías científicas, por la sustitución de teorías defectuosas o incompletas, y por la solución de problemas anteriormente desconcertantes.

Según estos criterios, casi todos estarían de acuerdo en que la biología debe considerarse una ciencia legítima, como la física y la química. Pero ¿es la biología una ciencia provinciana, no equiparable por lo tanto a las ciencias físicas? Cuando se introdujo por primera vez la expresión «ciencia provinciana», se utilizó como antónimo de «universal», queriendo decir con ello que la biología estudiaba objetos concretos y localizados, acerca de los cuales no se podían formular leyes universales. Las leyes de la física, se decía, no tienen limitaciones de tiempo ni de espacio; son tan válidas en la galaxia de Andrómeda como en la Tierra. La biología, en cambio, era provinciana porque toda la vida que conocemos ha existido únicamente en la Tierra y sólo durante 3.800 millones de años, de los 10.000 millones de años (o más) transcurridos desde el Big Bang.

Este argumento fue convincentemente refutado por Ronald Munson (1975), que demostró que ninguna de las leyes, teorías o principios fundamentales de la biología está implícita o explícitamente restringido en su alcance o gama de aplicación a una cierta zona del espacio o del tiempo. Existen muchos aspectos únicos en el mundo vivo, pero acerca de los fenómenos únicos se puede hacer toda clase de generalizaciones. También cada corriente oceánica es única, pero podemos formular leyes y teorías acerca de las corrientes oceánicas. En cuanto al argumento de que los principios biológicos carecen de universalidad porque toda la vida conocida existe únicamente en la Tierra, podemos responder preguntando «¿qué significa "universal"?». Dado que sabemos que fuera de la Tierra existe materia inanimada, toda ciencia que trate de la materia inanimada debe ser aplicable a la materia extraterrestre para ser universal. La existencia de vida, hasta ahora, sólo se ha demostrado en la Tierra; pero sus leyes y principios (como los de la materia inanimada) son universales porque son válidos en la Tierra, que es todo el terreno conocido de su existencia. No sé por qué no se ha de poder llamar «universal» a un principio que es cierto en todo el dominio al que se puede aplicar.

Más a menudo, cuando se describe la biología como ciencia «provinciana», lo que se quiere decir es que es una rama de la física y la química y que, en último término, todos los descubrimientos de la biología se pueden reducir a teorías químicas y físicas. En contra de esto, un defensor de la autonomía de la biología alegaría lo siguiente: muchos atributos de los organismos vivos que interesan a los biólogos no se pueden reducir a leyes fisicoquímicas; y lo que es más, muchos aspectos del mundo físico estudiados por los físicos carecen de interés para el estudio de la vida (y para cualquier otra ciencia que no sea la física). En este sentido, la física es tan provinciana como la biología. No tiene sentido considerar que la física es la ciencia ejemplar sólo porque fue la primera ciencia bien organizada. Aquel hecho histórico no la hace más universal que su hermana pequeña, la biología. La unidad científica no se podrá lograr hasta que se acepte que la ciencia comprende varias provincias diferentes, una de las cuales es la física; otra, la biología. Sería absurdo tratar de «reducir» la biología, una ciencia provinciana, a física, otra ciencia provinciana, o viceversa[5].

Muchos de los promotores –si no todos– del movimiento por la unidad de la ciencia de finales del siglo XIX y principios del XX eran filósofos, no científicos, y eran poco conscientes de la heterogeneidad de las ciencias. Esto se aplica a las ciencias físicas –que incluyen física de partículas elementales, física del estado sólido, mecánica cuántica, mecánica clásica, teoría de la relatividad, electromagnetismo... y aún podríamos añadir la geofísica, la astrofísica, la oceanografía, la geología y otras– y aumenta exponencialmente cuando pensamos en las numerosas ciencias de la vida. Durante los últimos setenta años se ha demostrado una y otra vez la imposibilidad de reducir todos estos campos a un único denominador común.

Insistamos, pues: sí, la biología es una ciencia, como la física y la química. Pero la biología no es una ciencia igual que la física o la química; se trata de una ciencia autónoma, equiparable a las igualmente autónomas ciencias físicas. Ahora bien, no podríamos hablar de ciencia en singular si no fuera porque todas las ciencias, a pesar de sus aspectos característicos y de un cierto grado de autonomía, poseen aspectos comunes. Una de las tareas de los filósofos de la biología consiste en determinar los aspectos comunes que la biología comparte con las otras ciencias, no sólo en metodología sino también en principios y conceptos. Y esos aspectos comunes definirán una ciencia unificada.

LOS INTERESES DE LA CIENCIA

Se ha dicho que el científico busca la verdad, pero lo mismo dicen muchas personas que no son científicos. El mundo y todo lo que hay en

---

[5] Véase Mayr (1996).

él constituye la esfera de interés no sólo de los científicos, sino también de los teólogos, los filósofos, los poetas y los políticos. ¿Cómo se puede establecer una demarcación entre lo que interesa a éstos y lo que interesa a los científicos?

En qué se diferencia la ciencia de la teología

La demarcación entre la ciencia y la teología es seguramente la más fácil, porque los científicos no recurren a lo sobrenatural para explicar el funcionamiento del mundo natural, ni se basan en la revelación divina para comprenderlo. Cuando los pueblos primitivos trataron de encontrar explicaciones para los fenómenos naturales, y en especial los desastres, recurrieron invariablemente a seres y fuerzas sobrenaturales; y todavía en nuestros días, la revelación divina es, para muchos devotos cristianos, una fuente de verdad tan legítima como la ciencia. Prácticamente todos los científicos que conozco personalmente son religiosos en el mejor sentido de la palabra, pero los científicos no invocan causas sobrenaturales ni se basan en revelaciones divinas.

Otro rasgo de la ciencia que la distingue de la teología es su carácter abierto. Las religiones se caracterizan por su relativa inviolabilidad; en las religiones reveladas, una diferencia en la interpretación de una sola palabra del documento fundacional revelado puede dar origen a una nueva religión. Esto contrasta de manera espectacular con la situación en cualquier campo activo de la ciencia, donde existen versiones diferentes de casi todas las teorías. Continuamente se hacen nuevas conjeturas, y la diversidad intelectual es considerable en todo momento. De hecho, la ciencia avanza por un proceso darviniano de variación y selección en la elaboración y comprobación de hipótesis (véase Capítulo 5).

Pero aunque la ciencia está abierta a nuevos datos e hipótesis, hay que decir que prácticamente todos los científicos, como si fueran teólogos, abordan el estudio del mundo natural equipados con un conjunto de lo que podríamos llamar «principios básicos». Una de estas suposiciones axiomáticas es la de que *existe* un mundo real, independiente de la percepción humana. Podríamos llamarlo principio de objetividad (lo opuesto a la subjetividad) o realismo de sentido común (véase Capítulo 3). Este principio no garantiza que los científicos, a título individual, sean siempre «objetivos»; ni siquiera significa que la objetividad absoluta sea posible entre los seres humanos. Significa únicamente que existe un mundo objetivo, no influido por la percepción subjetiva humana. Casi todos los científicos –aunque no todos– creen en este axioma.

A continuación, los científicos dan por supuesto que este mundo no es caótico, sino que está estructurado de alguna manera y que los métodos de la investigación científica pueden revelar todos o casi todos los aspectos de esta estructura. Un instrumento básico en toda actividad científica es la comprobación. Todo nuevo dato y toda nueva explicación deben ponerse a prueba una y otra vez, preferiblemente por diferentes investigadores y utilizando diferentes métodos (véanse capítulos 3 y 4). Cada confirmación refuerza la probabilidad de la «veracidad» de un dato o una explicación, y cada falsación o refutación refuerza la probabilidad de que la teoría contraria sea correcta. Uno de los rasgos más característicos de la ciencia es esta disposición abierta. Estar dispuesto a abandonar una creencia aceptada cuando se propone otra mejor constituye una importante demarcación entre la ciencia y el dogma religioso.

El método empleado por la ciencia para poner a prueba la «verdad» varía, según se esté comprobando un dato o una explicación. La existencia de un continente entre Europa y América, la Atlántida, se empezó a poner en duda al no encontrarse dicho continente durante las primeras travesías trasatlánticas de finales del siglo XV e inicios del XVI. Cuando se hicieron exploraciones más completas del océano Atlántico y, sobre todo, cuando en este siglo se tomaron fotografías desde los satélites, la nueva evidencia demostró concluyentemente que no existe dicho continente. A menudo la ciencia es capaz de establecer la veracidad absoluta de un dato. Demostrar la veracidad absoluta de una explicación o teoría resulta mucho más difícil y, en general, se tarda mucho más tiempo en conseguir que se la acepte. Los científicos tardaron más de cien años en aceptar plenamente la validez de la «teoría» de la evolución por selección natural, y todavía existen personas, pertenecientes a diversas sectas religiosas, que no creen en ella.

Por último, casi todos los científicos dan por supuesto que existe una continuidad histórica y causal entre todos los fenómenos del universo material, e incluyen dentro de los dominios legítimos del estudio científico todo lo que se sabe que existe o sucede en este universo. Pero no van más allá del mundo material. A los teólogos puede interesarles también el mundo físico, pero además suelen creer en un reino metafísico o sobrenatural, habitado por almas, espíritus, ángeles o dioses, y muchos creen que este cielo o paraíso será el lugar de reposo de todos los creyentes después de la muerte. Estas elaboraciones sobrenaturales se salen del campo de la ciencia.

En qué se diferencia la ciencia de la filosofía

La demarcación entre la ciencia y la filosofía es más difícil de determinar que la que separa la ciencia de la teología, y esto provocó tensiones entre científicos y filósofos durante gran parte del siglo XIX. En la Grecia clásica, filosofía y ciencia eran una misma cosa. El comienzo de la separación entre ambas tuvo lugar durante la revolución científica; pero, como sucedió con Immanuel Kant, William Whewell y William Herschel, muchos de los que contribuyeron al avance de la ciencia fueron también filósofos. Otros autores posteriores, como Ernst Mach o Hans Driesch, empezaron como científicos y después se pasaron a la filosofía.

Así pues, ¿acaso no existe demarcación entre la ciencia y la filosofía? No cabe duda de que la búsqueda y descubrimiento de datos es tarea de la ciencia, pero en otros aspectos existe una considerable zona de solapamiento. Casi todos los científicos consideran que parte de su trabajo consiste en teorizar, generalizar y establecer una estructura conceptual para su campo de estudio; de hecho, eso es lo que los convierte en auténticos científicos. Sin embargo, muchos filósofos de la ciencia consideran que teorizar y elaborar conceptos son tareas de la filosofía. Para bien o para mal, en las últimas décadas estas tareas han sido asumidas por científicos, y algunos conceptos básicos desarrollados por biólogos han sido adoptados posteriormente por los filósofos y ahora son también conceptos filosóficos.

En sustitución de su anterior tarea principal, los filósofos de la ciencia se han especializado en elucidar los principios empleados para elaborar teorías o conceptos. Investigan las reglas que gobiernan las operaciones realizadas por los científicos para responder a los «¿qué?», los «¿cómo?» y los «¿por qué?» que van encontrando. En la actualidad, la principal actividad de la filosofía en relación con la ciencia consiste en poner a prueba la «lógica de la justificación» y la metodología de la explicación (véase Capítulo 3). En los peores casos, este tipo de filosofía tiende a degenerar en juegos lógicos y sutilezas semánticas; en los mejores, ha impuesto a los científicos más responsabilidad y precisión.

Aunque los filósofos de la ciencia afirman a menudo que sus reglas metodológicas son puramente descriptivas y no prescriptivas, muchos de ellos parecen considerar que su tarea consiste en determinar lo que *deberían* hacer los científicos. En general, los científicos no hacen ningún caso de estos consejos normativos, sino que eligen el método que ellos creen que rendirá resultados más rápidamente; estos métodos pueden variar según los casos.

Hasta hace pocos años, el mayor error de la filosofía de la ciencia era, seguramente, tomar la física como ciencia modelo. En consecuencia, la llamada filosofía de la ciencia no era más que una filosofía de las ciencias físicas. Esto ha cambiado bajo la influencia de filósofos jóvenes, muchos de ellos especializados en la filosofía de la biología. La relación íntima que existe en la actualidad entre la filosofía y las ciencias de la vida queda de manifiesto en los numerosos artículos publicados en la revista *Biology and Philosophy*. Gracias a los esfuerzos de estos jóvenes filósofos, los conceptos y métodos empleados en las ciencias biológicas se han convertido en componentes importantes de la filosofía de la ciencia.

Éste es un proceso muy deseable, tanto para la filosofía como para la biología. Todo científico debería fijarse como objetivo llegar a generalizar sus conceptos de la naturaleza, para que éstos puedan hacer una contribución a la filosofía de la ciencia. Mientras la filosofía de la ciencia estuvo restringida a las leyes y métodos de la física, a los biólogos les fue imposible aportar tal contribución. Afortunadamente, las cosas han cambiado.

La incorporación de la biología ha modificado muchos de los principios de la filosofía de la ciencia. Como veremos en los capítulos 3 y 4, el rechazo del determinismo estricto y de la fe en leyes universales, la aceptación de predicciones meramente probabilísticas y de narraciones históricas, el reconocimiento de la importancia de los conceptos en la elaboración de teorías, la aceptación del concepto de población y del papel de los individuos únicos, y muchos otros aspectos del pensamiento biológico, han incidido en los fundamentos de la filosofía de la ciencia. Ahora que domina el probabilismo, todos los aspectos del análisis lógico basados en supuestos tipológicos han resultado muy vulnerables. La certidumbre completa que, a partir de Descartes, había sido el ideal de los filósofos de la ciencia, parece un objetivo cada vez menos importante.

En qué se diferencia la ciencia de las humanidades

En lo referente a la demarcación entre la ciencia y las humanidades, la tendencia de los autores del pasado a pasar por alto la heterogeneidad de ambos campos ha dado lugar a muchos conceptos erróneos. Existen más diferencias entre la física y la biología evolutiva –que son dos ramas de la ciencia– que entre la biología evolutiva (una de las ciencias) y la historia (una de las humanidades). La crítica literaria no tiene prácticamente nada en común con las otras disciplinas de las humanidades, y menos aún con la ciencia.

Cuando C. P. Snow escribió *Dos culturas* en 1959, lo que en realidad describía era la separación que existe entre la física y las humanidades. Como otros autores de la época, tuvo la ingenuidad de dar por supuesto que la física podía representar a la totalidad de las ciencias. Como muy bien señaló, la brecha que separa la física de las humanidades es prácticamente infranqueable. Simplemente, no existe ningún camino que lleve de la física a la ética, la cultura, la mente, el libre albedrío y otros temas de interés para los humanistas. La ausencia en la física de estos importantes tópicos contribuyó a la incomunicación de científicos y humanistas, de la que tanto se lamentaba Snow. Sin embargo, todos esos conceptos tienen relaciones sustanciales con las ciencias de la vida.

De manera similar, cuando el humanista E. M. Carr (1961) comparó la historia con «las ciencias», encontró cinco aspectos en los que difieren: 1) La historia, según él, se ocupa exclusivamente de lo único, y la ciencia de lo general. 2) La historia no enseña lecciones. 3) La historia, a diferencia de la ciencia, es incapaz de predecir. 4) La historia es necesariamente subjetiva, mientras que la ciencia es objetiva. 5) La historia, a diferencia de la ciencia, estudia cuestiones de religión y moral. De lo que no se dio cuenta Carr fue de que estas diferencias sólo son válidas para las ciencias físicas y para gran parte de la biología funcional. Sin embargo, los puntos 1, 3 y 5 se aplican por igual a la historia y a la biología evolutiva. Y, como reconoce el mismo Carr, algunos de estos puntos (el 2, por ejemplo) no son estrictamente ciertos ni siquiera para la historia. En otras palabras, la profunda diferencia entre «las ciencias» y las «no ciencias» deja de existir en cuanto se admite a la biología en el reino de la ciencia[6].

---

[6] El filósofo alemán Windelband (1894) distinguía dos tipos de ciencias, las nomotéticas y las idiográficas, y utilizaba el término «ciencia» con el significado alemán de *Wissenschaft* (que incluye las humanidades). Con esta terminología pretendía separar las ciencias naturales (nomotéticas) de las humanidades (idiográficas). Una vez más, el intento carecía de validez porque la biología quedaba completamente fuera de su clasificación. Su caracterización de las ciencias idiográficas, que según él se ocupaban de fenómenos únicos y no recurrentes, pretendía describir las humanidades, pero esta descripción se puede aplicar también a muchas de las ciencias naturales, en especial a la biología evolutiva, como bien indicó Nagel (1961:548-549). Ahora aceptamos que el contraste entre «la ciencia» y las humanidades no es tan grande como pensaban Snow y Windelband, ni mucho menos. Esta nueva forma de ver las cosas es consecuencia de varias consideraciones: 1) Lo que los filósofos fisicistas de la ciencia y los humanistas consideraban tradicionalmente «ciencia» era en realidad sólo la física, una sola de las ciencias. 2) La erosión del determinismo estricto y de la creencia en la importancia suprema de las leyes universales ha reducido el contraste entre la ciencia (incluyendo incluso las ciencias físicas) y las humanidades, que ya no es tan absoluto. 3) Al admitir que la biología, y sobre todo la biología evolutiva, es una parte de la ciencia, se establece un puente entre las ciencias naturales y las humanidades. 5) Los procesos históricos, tan decididamente omitidos en casi todas las ciencias físicas, se pueden someter a análisis científico y deben incluirse dentro de los límites de la ciencia.

Muy a menudo, la incomunicación entre la ciencia y las humanidades se atribuye a la incapacidad de los científicos para apreciar el «elemento humano» en el curso de sus investigaciones. Pero no se debe echar toda la culpa a los científicos. Para muchos trabajos de humanidades es indispensable un conocimiento rudimentario de ciertos descubrimientos de la ciencia, sobre todo de biología evolutiva, comportamiento, desarrollo humano y antropología física. Y sin embargo, demasiados humanistas carecen de dichos conocimientos y exhiben en sus escritos una vergonzosa ignorancia de dichas materias. Muchos de ellos se disculpan de su desconocimiento de la ciencia alegando que «se me dan mal las matemáticas». Pero lo cierto es que hay muy pocas matemáticas en las ramas de la biología con las que más familiarizados deberían estar los humanistas. Por ejemplo, no hay ni una sola fórmula matemática en *El origen de las especies* de Darwin ni en mi *Crecimiento del pensamiento biológico* (1982). El conocimiento de la biología humana debería formar parte imprescindible e inseparable de los estudios de humanidades. La psicología, que antes se clasificaba entre las humanidades, se considera ahora una ciencia biológica. Sin embargo, ¿cómo se puede escribir sobre historia o literatura, que son humanidades, sin tener considerables conocimientos sobre el comportamiento humano?

Snow hizo bien en insistir en este aspecto. La mayor parte de la gente muestra una deplorable ignorancia en materia científica, incluso en los temas más sencillos. Por ejemplo, un autor tras otro aseguran no poderse creer que el ojo es el resultado de una serie de accidentes. Lo que revelan estas declaraciones es que los autores no tienen ni idea del funcionamiento de la selección natural, que no es un proceso accidental sino *anti*casual. El cambio evolutivo se produce porque ciertas características de los individuos se adaptan mejor que otras a las circunstancias ambientales de la especie en un momento dado, y estos caracteres más adaptativos se van concentrando en las generaciones posteriores, gracias a las diferentes tasas de supervivencia y reproducción; en otras palabras, por selección natural. Desde luego, el azar desempeña un cierto papel en la evolución, como bien sabía Darwin, pero la selección natural –el mecanismo primario del cambio evolutivo– no es un proceso accidental.

Ignorar los descubrimientos de la biología resulta especialmente grave cuando los humanistas se ven obligados a afrontar problemas políticos como la superpoblación mundial, la difusión de enfermedades infecciosas, el agotamiento de recursos no renovables, los cambios climáticos perjudiciales, el aumento de las necesidades agrícolas en todo el mundo, la destrucción de los hábitats naturales, la proliferación de conductas delictivas o los fallos de nuestro sistema educativo. Ninguno de estos problemas se puede abordar satisfactoriamente sin tener en cuenta los descubrimientos de la ciencia, sobre todo de la biología; y sin embargo, los políticos actúan demasiado a menudo con total ignorancia.

LOS OBJETIVOS DE LA INVESTIGACIÓN CIENTÍFICA

Muchas veces nos preguntan por qué nos dedicamos a la ciencia. O para qué sirve la ciencia. A estas preguntas se les han dado dos respuestas muy diferentes. La insaciable curiosidad del ser humano y el deseo de conocer mejor el mundo en el que viven son, para muchos científicos, las razones primarias de su interés por la ciencia. Se basan en la convicción de que ninguna de las teorías filosóficas o puramente ideológicas puede competir a largo plazo con el conocimiento del mundo que proporciona la ciencia.

Aportar una contribución a este mejor conocimiento del mundo es una fuente de satisfacción para un científico; de hecho, le vuelve loco de alegría. Se suele insistir mucho en los descubrimientos, en los que a veces interviene la suerte, pero la alegría es aún mayor cuando uno tiene éxito en la difícil tarea intelectual de desarrollar un nuevo concepto, un concepto capaz de integrar una masa de datos anteriormente inconexos, o que pueda servir de base a teorías científicas. Por supuesto, los placeres de la investigación se ven empañados por la incesante necesidad de reunir datos aburridos, la decepción (e incluso la vergüenza) de las teorías invalidadas, la resistencia que ofrecen algunas materias investigadas y otras muchas frustraciones[7].

Un objetivo completamente diferente es utilizar la ciencia como medio para controlar el mundo, sus fuerzas y sus recursos. Este segundo objetivo es propio, sobre todo, de los científicos aplicados (incluyendo los que trabajan en medicina, sanidad pública y agricultura), los ingenieros, los políticos y el ciudadano medio. Pero lo que olvidan algunos políticos y votantes es que, para resolver los problemas de contaminación, urbanización, hambre o explosión demográfica, no basta con combatir los síntomas. Ni la malaria se cura con aspirina, ni se pueden resolver problemas sociales y económicos sin estudiar las causas. Nuestra manera de afrontar la discriminación racial, el crimen, la adicción a las drogas, la

---

[7] Al investigador frustrado me gustaría recordarle la sensata recomendación de Stern (1965:773): «El investigador puede superar todos los peligros que sus debilidades personales le planteen. Puede conservar el entusiasmo de la juventud, que le empujó a contemplar los misterios del universo. Puede seguir dando gracias por el extraordinario privilegio de participar en su exploración. Puede sentir un gozo constante por los descubrimientos hechos por otros, tanto en el pasado como en su propia época. Y puede aprender la difícil lección de que el viaje mismo, y no sólo la gran conquista, da plenitud a la vida humana.»

carencia de hogar y problemas similares, así como el grado de éxito que logremos en su eliminación, dependerán en gran medida de que comprendamos bien sus causas biológicas.

Estos dos objetivos de la ciencia –satisfacer la curiosidad y mejorar el mundo– no corresponden a dominios totalmente diferentes, porque hasta la ciencia aplicada, y sobre todo la ciencia en la que se basa una política pública, depende de la ciencia básica. En la mayoría de los casos, lo que más motiva a los científicos es el simple deseo de comprender mejor los fenómenos enigmáticos de nuestro mundo.

Tanto en la ciencia básica como en la aplicada, toda discusión acerca de los objetivos de la investigación científica implica siempre cuestiones de valores. ¿Hasta qué punto puede permitirse nuestra sociedad ciertos proyectos científicos de altos vuelos, como los superaceleradores de partículas o las estaciones espaciales, teniendo en cuenta que sólo se obtendrán resultados muy limitados? ¿Hasta qué punto se pueden considerar éticos ciertos experimentos, en especial los realizados con mamíferos (perros, monos, etc.)? ¿Existe el riesgo de que el trabajo con material embrionario humano dé lugar a prácticas contrarias a la ética? ¿Qué experimentos de psicología humana o de medicina clínica podrían resultar perjudiciales para los sujetos experimentales?

Cuando las ciencias físicas eran las dominantes, se solía considerar que la ciencia carece de sistema de valores. Durante la rebelión estudiantil de los años 60, algunos grupos, ofendidos por esta arrogancia, difundieron el lema «Abajo la ciencia sin valores». Desde el auge de la biología, y especialmente de la genética y la biología evolutiva, ha quedado claro que los descubrimientos y teorías científicas ejercen un impacto en los sistemas de valores, aunque no está tan claro hasta qué punto puede la ciencia generar valores (véase Capítulo 12). Algunos de los adversarios de Darwin, como Adam Sedgwick, acusaron al darvinismo de destruir los valores morales. Todavía en nuestros días, los creacionistas atacan a la biología evolutiva porque están convencidos de que socava los valores de la teología cristiana. El movimiento eugenético del siglo XX defendía unos valores claramente derivados de la ciencia de la genética humana. Y si la sociobiología recibió tan virulentos ataques en los años 70 fue porque parecía fomentar ciertos valores políticos incompatibles con los de sus oponentes. Casi todas las grandes religiones e ideologías políticas defienden ciertos valores asegurando que tienen base científica, y casi todas defienden además otros valores incompatibles con ciertos descubrimientos de la ciencia.

Paul Feyerabend (1970) se ha atrevido a sugerir (como también han hecho otros autores contemporáneos) que un mundo sin ciencia «sería más agradable que el mundo en el que hoy vivimos». No estoy seguro de que fuera así. Habría menos contaminación y menos cáncer provocado por la contaminación, menos masificación y menos subproductos nocivos de la sociedad de masas. Pero también sería un mundo con mucha mortalidad infantil, una esperanza de vida de sólo 35 o 40 años, sin posibilidades de evitar el calor en verano y protegerse del frío en invierno. Cuando uno se pone a quejarse de los efectos secundarios e indeseables, se olvida con facilidad de los inmensos beneficios de la ciencia (incluyendo la ciencia agrícola y la médica). Casi todos los llamados «efectos malignos» de la ciencia y la tecnología se podrían eliminar; los científicos saben qué habría que hacer, pero su conocimiento tiene que traducirse en leyes, y hasta ahora esto se ha topado con la oposición de los políticos y gran parte de la población votante.

Mi opinión personal sobre las contribuciones de la ciencia se aproxima más a la de Karl Popper, que dijo lo siguiente: «Después de la música y el arte, la ciencia es el mayor, el más bello y el más iluminador logro del espíritu humano. Detesto esa moda actual tan ruidosa que pretende denigrar a la ciencia, y admiro por encima de todo los maravillosos resultados conseguidos en nuestros tiempos por el trabajo de biólogos y bioquímicos, y que la medicina ha hecho llegar a pacientes de todo nuestro bello planeta.»

La ciencia y el científico

Con frecuencia se oye decir que la ciencia puede hacer tal cosa o que la ciencia no puede hacer tal otra, pero evidentemente son los científicos los que pueden o no pueden hacer algo. El científico, en el mejor de los casos, es una persona trabajadora, muy motivada, escrupulosamente honrada, generosa y cooperadora. Pero los científicos son seres humanos y no siempre están a la altura de estos ideales profesionales. Las consideraciones políticas, teológicas o económicas, que son ajenas a la ciencia, no deberían influir en los juicios científicos, pero influyen a menudo.

Los científicos tienen tradiciones y valores propios y específicos, que aprenden de un profesor, un colega de más edad o algún otro modelo. El sistema de valores no sólo proscribe los fraudes y mentiras, sino que obliga a dar el crédito adecuado a los competidores si éstos tienen prioridad en un descubrimiento. Un buen científico defenderá tenazmente sus propias reivindicaciones de prioridad, pero al mismo tiempo suele estar deseoso de agradar a las figuras principales de su campo y a veces acatará su autoridad aunque debería ser más crítico.

Toda trampa o manipulación de datos se descubre tarde o temprano y significa el final de una carrera; aunque sólo fuera por esta razón, el fraude no es una opción viable en la ciencia. La inconsistencia es un defecto más extendido; seguramente no existe un solo científico que esté completamente libre de él. Charles Lyell, cuyos *Principios de geología* influyeron en el pensamiento de Darwin, predicó el uniformismo, pero a muchos de sus contemporáneos les sorprendió lo poco uniformista que era su propia teoría sobre el origen de nuevas especies. Ni el propio Darwin se libró de incurrir en inconsistencias: aplicó el concepto de población para explicar la adaptación por selección natural, pero utilizó lenguaje tipológico en algunos de sus comentarios sobre especiación. Lamarck proclamó a los cuatro vientos que era mecanicista estricto y que se proponía explicarlo todo en términos de causas y fuerzas mecánicas; y sin embargo, el lector moderno no puede evitar interpretar su teoría de que el cambio evolutivo lleva inevitablemente a la perfección como una adhesión subconsciente al principio (no mecanicista) del perfeccionamiento.

Algunos fallos en los descubrimientos e hipótesis de los científicos se deben claramente a que han confundido los deseos con la realidad. Después de que uno de los primeros investigadores creyera descubrir 48 cromosomas en la especie humana, su descubrimiento fue confirmado por otros muchos investigadores, porque 48 era el número que esperaban encontrar. El número correcto (46) no quedó confirmado hasta que se introdujeron tres técnicas nuevas y diferentes.

Reconociendo que el error y la inconsistencia son frecuentes en la ciencia, Karl Popper propuso en 1981 un conjunto de normas éticas profesionales para los científicos. El primer principio dice que no existe la autoridad; las inferencias científicas van mucho más allá de lo que cualquier individuo puede dominar, aunque se trate de un especialista. En segundo lugar, todos los científicos cometen errores algunas veces; parece algo inevitable. Hay que buscar los errores, analizarlos cuando se los encuentra y aprender de ellos. Ocultar los errores es un pecado imperdonable. En tercer lugar, aunque esta autocrítica es importante, tiene que complementarse con críticas ajenas, que pueden ayudarnos a descubrir y corregir los errores propios. Para poder aprender de los errores, hay que reconocerlos cuando otros nos los señalan. Y por último, siempre hay que ser consciente de los errores propios cuando se señalan los ajenos.

La mayor recompensa para un científico es el prestigio entre sus colegas. Este prestigio depende de factores como el número de descubrimientos importantes realizados, o su contribución a la estructura conceptual de su disciplina. ¿Por qué la prioridad y el reconocimiento de los colegas son tan importantes para casi todos los científicos? ¿Por qué algunos científicos intentan denigrar a sus colegas (o competidores)?

¿Cómo se recompensa a un científico por sus logros? ¿Qué relación existe entre unos científicos y otros, y entre los científicos y el resto de la sociedad? Todas estas preguntas han sido planteadas por investigadores de la sociología de la ciencia, entre los que destaca Robert Merton, que prácticamente fundó esta disciplina. Tal como ha demostrado Merton, gran parte de la ciencia moderna la realizan equipos de investigación, y con frecuencia se forman alianzas bajo la bandera de ciertos dogmas[8]. Pero a pesar de que existe un cierto grado de disensión, lo que más impresiona a los de fuera es el notable consenso existente entre los científicos en la segunda mitad del siglo XX.

Este consenso se refleja especialmente bien en la internacionalidad de la ciencia. El inglés se va convirtiendo con rapidez en la *lingua franca* de la ciencia, y en ciertos países, como Escandinavia, Alemania y Francia, importantes publicaciones científicas tienen título en inglés y publican principalmente artículos en inglés. Un científico que viaje a otro país, aunque se trate de un estadounidense y vaya a Rusia o Japón, se siente perfectamente a gusto en compañía de sus colegas de ese país. En los últimos tiempos se han publicado en revistas científicas numerosos artículos cuyos coautores son de distintos países. Hace cien años, los artículos y libros científicos solían tener un claro sabor nacional, pero esto es cada vez más raro.

Todos los científicos que alcanzan objetivos de mérito suelen ser ambiciosos y muy trabajadores. No existen científicos de 9 a 5. Muchos trabajan 15 o 17 horas al día, al menos durante ciertos períodos de su carrera. Y sin embargo, la mayoría tiene intereses muy variados, como lo demuestran sus biografías; muchos científicos son músicos aficionados, por ejemplo. En otros aspectos, los científicos forman un colectivo tan variable como cualquier grupo humano. No creo que exista un temperamento concreto o una personalidad que se pueda identificar como «el científico típico».

Tradicionalmente, uno se hacía biólogo después de estudiar medicina o por haber sido naturalista desde pequeño. En la actualidad, es mucho más corriente que los jóvenes se interesen por las ciencias de la vida gracias a los medios de comunicación, sobre todo los documentales televisivos sobre la naturaleza, a las visitas a los museos (casi siempre empezando por la sala de dinosaurios) o a un profesor que les inspira. Miles de jóvenes se dedican a observar a los pájaros, y algunos se harán biólogos profesionales (como hice yo). El ingrediente más importante es la fascinación ejercida por las maravillas de los seres vivos. A la mayoría de los biólogos les dura toda la vida; jamás dejan de apasionarles los

---

[8] Véase Hull (1988).

descubrimientos científicos, sean empíricos o teóricos, ni pierden la afición a buscar nuevas ideas, nuevos puntos de vista, nuevos organismos. Y muchos aspectos de la biología influyen directamente en nuestras circunstancias personales y en nuestro sistema de valores. Ser biólogo no es un trabajo; es elegir un modo de vida[9].

---

[9] «Percibir un hecho de la naturaleza que jamás había sido visto por un ojo o una mente humana, descubrir una nueva verdad en cualquier campo, revelar un acontecimiento de la historia pasada o identificar una relación oculta... el afortunado que haya vivido estas experiencias se recreará en ellas toda su vida» (Stern 1965:772). Muchos científicos, en sus autobiografías o en otras obras, han descrito con entusiasmo los gozos de la investigación (Shropshire 1981).

Capítulo 3

¿Cómo explica la ciencia el mundo natural?

Los primeros intentos de explicar el mundo natural recurrieron a lo sobrenatural. Desde el animismo más primitivo hasta las grandes religiones monoteístas, todo lo enigmático y aparentemente inexplicable se atribuía a las actividades de espíritus o dioses. Los antiguos griegos fueron los primeros en probar un enfoque diferente. Intentaron explicar los fenómenos del mundo mediante fuerzas naturales. La filosofía, que se desarrolló en el siglo VI a.C., se fue ocupando cada vez más de la tarea de explicar el mundo e intentar determinar cuál debía ser el ideal del «saber». Los griegos basaban sus explicaciones en la observación y la reflexión, aunque la metafísica siempre desempeñó un papel considerable. A partir de aquellos antiguos comienzos se fue desarrollando poco a poco lo que hoy llamamos filosofía de la ciencia.

El tercer tipo de sistema explicativo fue la ciencia, que surgió con la revolución científica. Tal vez no deberíamos considerar las explicaciones sobrenaturales, la filosofía y la ciencia como tres etapas consecutivas, sino como tres enfoques complementarios del problema del conocimiento. La historia del pensamiento humano nos enseña que estos sistemas tan diferentes evolucionaron uno a partir de otro sin grandes rupturas. Por ejemplo, muchos de los grandes filósofos, incluso Kant, incluían a Dios en sus modelos explicativos. Antes de Darwin, Dios era también aceptado como factor de explicación por muchos biólogos. Tras el auge de la ciencia, la filosofía continuó existiendo y prosperando; lo que cambió fue su objetivo. Poco a poco, la ciencia se fue emancipando de la filosofía y los filósofos empezaron a distanciarse, pensativos, del trabajo de los científicos, para centrarse en el análisis de las actividades de éstos.

El objetivo final de la ciencia es hacer avanzar nuestra comprensión del mundo; en esto están de acuerdo los científicos y los filósofos de la ciencia. El científico plantea preguntas acerca de lo desconocido o lo incomprendido, e intenta responderlas. La primera respuesta se llama conjetura o hipótesis, y sirve como tentativa de explicación. Pero ¿qué es en realidad una explicación? Cuando encontramos un fenómeno enigmático en el mundo cotidiano, se lo suele explicar sobre la base de lo que ya sabemos, o de lo que parece racional. Por ejemplo, un eclipse de Luna tiene que deberse a la sombra de la Tierra, que cae sobre la Luna; y la fauna y flora de las Galápagos tuvieron que llegar hasta allí por dispersión sobre el agua, ya que es evidente que estas islas volcánicas nunca estuvieron conectadas con el continente suramericano. Pero no basta simplemente con disponer de una explicación racional. Además, hay que asegurarse de que la respuesta es correcta o, al menos, tan próxima a la verdad como permitan los conocimientos actuales. Este objetivo del científico es también el objetivo del filósofo de la ciencia.

Lo que ha provocado controversias entre los filósofos, desde los tiempos de los antiguos griegos hasta nuestros días, es la manera en que se debe elaborar y poner a prueba una explicación del mundo natural. Docenas de filósofos se han propuesto formular principios que hicieran avanzar nuestra comprensión del mundo (o, como se solía decir, que nos permitieran descubrir la verdad). Entre los más citados figuran Descartes, Leibniz, Locke, Hume, Kant, Herschel, Whewell, Mill, Jevons, Mach, Russell y Popper. Es curioso que el nombre de Darwin casi nunca se incluya en estas listas, aunque es evidente que fue uno de los más grandes filósofos de todos los tiempos[1]. De hecho, Darwin fue, en gran medida, el fundador de la moderna filosofía de la biología.

¿Qué se proponían estos filósofos de la ciencia? ¿Intentaban simplemente describir con fidelidad los métodos de los científicos, vistos a través de los ojos de un filósofo, o pretendían indicar a los científicos cómo debían elaborar sus explicaciones y experimentos, para que sus descubrimientos pudieran considerarse ciencia auténticamente «buena»[2]? Si se trataba de esto último, me temo que hasta ahora han tenido poco éxito. No conozco un solo biólogo cuyas teorizaciones se hayan visto afectadas por las normas propuestas por los filósofos de la ciencia. Por lo general, los científicos se dedican a sus investigaciones sin prestar mucha atención a los detalles más finos de la metodología. La única excepción es la insistencia de Karl Popper en la falsación (véase más adelante), que en principio fue aceptada por la generalidad de los biólogos, aunque casi nunca daba resultados en la práctica.

¿Por qué a los filósofos de la ciencia les sigue preocupando tanto la manera en que los científicos elaboran y ponen a prueba sus explicaciones? Al fin y al cabo, la ciencia ha obtenido una serie casi ininterrumpida de éxitos desde el principio de la revolución científica. Es cierto que de vez en cuando se adopta durante algún tiempo una teoría errónea,

---

[1] Mayr (1964a, 1991) y Ghiselin (1969).

[2] Según Kitcher (1993), la filosofía de la ciencia «se proponía analizar la calidad de la ciencia, centrándose en cuestiones como la confirmación de hipótesis mediante pruebas, la naturaleza de las leyes científicas y de las teorías científicas, y las características de la explicación científica».

pero pronto es refutada en la pugna entre teorías rivales. Se han dado muy pocos casos de refutación de una teoría científica importante. En general, la fiabilidad de los grandes principios científicos es incuestionable. Giere (1988) supone que la influencia del escepticismo cartesiano durante la revolución científica es la responsable de las continuas dudas de los filósofos.

Los medios de comunicación, con sus cotidianas noticias sensacionales sobre grandes descubrimientos nuevos y refutaciones de las teorías vigentes, tienden a hacer creer a los no científicos que la ciencia no ofrece ninguna certeza ni «verdad» acerca de nada. Por el contrario, las teorías básicas de la ciencia, muchas de las cuales tienen ya cincuenta o cien años, se confirman una vez tras otra. Incluso en un campo tan controvertido como la biología evolutiva, la estructura conceptual básica establecida por Darwin en 1859 ha demostrado ser notablemente sólida. Todos los intentos realizados en los últimos ciento treinta años por invalidar el darwinismo (y ha habido cientos) han fracasado; y lo mismo ha sucedido en casi todos los demás campos de la biología.

No obstante, hay que reconocer que nuestros órganos de los sentidos son falibles, y nuestro raciocinio más aún. Por lo tanto, constituye tarea legítima de la filosofía supervisar los métodos que usan los científicos para adquirir conocimientos, e incluso aconsejar a los científicos las maneras más fiables de formular teorías y ponerlas a prueba. La rama de la filosofía que se ocupa del problema de lo que sabemos y cómo lo sabemos se llama epistemología, y constituye actualmente el principal campo de interés de la filosofía de la ciencia[3].

BREVE HISTORIA DE LA FILOSOFÍA DE LA CIENCIA

No tiene nada de extraño que el auge del interés por la epistemología coincidiera con la revolución científica, o fuera consecuencia de ella. Siendo la astronomía y la mecánica las ciencias más activas de la época, la observación y las matemáticas gozaban de mucho prestigio, y sus apóstoles fueron Francis Bacon (con su método de inducción) y Descartes (con su geometría).

Gracias a Bacon, la inducción quedó consagrada como el método científico por excelencia durante dos siglos. Según esta filosofía, el científico elabora sus teorías registrando, midiendo y describiendo observa-

---

[3] No podemos ofrecer en este libro una historia de la filosofía de la ciencia. La literatura existente es abundantísima y yo carezco de formación filosófica. Lo que pretendo es, más bien, reflejar el punto de vista de los científicos profesionales.

ciones, sin tener ninguna hipótesis previa ni expectativas preconcebidas. A inicios del siglo XIX, cuando la inducción estaba de moda en Inglaterra, Darwin se proclamó fiel seguidor de Bacon, pero en realidad su enfoque era más o menos hipotético-deductivo (véanse párrafos siguientes)[4]. Más adelante, Darwin se burló de la inducción, diciendo que quien creyera en este método «sería capaz de meterse en un foso de grava a contar las chinitas y describir los colores».

Liebig (1863) fue uno de los primeros científicos de prestigio que repudiaron la inducción baconiana, argumentando convincentemente que ningún científico había seguido nunca, ni podría seguir, los métodos descritos por Bacon en *Novum Organum*. La inducción por sí misma no puede generar nuevas teorías. La incisiva crítica de Liebig contribuyó a poner fin al reinado del induccionismo[5], y desde entonces se consideró insultante llamar a alguien induccionista (o «coleccionista de sellos»). Sin embargo, muchos de los críticos de este enfoque empírico pasaron por alto el hecho de que los datos seguían siendo tan indispensables como siempre para sostener cualquier empresa científica. Lo que había que criticar no era la recolección de datos en sí, sino la manera de utilizar dichos datos para formular teorías. En algunas ciencias (sobre todo en biología), que se basan en la construcción de narraciones históricas, el método científico esencial en la actualidad es básicamente inductivo.

Más avanzado el siglo XIX, y principalmente como consecuencia de la obra de Frege (1884) y de otros lógicos y matemáticos, la lógica se convirtió en una influencia dominante en la filosofía de las matemáticas y la física. Esto resultó particularmente útil en los casos en que las leyes universales con formulación matemática desempeñaban un papel importante, como sucede en las ciencias físicas. Resultaba menos adecuado para la biología, donde abundan el pluralismo, el probabilismo y los fenómenos puramente cualitativos o de tipo histórico, y donde prácticamente no existen leyes estrictamente universales. En consecuencia, se desarrolló una filosofía de la ciencia hecha a medida para las ciencias físicas, pero que, en gran medida, resultaba inadecuada para la biología.

Verificación y refutación

En este siglo, la filosofía que más tiempo ha predominado en la ciencia angloamericana ha sido el empirismo lógico, desarrollado en los

---

[4] Véase Ghiselin (1969).
[5] Véase Laudan (1968).

años 20 y 30 por los positivistas lógicos del Círculo de Viena (Reichenbach, Schlick, Carnap, Feigl). El empirismo lógico se construyó sobre tres bases: 1) la obra de varios matemáticos y lógicos del siglo XX; 2) el empirismo clásico de David Hume, transmitido a través de Mill, Russell y Mach; y 3) las ciencias físicas, en especial la física clásica, tal como se las entendía antes de la relatividad y la mecánica cuántica.

En lo referente a la confirmación científica, el método defendido por los positivistas lógicos era el hipotético-deductivo tradicional (H-D), y se consideraba que el mejor criterio de validez de una teoría era la verificación mediante comprobaciones repetidas. Si los experimentos confirmaban una teoría, los positivistas lógicos dirían que la teoría había sido verificada. Es cierto que la verificación refuerza considerablemente las teorías y permite introducir a veces modificaciones constructivas; pero no se debe dar por supuesto que la verificación «demuestra» sin lugar a dudas que una teoría es cierta. En ocasiones, estos métodos han dado lugar a la verificación de teorías que después resultaron ser erróneas[6].

Popper estaba de acuerdo con los positivistas lógicos en que una teoría «se considera más satisfactoria cuanto mayor sea el rigor de las pruebas independientes que ha superado», pero insistía en que la falsación era el único modo de eliminar una teoría inválida. Si la teoría no pasa una prueba, queda refutada. Sin embargo, la falsación no es asunto sencillo. No es como demostrar que 2 y 2 no suman 5. Resulta particularmente inadecuada para comprobar teorías probabilísticas, y así son casi todas las teorías biológicas. La aparición de excepciones a una teoría probabilística no la refuta necesariamente. Y en campos como la biología evolutiva, en el que hay que elaborar narraciones históricas para explicar ciertas observaciones, suele resultar difícil, si no imposible, refutar sin lugar a dudas una teoría errónea. La máxima categórica que afirma que un solo dato en contra basta para invalidar una teoría puede ser cierta para teorías basadas en las leyes universales de las ciencias físicas, pero muchas veces no se la puede aplicar a teorías de biología evolutiva[7].

---

[6] Entre todos los métodos que supuestamente contribuían a la verificación, del que menos me fío es de la analogía. Siempre sospecho de los que intentan ganar una discusión con la ayuda de una analogía. Casi invariablemente, las analogías son equívocas; nunca consiguen ser isomórficas con la situación real. En ocasiones, las analogías pueden ser útiles como instrumento didáctico, al permitirnos explicar algo poco corriente, comparándolo con una situación conocida. Pero jamás se las puede aceptar como evidencia decisiva en una argumentación.

[7] Normalmente, una teoría se mantiene vigente hasta ser desplazada por una teoría mejor. Existen, no obstante, unos cuantos casos excepcionales, en los que todas las teorías anteriores han sido refutadas sin lugar a dudas, pero sin que se haya encontrado una teoría creíble que las sustituya. El sentido de orientación de las aves migratorias es un ejemplo de problema para el que no existe de momento teoría que lo explique.

Nuevos modelos de explicación científica

La moderna filosofía de la ciencia nació en 1948, en un artículo escrito por Carl Hempel y Paul Oppenheim, y desarrollado por Hempel en 1965. En aquellos ensayos, Hempel proponía un nuevo modelo de explicación científica, que llamó modelo deductivo-nomológigo (D-N). Este modelo tuvo mucho éxito en los años 50 y 60, concediéndoselo asimismo como «la opinión recibida».

La idea básica de la explicación deductivo-nomológica es la siguiente: una explicación científica es un argumento deductivo en el que la declaración que describe el fenómeno a explicar se deduce de una o más leyes universales, en conjunción con datos concretos (reglas de correspondencia). Según este enfoque, una teoría científica es un «sistema deductivo axiomático» cuyas premisas se basan en una ley.

El modelo D-N original era muy tipológico y determinista, y pronto se modificó para adecuarlo a leyes probabilísticas o estadísticas. Cada año aparecían nuevos artículos o libros que sugerían maneras de corregir fallos reales o aparentes de la opinión recibida. Algunas se presentaban como teorías completamente nuevas, aunque en realidad eran derivados del modelo de Hempel.

Una de estas modificaciones fue la llamada concepción semántica de la estructura teórica[8]. Para Beatty (1981, 1987), uno de los defensores de este nuevo modelo, una teoría es la definición de un sistema, y las aplicaciones de una teoría son instantáneas de la teoría. Estas explicaciones pueden estar o no limitadas en el espacio y en el tiempo. Las teorías no son generales ni permanentes, y por lo tanto son compatibles con soluciones plurales y cambios evolutivos. Este último aspecto es importante, pues recordemos que existen muy pocas generalizaciones biológicas que no tengan restricciones espacio-temporales. La capacidad del concepto semántico para representar con fidelidad las teorías evolutivas ha inducido a Beatty, Thompson, Lloyd y otros filósofos a adoptar este enfoque[9].

Aunque esta teoría está libre de varios de los puntos flacos de la

---

[8] Véase Van Fraassen (1980).

[9] Otros semánticos insisten en que las teorías se formalizan en teorías fijas (sea lo que sea eso), y no por axiomatización en lógica matemática, como hace la opinión recibida. Emplean «modelos» o «entidades no lingüísticas que son sumamente abstractas y muy alejadas de los fenómenos empíricos a los que se aplican» (Thompson 1989:69). Las teorías definen una clase de modelos; las leyes especifican el funcionamiento de un sistema. El problema de esta terminología es que el concepto de teoría fija de un modelo no les dice nada a los biólogos. Por ejemplo, no recuerdo haber encontrado la palabra modelo ni una sola vez en toda la literatura clásica sobre evolución.

opinión recibida, presenta dos dificultades en el caso de los biólogos. La primera es que cuando uno solicita una definición de este enfoque, diferentes semánticos nos dan versiones muy diferentes. El segundo impedimento es el siguiente: ¿cómo puede un biólogo profesional aplicar el criterio semántico? Lo que los filósofos ofrecen es una descripción de teorías desarrolladas por científicos. Pero esta descripción no es suficientemente normativa como para indicar al biólogo cómo desarrollar *nuevas* teorías. Al menos, eso me parece a mí. ¿Cuándo se puede decir que una teoría no está a la altura de las especificaciones de una teoría semántica? La falta de respuesta a esta pregunta es, en mi opinión, la razón de que el enfoque semántico haya tenido tan poca aceptación entre los biólogos, a pesar de sus claras ventajas con respecto a la opinión recibida (que en la actualidad se considera más o menos obsoleta). Lo que sí se acepta cada vez más es que el planteamiento de una teoría no es una simple cuestión de reglas lógicas, y que la racionalidad se debe interpretar en términos más amplios que los que ofrece la lógica deductiva o inductiva.

Cada uno de los modelos explicativos de este siglo ha estado de moda durante diez años o más, habiendo sido sustituido después por una versión corregida o por un modelo completamente nuevo[10]. En la década de los 80 ha habido mucha actividad en la filosofía de la ciencia, pero dicha actividad no ha conducido a ningún acuerdo entre los filósofos acerca del mejor modo de elaborar y poner a prueba una explicación científica. En un ensayo reciente, Salmon (1988) ha escrito que «Me parece a mí que en la actualidad existen tres importantes escuelas de pensamiento –los pragmáticos, los deductivistas y los mecanicistas– y que no es probable que se alcance un acuerdo sustancial estre ellas en el futuro próximo».

DESCUBRIMIENTO Y JUSTIFICACIÓN

Casi todos los científicos y filósofos de la ciencia parecen estar de acuerdo en que la ciencia es un proceso en dos etapas. El primer paso consiste en el *descubrimiento* de nuevos hechos, irregularidades, excepciones o aparentes contradicciones en la naturaleza, y en la elaboración de conjeturas, hipótesis o teorías para explicarlos. El segundo paso consiste en la *justificación:* los procedimientos para poner a prueba y validar dichas teorías.

---

[10] Afortunadamente para los no filósofos, existen algunas excelentes historias de estos esfuerzos explicativos (por ejemplo, Suppe 1974; Kitcher y Salmon, eds, 1989).

Para casi todos los filósofos, el camino que conduzca a una nueva teoría empieza por formular una conjetura o hipótesis para resolver un problema; a continuación, se somete esta hipótesis a rigurosas pruebas. Pero el científico profesional empieza mucho antes. Durante la fase de descubrimiento realiza numerosas observaciones y descripciones de los hechos. Cuando encuentra una irregularidad o anomalía no explicada en los datos disponibles, el descubrimiento de este enigma le induce a hacerse preguntas, y estas preguntas acaban dando lugar a una conjetura o hipótesis.

Todo científico ha tenido alguna vez «corazonadas» acerca del significado o explicación de una observación. Pero sólo cuando estas intuiciones se ponen a prueba y superan ésta se puede decir que el descubrimiento científico asciende al nivel de «verdad». La justificación –la manera de poner a prueba conjeturas, hipótesis o teorías– se ha convertido en una obsesión de los filósofos de la ciencia, debido en gran parte a que la justificación se puede someter a análisis lógico. Los descubrimientos casi nunca se producen «lógicamente» a partir de la situación anterior, y por ello casi todos los filósofos han considerado tradicionalmente que los aspectos del descubrimiento no son de su incumbencia. Por lo general, suelen atribuir los descubrimientos a la casualidad, a factores psicológicos, al *Zeitgeist* o, peor aún, a las condiciones socioeconómicas imperantes.

Popper (1968), por ejemplo, afirmaba que «la manera en que a un hombre se le ocurre una idea nueva... es irrelevante para el análisis lógico del conocimiento científico. A éste no le interesan las cuestiones fácticas... sino sólo las cuestiones de justificación o validez». Sin embargo, desde el punto de vista de un científico profesional, el método empleado para refutar una hipótesis errónea suele tener un interés mínimo, mientras que el descubrimiento de nuevos hechos o la formulación de una teoría nueva suelen tener una importancia trascendental[11].

Factores internos y externos en la elaboración de teorías

Ningún científico vive en el vacío. Todos viven en un entorno intelectual, espiritual, económico y social, además de científico. ¿Qué impacto ejercen estas influencias en el tipo de teorías que formulan? Los historiadores intelectuales tienden a considerar que los principales res-

---

[11] Esta estrechez de miras de la filosofía, que se centra en la justificación y no da importancia al descubrimiento, ha sido criticada por Peirce (1972), Hanson (1958), Kuhn (1970), Feyerabend (1962, 1975), Kitcher (1993) y otros filósofos.

ponsables de las nuevas teorías y conceptos son los factores internos: es decir, los adelantos de la propia ciencia. En cambio, los historiadores sociales buscan factores externos: es decir, componentes del entorno socioeconómico. En general, los sociólogos han tenido muy poco éxito en sus esfuerzos[12]. Un buen ejemplo de la irrelevancia de los factores externos es el hecho de que Charles Darwin y Alfred Russel Wallace, que procedían de ambientes socioeconómicos totalmente diferentes, llegaran de manera independiente a formular teorías prácticamente idénticas sobre la evolución. A decir verdad, no conozco ninguna prueba de la influencia de factores socioeconómicos en el desarrollo de ninguna teoría biológica en concreto[13]. Lo contrario sí es cierto en ocasiones: los activistas políticos utilizan con frecuencia teorías científicas o seudocientíficas para respaldar su programa particular[14].

Dentro de los factores externos, hay que distinguir entre factores socioeconómicos y el *Zeitgeist,* o entorno intelectual. Este último parece desempeñar un papel muy pequeño en la formulación de nuevas teorías, pero sí influye de manera muy importante en la resistencia a tendencias intelectuales contrarias a las creencias establecidas. Esta fue la razón de que la teoría de Darwin sobre la selección natural encontrara una resistencia tan obstinada; en el mundo conceptual de Cuvier o Agassiz no tenía cabida una teoría de la evolución[15].

Comprobación

¿Cómo determina un científico si su nueva hipótesis es válida? Sometiéndola a ciertas pruebas. El filósofo que quiere determinar la validez de una teoría hace lo mismo, pero las pruebas utilizadas por los científicos son a veces muy diferentes de las que realizan los filósofos, que

---

[12] Laudan (1977:198-225) ofrece un excelente análisis de este conflicto. Afirma con razón que «hasta que se escriba la historia racional de un episodio, el sociólogo cognitivo debe limitarse a morderse la lengua». «La principal razón de que los sociólogos no hayan conseguido encontrar una correlación entre creencias científicas y clases sociales es que la inmensa mayoría de las creencias científicas (aunque no todas, desde luego) parece carecer por completo de trascendencia social.»

[13] Véase Mayr (1982:4).

[14] Véase Junker (1995).

[15] Otro ejemplo: a un igualitario extremista, la idea de diferencias genéticas entre los seres humanos le resulta totalmente insoportable. Laudan (1977) comentaba: «Se ha sugerido que cualquier teoría científica que acepte diferencias de capacidad o inteligencia entre las diversas razas [humanas] debe ser necesariamente falsa, porque dicha doctrina va en contra del igualitarismo de nuestra estructura social y política.»

tienden a aplicar reglas mucho más rígidas que los científicos profesionales[16]. No obstante, el conjunto de pruebas utilizadas varía, según la escuela a que pertenezca el filósofo.

Por ejemplo, desde los tiempos de los positivistas lógicos, los filósofos de la ciencia han dado mucha importancia a la capacidad de las teorías para hacer predicciones. Cuanto mejor sea una teoría, más correctas son las predicciones que permite hacer. En este contexto, «predicción» significa predicción lógica: suponiendo que exista tal y cual constelación de factores, se puede esperar que ocurra tal y cual resultado. Este empleo lógico de la predicción es diferente del sentido vulgar que se da a la palabra «predicción», como vaticinio del futuro. Predecir el futuro es una *predicción cronológica*. Muchos autores (incluido yo en otros tiempos) han confundido los dos tipos de predicción. La ciencia –incluyendo en muchas ocasiones las ciencias físicas– muy rara vez es capaz de hacer predicciones cronológicas. Por ejemplo, no hay nada tan impredecible como el futuro curso de la evolución. A comienzos del Cretácico, los dinosaurios eran el grupo de vertebrados terrestres de mayor éxito; era imposible predecir que se extinguirían al final de dicho período debido a la colisión de un asteroide con la Tierra.

El biólogo, como el físico, aplica también la prueba de la predicción y busca excepciones, pero le preocupa menos el fallo ocasional de una predicción, porque sabe que las regularidades biológicas casi nunca tienen la universalidad de las leyes físicas. La utilidad de la predicción para poner a prueba teorías biológicas es muy variable. Algunas teorías, sobre todo en biología funcional, tienen un gran valor predictivo, mientras que otras están controladas por conjuntos de factores tan complejos que no se pueden hacer predicciones consistentes. En biología, las predicciones suelen ser probabilísticas, debido a la gran variabilidad de casi todos los fenómenos biológicos, a la posibilidad de que ocurran hechos fortuitos, y a la multiplicidad de factores interactivos que afectan al curso de los acontecimientos. Para el biólogo no es tan importante que su teoría pase la prueba de la predicción; es mucho más importante que su teoría resulte útil para resolver problemas[17].

---

[16] No me considero capacitado para discutir otras posturas recientes sobre la explicación. No obstante, me parece que los enfoques informales de Laudan (1977), Salmon (1984, 1989) y Kitcher (1993) se aproximan mucho a la práctica habitual de los científicos profesionales. Cada vez se acepta más que el planteamiento de una teoría no es una simple cuestión de reglas lógicas, y que la racionalidad se debe interpretar en términos más amplios que los que ofrece la lógica deductiva o inductiva.

[17] Así lo reconoció Laudan (1977:3) cuando dijo: «La racionalidad y progresividad [yo diría simplemente «validez»] de una teoría dependen sobre todo no de su confirmación o refutación, sino de su eficacia para resolver problemas.»

En las ciencias funcionales, la mejor manera de poner a prueba las teorías es con ayuda de experimentos. Pero en las ciencias en las que los experimentos no son posibles y donde la predicción tiene un valor limitado para comprobar hipótesis –y éste suele ser el caso en las ciencias históricas–, es preciso hacer observaciones adicionales. Por ejemplo, la teoría de la ascendencia común afirma que los animales y plantas de períodos geológicos recientes son descendientes de los de períodos geológicos más antiguos. Las jirafas y los elefantes, por ejemplo, descienden de especies de inicios del Terciario. La teoría de la ascendencia común quedaría desacreditada si se encontraran elefantes y jirafas fósiles de principios del Cretácico. De manera similar, los dinosaurios se originaron en el Mesozoico y, por lo tanto, la teoría de la ascendencia común quedaría refutada si se encontraran dinosaurios fósiles del Paleozoico.

Otra manera de comprobar una teoría consiste en utilizar un conjunto de datos completamente diferente. Por ejemplo, si me he basado en evidencias morfológicas para construir el árbol filogenético de un cierto grupo de organismos, puedo utilizar a continuación diversos tipos de evidencias moleculares (bioquímicas) para construir una filogenia independiente, y ver hasta qué punto son congruentes ambos árboles. Siempre que exista un desacuerdo entre los dos árboles, habrá que buscar evidencia adicional para seguir comprobando. En biogeografía existen varias maneras de poner a prueba las teorías sobre conexiones de tierras en el pasado, o sobre la capacidad de dispersión de ciertos taxones, y las teorías biogeográficas se pueden reforzar o refutar. Para demostrar que los dinosaurios quedaron completamente extinguidos a finales del Cretácico, hay que examinar más sedimentos de principios del Terciario en zonas recónditas del mundo. La naturaleza de las pruebas y observaciones necesarias varía según el problema, aunque los especialistas suelen estar bastante de acuerdo respecto a qué pruebas u observaciones se consideran válidas en cada campo.

EL BIÓLOGO EN EJERCICIO

Ninguna de las numerosas filosofías de la ciencia propuestas en este siglo –que se basaban en leyes y en la lógica– resultaba adecuada para el desarrollo de teorías en biología evolutiva. Esta circunstancia hizo que Popper declarara, en 1974, no que el método científico prescrito era defectuoso, sino que «el darwinismo no es una teoría científica comprobable, sino un programa de investigación metafísico». Otros filósofos, también con formación física o matemática, hicieron declaraciones semejantes. Popper se retractó pocos años después, y la filosofía del empirismo lógico, que había dominado durante unos 40 años, fue cayendo en desuso debido a las críticas de Kuhn, Lakatos, Beatty, Laudan, Feyerabend y otros filósofos. A fin de cuentas, lo único que consiguió el empirismo lógico en las ciencias de la vida fue que muchos biólogos desconfiaran de la filosofía de la ciencia.

No obstante, me parece a mí que al biólogo medio le preocupa muy poco el estado de las cosas en la filosofía de la ciencia, en una época o en otra. En los años 50 y 60, cuando Popper era la última moda, todos los biólogos que yo conocía insistían en que eran popperianos, y luego hacían lo que les daba la gana. A veces las etiquetas son convenientes políticamente, pero muchas veces no significan nada. (Esta situación me recuerda la historia del padre que tenía dos hijos gemelos y era incapaz de distinguirlos. Envió a uno a Harvard y al otro a Yale. Al cabo de cuatro años, el de Harvard se había convertido en un típico y refinado *brahmin* de Boston y el de Yale en un típico *bulldog* de Yale, y el padre seguía sin poder distinguirlos.)

El biólogo profesional no se plantea si debería seguir las prescripciones de tal o cual escuela de filosofía. Cuando uno estudia la historia de las diversas teorías científicas, tiende a dar la razón a Feyerabend (1975) cuando aseguró que «aquí vale todo». De hecho, esta parece ser la actitud que guía al biólogo en casi todas sus teorizaciones. Hace lo que François Jacob (1977), refiriéndose a la selección natural, llamaba «juguetear». Utiliza cualquier método que le lleve por el camino más rápido a la solución de su problema.

Cinco fases de explicación

En biología –donde el azar, el pluralismo, la historia y lo individual desempeñan papeles tan importantes (véase Capítulo 4)–, un sistema flexible de elaboración y comprobación de teorías parece más apropiado que los principios rígidos. Dicho sistema podría explicarse con cinco consideraciones: 1) Los científicos hacen *observaciones* de la naturaleza no manipulada o en experimentos con orientación concreta, y algunas de estas observaciones no pueden explicarse con las teorías vigentes o contradicen las opiniones generalmente aceptadas. 2) Dichas observaciones hacen que el científico se plantee *preguntas*: «¿cómo?» y «¿por qué?». 3) Para responder a dichas preguntas, el investigador elabora una *conjetura* tentativa o hipótesis de trabajo. 4) Para determinar si esta conjetura es correcta, la somete a rigurosas *pruebas,* que reforzarán o debilitarán la posibilidad de que sea válida; las pruebas consisten en observaciones adicionales –a poder ser, utilizando diferentes estrategias o caminos– y en experimentos cuidadosamente diseñados. 5) La *explicación* finalmente adoptada será la conjetura que mejor haya superado el procedimiento de comprobación.

Realismo de sentido común

Los filósofos han especulado hasta el infinito sobre si existe un mundo real fuera de nosotros, tal como indican los estímulos recibidos por nuestros órganos de los sentidos, y sobre si ese mundo es exactamente como nos dicen nuestros órganos de los sentidos y la ciencia. En un extremo se encuentra el obispo Berkeley, que afirmaba que el mundo exterior no es más que una proyección nuestra[18]. Los biólogos que yo conozco son realistas de sentido común. Aceptan como un hecho que existe un «mundo real» fuera de nosotros. En la actualidad disponemos de tantas maneras de comprobar con instrumentos las impresiones de nuestros sentidos, y las predicciones basadas en dichas observaciones se cumplen tan invariablemente, que parece poco práctico poner en duda el realismo pragmático o de sentido común, en el que se basan normalmente las investigaciones de los biólogos.

El sentido común no es un instrumento muy apreciado por los filósofos, que prefieren con mucho basarse en la lógica. En cambio, a los no lógicos, casi todos los silogismos les parecen ecuaciones prácticamente idénticas. Se sienten más cómodos con el sentido común. Además, cuando se trata de determinar causas, el sentido común suele ser el enfoque más cómodo y productivo. El enfoque riguroso de los lógicos podría resultar adecuado para un mundo determinista y esencialista, gobernado por leyes universales, pero no parece tan adecuado para un mundo probabilista, gobernado por las contingencias y el azar, un mundo en el que siempre es preciso explicar fenómenos únicos. Los cuervos blancos, pintados y pardos, así como los cisnes negros y de cuello negro (¡todos existen!) no dejan en buen lugar la superioridad de la lógica.

---

[18] La cuestión de la validez del realismo, que tanto ha preocupado a los filósofos, ha sido notablemente irrelevante en el trabajo práctico de los científicos y, sobre todo, en el de los biólogos. La literatura sobre el realismo es muy abundante. Algunos libros recientes son los de Harré (1986), Leplin (1984), McMullin (1988), Papineau (1987), Popper (1983), Putnam (1987), Rescher (1987) y Trigg (1989).

El lenguaje de la ciencia

Cada rama de la ciencia posee su propia terminología para designar los hechos, procesos y conceptos de su campo. Cuando un término se refiere a un objeto o individuo –mitocondria, cromosoma, núcleo, lobo gris, escarabajo japonés, secuoya–, no suele plantear problemas. Pero hay un gran conjunto de términos que hacen referencia a fenómenos o procesos más heterogéneos: en biología tenemos, entre otros, competencia, evolución, especie, adaptación, nicho, hibridación, variedad... Cuando todos los profesionales entienden estos términos exactamente del mismo modo, resultan muy útiles e incluso necesarios[19]. Pero, como demuestra la historia de la ciencia, no siempre sucede así, y el resultado es que surgen malentendidos y controversias.

El científico profesional se encuentra con tres tipos de problemas de lenguaje. En primer lugar, el significado de un término puede cambiar a medida que aumenta nuestro conocimiento del tema. Estos cambios de significado no resultan sorprendentes, ya que los términos científicos suelen estar tomados del lenguaje cotidiano y adolecen de toda la vaguedad e imperfecciones de su aplicación anterior. Términos como fuerza, campo, calor y otros que se usan en las ciencias físicas, tienen un significado muy distinto del que tenían en otras épocas. El complicado gen de los biólogos moleculares modernos, con sus secuencias paralelas, sus exones, sus intrones y otras complicaciones, es completamente diferente de la antigua «sarta de cuentas» e incluso del concepto algo más sofisticado de H. J. Müller. Sin embargo, se sigue usando la palabra «gen», introducida por Johannsen en 1909, para designar esa entidad. Como casi todos los términos científicos experimentan algún cambio, se provocarían muchas confusiones si se introdujera un nuevo término con cada pequeño cambio de significado; los nuevos términos deben reservarse para cambios verdaderamente drásticos. De hecho, los términos técnicos deben tener un alto grado de «flexibilidad» para poder incorporar nuevos descubrimientos.

El segundo problema del científico profesional es que algunos términos se han transferido inadvertidamente de un fenómeno o proceso a otro completamente diferente. Un buen ejemplo es la palabra «mutación», introducida por De Vries y aplicada por T. H. Morgan a cualquier cambio brusco en el material genético; para De Vries, una mutación era un cambio evolutivo que daba lugar instantáneamente a una nueva espe-

---

[19] Esta situación la han entendido muy bien algunos filósofos –por ejemplo, Hempel (1952) y Kagan (1989)–, mientras que otros no han prestado ninguna atención a la importancia de las terminologías precisas y bien definidas para evitar equívocos.

cie. Era más un concepto evolutivo que un concepto genético. Los que no eran genetistas tardaron treinta o cuarenta años en comprender que las mutaciones de Morgan no eran lo mismo que las mutaciones de De Vries[20]. Un principio básico del lenguaje de la ciencia dice que un término que se use de manera más o menos universal para designar una entidad concreta no debe transferirse a una entidad diferente. Violar este principio provoca invariablemente confusiones.

Las confusiones más frecuentes y más molestas se deben al uso de un mismo término para designar varios fenómenos diferentes. En gran parte de la literatura filosófica se utilizan muchas florituras lógicas para analizar ciertos términos, pero sorprende la poca atención que se presta a la posible heterogeneidad básica de un término[21]. Algunos ejemplos son: «teleológico», que se emplea por lo menos para cuatro procesos totalmente diferentes; «grupo» (como en «selección de grupo»), que también sirve para designar cuatro tipos diferentes de fenómenos; «evolución», que se ha aplicado a tres procesos o conceptos muy diferentes, y «darvinismo», una palabra cuyo significado cambia continuamente[22].

La ambigüedad terminológica ha acarreado graves consecuencias en varios momentos de la historia de la biología. Por no darse cuenta de que la palabra «variedad» tenía diferentes significados para los zoólogos y para los botánicos, Darwin no consiguió aclarar sus ideas acerca de la especie y la especiación[23]. Algo similar le ocurrió a Gregor Mendel. No tenía muy clara la naturaleza de los tipos de guisantes que cruzó y, como

---

[20] W. Hennig (1950) provocó confusiones similares cuando propuso alterar el significado tradicional del término «monofilético», como atributo de un taxón, dándole un nuevo significado como proceso de descendencia. La confusión causada por esta transferencia se puede evitar utilizando el término «holofilético», propuesto por Ashlock, para designar el nuevo concepto de Hennig (véase Capítulo 7).

[21] Ghiselin (1984) ha llamado la atención sobre la frecuencia de estas equivocaciones. No deja de resultar curioso que los filósofos, que tan orgullosos están de la precisión de su lógica, no sean nada precisos al utilizar el lenguaje. Esto ha sido justamente criticado por el filósofo L. Laudan : «El diálogo filosófico es una actividad curiosa. Se espera que los argumentos sean rigurosos, pero no se exige que las premisas estén demostradas. Se espera que la terminología sea precisa, pero a veces nadie se plantea si resulta adecuada para la cuestión que se discute... Y por encima de todo, la cuestión de si uno tiene pruebas que apoyen sus argumentos filosóficos es, como el sexo y la religión en las conversaciones sociales, una de esas cuestiones delicadas que nunca se discuten con extraños» (PSA 1978, vol. 2., 1979).

[22] Véase Mayr (1986a, 1991, 1992b). Otros ejemplos son «desarrollo» (en ontogenia o en filogenia), «población» (biológica o matemática), «especie» (tipológica o biológica), «función» (fisiológica o ecológica) y «gradualidad» (taxonómica o fenotípica).

[23] En zoología, «variedad» significaba raza geográfica y, por ende, una especie incipiente o en potencia; pero los botánicos utilizaban también este término para designar individuos aberrantes dentro de una población.

la mayoría de los cultivadores de plantas, llamaba «híbridos» a los hete-rozigotos. Cuando intentó confirmar las leyes que había descubierto, uti-lizando otros «híbridos» que sí eran auténticos híbridos interespecíficos, fracasó. El empleo de un mismo término, «híbrido», para designar dos fenómenos biológicos completamente diferentes frustró sus posteriores investigaciones[24].

La solución más práctica para estas homonimias consiste, sin duda, en adoptar diferentes nombres para los diferentes conceptos. Y siempre que exista la posibilidad de confusión, se deben proponer definiciones precisas de cada término empleado. Si el concepto o fenómeno designa-do cambia de significado, se debe revisar la definición adecuadamente. A medida que aumentan nuestros conocimientos, se van modificando constantemente las definiciones de casi todos los términos empleados en la ciencia. En las ciencias físicas, por ejemplo, casi todos los términos básicos se han redefinido varias veces[25].

Casi todos los filósofos parecen muy reacios a aportar definiciones, y tal vez esto explique las numerosas equivocaciones que se encuentran

---

[24] En la literatura taxonómica, las cosas quedaron mucho más claras hacia 1950, cuan-do se adoptó la palabra «taxón» para designar grupos zoológicos y botánicos, restringiendo el uso del término «categoría» para designar niveles en la jerarquíua linneana; anteriormen-te, se usaba «categoría» para las dos cosas. En fecha reciente, Toulmin ha hecho notar acer-tadamente que cualquier palabra (o término) empleada en una teoría sigue conservando par-te de su significado anterior a la teoría. Esto resulta especialmente cierto cuando los partidarios y los adversarios de una teoría sostienen *weltanschauungen* muy diferentes, como ha quedado de manifiesto en numerosas controversias biológicas. Para cualquier teólogo –y la mayoría de los contemporáneos de Darwin eran teólogos–, la selección significaba una cosa completamente diferente de la descripción *a posteriori* que hacía Darwin de la su-pervivencia diferencial y el éxito reproductivo. Para un esencialista, la especie es algo sin va-riabilidad esencial, constante a lo largo del tiempo. Sólo puede cambiar a saltos y, por lo tan-to, es incompatible con el concepto biologico de especie. Si hiciéramos una lista de todos los términos debatidos en las principales controversias científicas, probablemente comprobaría-mos que la mayoría de ellos tenía varios significados, dependiendo del *weltanschauung* de los respectivos participantes en el debate.

[25] Nunca debería existir tensión entre la definición y la interpretación científica actual del fenómeno al que se aplica el término. La función básica de una definición es servir de instrumento heurístico. De hecho, a veces se han resuelto problemas al descubrir que una de-finición tradicional ya no se ajustaba a la realidad. «En ciencia, las redefiniciones no son rup-turas completas con la definición tradicional, sino formulaciones más precisas de términos que anteriormente se usaban de manera imprecisa o equívoca» (Ghiselin *in litt.*). Las defini-ciones son consecuencia de análisis más profundos o de nuevos descubrimientos. Por ejem-plo, Owen definió la homología refiriéndose al «mismo» órgano, pero sin definir lo que en-tendía por «el mismo»; la teoría de Darwin sobre la ascendencia común permitió formular una definición más precisa. La redefinición nunca debe significar la sustitución del concep-to anterior por uno completamente nuevo.

en la literatura filosófica. La razón de esta renuencia es que en la literatura filosófica clásica la palabra «definición» tenía un significado muy concreto, herencia de la tradición escolástica, y se basaba en los principios del esencialismo[26]. Parece que muchos filósofos emplean la palabra «explicación» para expresar lo que los científicos llaman «definición».

Para mí, la necesidad de definiciones claras es tan obvia que nunca he podido entender por qué tantos filósofos se resisten a dar definiciones. Popper, uno de los más inquebrantables enemigos de las definiciones, reveló en su autobiografía, *Unended Quest* (1974), el porqué de su postura. Decía que desde muy joven aprendió que «nunca hay que discutir sobre las palabras y sus significados, porque estas discusiones son equívocas y triviales». Le asombró descubrir en sus lecturas posteriores que «la creencia en la importancia de los significados de las palabras, y en especial de las definiciones, era casi universal». Para él, esto era un resultado evidente del poder del esencialismo. Cuando Popper leyó a Spinoza, descubrió que sus obras estaban «llenas de definiciones que me parecen arbitrarias, insustanciales y cuestionables». Popper declara aquí su oposición al juego de los lógicos, que establecen definiciones de palabras y luego las utilizan en silogismos[27].

---

[26] Tal como ha explicado Hempel (1952), «una auténtica definición, según la lógica tradicional, no es una estipulación que determine el significado de cierta expresión, sino una exposición de la "naturaleza esencial" o los "atributos esenciales" de una entidad». Para los filósofos, «las definiciones describen formas, y dado que las formas son perfectas e inalterables, las definiciones... son verdades precisas y rigurosamente ciertas» *(Encyclopedia of Philosophy)*.

[27] La confusión de Popper queda bien de manifiesto en la siguiente declaración: «Nunca dejes que te induzcan a tomar en serio problemas sobre palabras y sus significados. Lo que hay que tomar en serio son cuestiones de hechos y afirmaciones acerca de los hechos: teorías e hipótesis; los problemas que resuelven; y los problemas que plantean.» Esto pasa por alto el hecho de que en todas las teorías y conceptos hay que emplear palabras que es preciso definir. Para argumentar acerca de teorías e hipótesis, antes hay que dejar claro qué dicen dichas teorías y cuáles son los hechos. Y dado que empleamos palabras para describir las teorías y los hechos, debemos definirlas con precisión, o nos arriesgamos a provocar equivocaciones. Mis anteriores ejemplos (especiación, teleológico, selección, etc.) han demostrado sin lugar a dudas que es indispensable definir con claridad todas las palabras que empleamos en una teoría o explicación.

Algo más adelante, en el mismo capítulo, Popper enfrenta los significados con la verdad, asegurando que el estudio de los significados no conduce a nada, y que la ciencia consiste en acercarse a la verdad; y recalca: «En cuestiones del intelecto, lo único por lo que vale la pena esforzarse son las teorías auténticas, o teorías que se acercan a la verdad.» Pero no se da cuenta de que no se puede formular una teoría auténtica, por ejemplo, sobre la especiación, si no se deja claro antes el significado de la palabra especiación. ¿Significa multiplicación de especies o, simplemente, cambio evolutivo? Resulta, pues, evidente que buscar significados y buscar la verdad no son dos alternativas; de hecho, no se puede llegar a la ver-

Lo que Popper pasó por alto es que cuando un científico exige una definición precisa está hablando de algo totalmente diferente. Lo que pide el científico es la eliminación de equívocos. Si los posteriores avances de la ciencia demuestran que la definición de un concepto o proceso es incompleta o errónea, dicha definición debe cambiarse y se cambia. Pero sin definiciones precisas en todo momento no se puede hacer ningún progreso en el esclarecimiento de conceptos y teorías. Como científico en activo, considero que los filósofos deberían perder su aversión a las definiciones y comprobar mediante definiciones precisas si los términos que utilizan se refieren a un solo concepto o a una mezcla heterogénea. Con ello se pondría fin a un elevado número de controversias en la literatura filosófica[28].

DEFINICIÓN DE HECHOS, TEORÍAS, LEYES Y CONCEPTOS

Ha habido muchas discusiones filosóficas acerca del significado de términos como hipótesis, conjetura, teoría, dato y ley. Por ejemplo, los filósofos insisten en establecer una distinción entre hipótesis y teoría, pero no conozco ninguna definición de teoría que permita una distinción tan clara, especialmente en las ciencias de la vida. En cualquier caso, el científico que trabaja en el campo o en el laboratorio no suele ser tan preciso en el empleo de dichos términos como le gustaría al filósofo en su despacho. Cuando un científico tiene una inspiración, puede que diga «Acabo de descubrir (o inventar) una nueva teoría», mientras que para el filósofo, lo que el científico describe es una conjetura o hipótesis.

---

dad sin haber establecido claramente el significado de las palabras que empleamos. Resulta irónico que, casi al final del capítulo, que él llama «una larga digresión sobre el esencialismo», Popper comente como sin darle importancia: «para entender la teoría, debemos entender las palabras». Con esta sencilla frase, echa abajo prácticamente todas sus argumentaciones anteriores acerca de la estricta oposición entre significado y verdad. Lo que Popper dice en realidad es exactamente lo que digo yo: que no se puede determinar la verdad sin haber establecido previamente el significado de las palabras que usamos. Ghiselin ha señalado muy lúcidamente que sólo se pueden dar definiciones de conceptos, y que los fenómenos concretos sólo se pueden describir. Así pues, se puede definir la categoría «especie», pero las especies taxonómicas sólo se pueden nombrar, describir y delimitar.

[28] Un último comentario acerca del lenguaje: cuando los científicos se enzarzan en una controversia acerca de un tema en concreto, a veces eligen palabras con connotaciones negativas y las aplican al trabajo de sus oponentes: «Mi obra es dinámica; la tuya, estática»; «La mía es analítica; la tuya, meramente descriptiva»; «Mi explicación es mecanicista (es decir, basada en principios físicos o químicos) y la tuya es holística (es decir, metafísica)». Por lo general, al oponente le resulta fácil responder de manera similar, pero estos intercambios de palabras vacías rara vez dan como resultado un avance de la ciencia.

Otro término que ha tenido muchísima difusión en tiempos recientes es «modelo». Que yo sepa, esta palabra no se utilizó ni una sola vez en la literatura científica sobre evolución o sistemática hasta hace menos de veinte años. ¿En qué se diferencia exactamente un modelo de una hipótesis de trabajo? ¿Tiene un modelo que ser matemático? ¿En qué se diferencia de un algoritmo? Planteo deliberadamente estas preguntas «tontas» para indicar la necesidad de más explicaciones por parte de los filósofos. Los científicos profesionales utilizan a veces todos estos términos –conjetura, hipótesis, modelo, algoritmo, teoría– de manera intercambiable al formular sus explicaciones. (El lector queda advertido de que yo también utilizo a menudo la palabra «teoría» en este sentido más lato.)

Hechos frente a teorías

Una teoría, para ser sólida, tiene que basarse en hechos, pero ¿dónde se traza la línea que separa una teoría de un hecho? ¿Cuándo se puede considerar que una teoría universalmente aceptada y repetidamente verificada constituye un hecho? Por ejemplo, un evolucionista moderno diría que la teoría de la evolución es un hecho. Por supuesto, hablando estrictamente, una teoría nunca se transforma en un hecho; más bien, la teoría es sustituida por el hecho. Cuando se advirtieron irregularidades en las órbitas de los planetas exteriores, Urano y Neptuno, se propuso la teoría de la existencia de un noveno planeta; y efectivamente, poco después se descubrió el planeta Plutón. En aquel momento, la existencia de Plutón dejó de ser una teoría: era ya un hecho. De manera similar, cuando se descubrió la estructura del ADN y se comprobó que controla la síntesis de proteínas, se propusieron teorías acerca de un código que controlara la correcta traducción de la información del ADN. No se tardó en comprobar que una de aquellas teorías era la correcta, y en la actualidad el código genético no se considera ya una teoría, sino simplemente un hecho. En 1859, las ideas de Darwin acerca de la inconstancia de las especies y la ascendencia común se consideraban teorías; desde entonces, la abundancia de pruebas que confirman dichas «teorías» y la ausencia de pruebas en contra han inducido a los biólogos a aceptar esas teorías como hechos.

Así pues, los hechos se pueden definir como proposiciones empíricas (teorías) que han sido repetidamente verificadas y nunca refutadas. Las teorías que aún no se han convertido en hechos (que aún no han sido sustituidas por hechos) resultan, no obstante, útiles como instrumentos heurísticos, sobre todo en campos de la ciencia en los que los órganos de los sentidos son insuficientes –como en los terrenos microscópico y bioquímico– o en ciencias como la cosmología y la biología evolutiva, que elaboran narraciones históricas para explicar sucesos del pasado.

Leyes universales en las ciencias físicas

¿Qué relación existe entre las teorías y los hechos y las leyes universales? Las leyes se refieren a procesos con un resultado predecible, pero muchas de las leyes de la física, como la ley de la gravedad o las leyes de la termodinámica, podrían denominarse simplemente «hechos». Que las aves tienen plumas, aunque es universalmente cierto, es simplemente un hecho, no una ley.

Los que tienen en mayor consideración las leyes universales piensan sobre todo en la regularidad de la naturaleza. Los seres humanos hacemos planes basándonos en las regularidades de la naturaleza. Sabemos que después del verano vendrá el invierno, y que los árboles desarrollan un nuevo anillo de crecimiento cada año. El uniformismo de Lyell se basaba en observaciones de este tipo. Es de esperar que lo que sucedió en el pasado siga sucediendo en el presente y en el futuro. Cuando los físicos querían justificar la certeza con que sostenían sus teorías, alegaban que las teorías de la física se basan en leyes universales sin excepciones y sin limitaciones espacio-temporales.

También en el mundo vivo abundan las regularidades, pero muchas de estas regularidades no son universales y presentan excepciones; son probabilísticas y con grandes limitaciones en el espacio y en el tiempo. Smart (1963), Beatty (1995) y otros filósofos han sostenido que en biología existen pocas leyes universales, si es que existe alguna. Desde luego, a nivel molecular, muchas de las leyes de la química y la física son igualmente válidas para los sistemas biológicos y se aplican en biología. Pero pocas –o ninguna– de las regularidades observadas en los sistemas complejos satisfacen la rigurosa definición de leyes adoptada por físicos y filósofos.

Casi siempre, cuando un biólogo utiliza la palabra «ley» se está refiriendo a una afirmación lógica general, directa o indirectamente susceptible de confirmación o refutación mediante observaciones, y que se puede utilizar en explicaciones y predicciones. Dichas «leyes» son los elementos básicos de todo análisis o explicación científica. Pero si se modifica el concepto «ley» hasta el punto de poderlo aplicar a cualquier regularidad o generalización en biología, su utilidad en la elaboración de teorías resulta muy dudosa. Las teorías probabilísticas basadas en este tipo de «leyes» rara vez aportan la clase de certeza que uno pretende al utilizar la palabra «ley».

Conceptos en las ciencias de la vida

En biología, los conceptos tienen mucha más importancia que las leyes en la formación de teorías. Los dos factores principales que contribuyen a una nueva teoría en las ciencias de la vida son el descubrimiento de nuevos hechos (observaciones) y el desarrollo de nuevos conceptos. Cuando uno consulta un diccionario buscando el significado de «concepto», se encuentra una definición muy amplia. Un concepto puede ser cualquier imagen mental. Según esta definición, el número 3 es un concepto cuando pensamos en él, al igual que cualquier otra cifra; todo objeto del que podamos formarnos una imagen mental es un concepto. Pero cuando un estudioso de las ideas habla de conceptos, aplica una definición mucho más estrecha, y aun así no nos parece una buena definición de «concepto». Sin embargo, un biólogo casi nunca tiene dudas sobre cuáles son los conceptos importantes en su campo. En biología evolutiva, por ejemplo, tenemos la selección, la elección de las hembras, el territorio, la competencia, el altruismo, la biopoblación y otros muchos.

Los conceptos, desde luego, no son una exclusiva de la biología. También existen en las ciencias físicas. Lo que Gerald Holton (1973) llama *temáticas* es, al parecer, lo mismo que los biólogos entienden por conceptos. Sin embargo, tengo la impresión de que el número de conceptos básicos es muy reducido en las ciencias físicas y en campos de la biología funcional como la fisiología, donde el descubrimiento de nuevos hechos tiene gran importancia. De hecho, algunas de las principales figuras de dichos campos han dado a entender que, para ellos, todo progreso de las ciencias se debe al descubrimiento de nuevos hechos. En cambio, en la mayoría de las ciencias biológicas los conceptos desempeñan un papel muy importante. No todo nuevo concepto tiene un impacto tan revolucionario como el que tuvo la selección natural en la biología evolutiva, pero casi todos los avances recientes de las ciencias biológicas más complejas (ecología, biología del comportamiento, biología evolutiva) se deben al planteamiento de nuevos conceptos.

Curiosamente, la filosofía clásica de la ciencia ha prestado muy poca atención al importante papel de los conceptos en la elaboración de teorías. Sin embargo, cuanto más estudio la elaboración de teorías, más me impresiona el hecho de que las teorías de las ciencias físicas se suelen basar en leyes, mientras que las de la biología suelen basarse en conceptos. Se podría intentar suavizar el aparente contraste diciendo que los conceptos se pueden formular como leyes, y las leyes como conceptos. Pero si se definen rigurosamente los términos «ley» y «concepto», dicha transformación puede meternos en dificultades. He aquí una zona problemática que la filosofía de la ciencia, tan centrada en la física, ha tendido a pasar por alto.

En el siguiente capítulo estudiaremos más a fondo los factores únicos que los biólogos deben tener en cuenta para formular y poner a prueba sus explicaciones del mundo vivo.

Capítulo 4

¿Cómo explica la biología el mundo vivo?

Cuando un biólogo trata de responder a una pregunta acerca de un fenómeno único, como «¿por qué no hay colibríes en el Viejo Mundo?» o «¿dónde se originó la especie *Homo sapiens?*», no puede basarse en leyes universales. El biólogo tiene que estudiar todos los datos conocidos que tengan que ver con el problema en cuestión, inferir toda clase de consecuencias a partir de combinaciones de factores reconstruidas, y después intentar elaborar un argumento que explique los hechos observados del caso particular. En otras palabras, elabora una narración histórica.

Este enfoque es tan diferente de las explicaciones causa-efecto que los filósofos clásicos de la ciencia –que procedían de la lógica, las matemáticas o las ciencias físicas– lo consideraron completamente inadmisible. Sin embargo, autores recientes han rechazado enérgicamente la estrechez de la opinión clásica, demostrando no sólo que el enfoque histórico-narrativo es válido, sino también que se trata probablemente del único enfoque válido, científica y filosóficamente, para explicar fenómenos únicos[1].

Por supuesto, nunca se puede demostrar categóricamente que una narración histórica es «verdadera». Cuanto más complejo sea un sistema estudiado por una ciencia, más interacciones existen dentro de dicho sistema; y con frecuencia estas interacciones no se pueden determinar por observación, sino que sólo se pueden inferir. Es muy probable que la naturaleza de las inferencias dependa de la formación y la experiencia previas del científico; y por lo tanto, son frecuentes las controversias acerca de la «mejor» explicación. Sin embargo, toda narración es susceptible de refutación y se puede comprobar una y otra vez.

Por ejemplo, la extinción de los dinosaurios se ha atribuido en distintas ocasiones a una enfermedad devastadora a la que resultaban especialmente vulnerables, o a un cambio drástico del clima debido a procesos geológicos. Sin embargo, ninguna de estas dos explicaciones estaba apoyada por evidencias fidedignas, y ambas presentaban inconvenientes. En cambio, cuando Walter Álvarez propuso en 1980 la teoría del asteroide –y, sobre todo, cuando se descubrió en Yucatán el presunto

---

[1] Goudge (1961), Hull (1975b), Nitecki y Nitecki (1992) y otros.

cráter del impacto–, todas las teorías anteriores quedaron abandonadas, ya que los nuevos hechos encajaban perfectamente con el argumento.

Entre las ciencias en las que las narraciones históricas desempeñan un papel importante figuran la cosmogonía (el estudio del origen del universo), la geología, la paleontología, la filogenia, la biogeografía y otras ramas de la biología evolutiva. Todos estos campos se caracterizan por estudiar fenómenos únicos. Cada especie viva es única, y también lo es, genéticamente hablando, cada individuo. Pero lo único no es una exclusiva del mundo vivo. Cada uno de los nueve planetas del sistema solar es único. En la Tierra, cada sistema fluvial y cada cordillera presentan características únicas.

Durante mucho tiempo, los fenómenos únicos han frustrado a los filósofos. Hume comentó que «la ciencia es incapaz de decir nada satisfactorio acerca de la causa de cualquier fenómeno genuinamente singular». Tenía razón, si lo que quería decir era que los acontecimientos únicos no se pueden explicar plenamente mediante leyes causales. Pero si ampliamos la metodología de la ciencia para incluir las narrativas históricas, a menudo resulta posible explicar satisfactoriamente fenómenos únicos, y a veces hasta se pueden hacer predicciones comprobables[2].

La razón de que las narraciones históricas tengan valor explicativo es que los acontecimientos ocurridos en una secuencia histórica suelen influir causalmente en los acontecimientos posteriores. Por ejemplo, la extinción de los dinosaurios a finales del Cretácico dejó vacantes numerosos nichos ecológicos y abrió el camino a la espectacular radiación adaptativa de los mamíferos durante el Paleoceno y el Eoceno, debida a la ocupación de aquellos nichos vacantes. El objetivo más importante de una narración histórica es descubrir factores causales que contribuyeran a lo que ocurrió más tarde en una secuencia histórica. La elaboración de narraciones históricas no significa en modo alguno el abandono de la causalidad, pero se trata de una causalidad particularista, a la que se llega de un modo estrictamente empírico. No obedece ninguna ley, sino que simplemente explica un caso único[3].

---

[2] Véase White (1965).

[3] Si la especiación es un proceso lento y gradual, y si en el momento actual existen (como efectivamente existen) cientos de miles, si no millones, de poblaciones (especies incipientes) en varios grados de especiación, debería ser posible reconstruir todo el proceso de especiación colocando «instantáneas» de las diversas etapas en la secuencia apropiada. Ésta es la misma metodología que utilizaron entre 1870 y 1890 los citólogos para reconstruir el proceso de división celular. Ordenaron cientos de preparaciones microscópicas en una secuencia progresiva que contara la historia. Yo (Mayr 1942) hice lo propio con poblaciones naturales que representaban todas las etapas de «conversión en una especie», y desde entonces docenas de otros autores han hecho lo mismo (véase también Mayr y Diamond 1997).

CAUSACIÓN EN BIOLOGÍA

Muy a menudo se considera que una explicación científica es cierta si se basa en el descubrimiento de la causa de un fenómeno observado, sobre todo si se trata de un fenómeno inesperado[4]. En las interacciones simples, la causalidad suele ser bastante predecible. En estos casos –por ejemplo, en ciertas reacciones químicas–, se puede señalar con certeza una causa concreta. En la literatura filosófica, casi todos los comentarios sobre la causalidad se basan en problemas de física, donde el efecto de leyes como la de la gravedad y las de la termodinámica puede dar una respuesta sin ambigüedades a la pregunta «¿cuál es la causa de...?»

Sin embargo, esta solución tan simple rara vez se da en biología, excepto en el nivel molecular/celular. El problema se agudiza especialmente cuando el efecto es el fin de toda una cadena de sucesos. Tal vez sea un residuo del pensamiento teleológico lo que nos impulsa a buscar en el principio del proceso la causa que produce el predecible efecto final. Pero en biología, este enfoque no suele dar buenos resultados; de hecho, puede inducir a equivocaciones. Muchas veces resulta difícil, si no imposible, señalar *la* causa en una interacción de sistemas complejos, cuyo efecto final es el último paso de una larga reacción en cadena. Es posible que en estos casos tengamos que adoptar otra manera de pensar.

Una interacción entre dos individuos, antes de su conclusión, pasa por toda una serie de fases, durante la mayoría de las cuales cada uno de los individuos dispone de varias opciones. Cuál de ellas elegirá no es algo que esté estrictamente determinado desde el comienzo, sino que depende de numerosos factores y contingencias. Por lo general, la causalidad estricta sólo se puede inferir cuando se considera en retrospectiva la opción elegida en cada paso de la cadena de acciones. De hecho, considerándolo en retrospectiva se podría llegar a la conclusión de que el proceso entero (incluidos sus componentes aleatorios) ha sido causal. Y así, se podría decir, algo paradójicamente, que la causación en situaciones complejas es una reconstrucción *a posteriori*, o, dicho con otras palabras, que la causación consiste en una serie de pasos que, tomados en conjunto, se pueden considerar «la causa».

---

[4] Esto nos lleva al complicadísimo problema filosófico de la causa y la causación. Este libro no es lugar adecuado para un análisis detallado de este espinoso problema. Por lo tanto, no discutiré la crítica de Hume a la causación, en la que afirmaba que lo único que podemos determinar es una mera secuencia de acontecimientos. Estoy de acuerdo con los filósofos modernos que admiten que un acontecimiento previo puede tener un efecto y, por lo tanto, convertirse en una causa. Se puede demostrar que existen secuencias estrictamente causales, sobre todo en el comportamiento animal. Por lo tanto, no veo nada de anticientífico en la aceptación de la causalidad de sentido común.

Causas próximas y remotas

Existe otra complicación en lo referente a la causación en biología. Todo fenómeno o proceso de los organismos vivos es el resultado de dos causaciones diferentes, que suelen denominarse causa próxima (funcional) y causa última (evolutiva). Todos los procesos y actividades en los que se cumplen las instrucciones de un programa tienen causaciones próximas. Esto se aplica en especial a las causaciones de los procesos fisiológicos, de desarrollo y de comportamiento que están controlados por programas genéticos y somáticos. Son respuestas a la pregunta «¿cómo?». Las causas remotas o evolutivas son las que dan origen a nuevos programas genéticos o a la modificación de los ya existentes; en otras palabras, todas las causas que originan los cambios que ocurren en los procesos de evolución. Son los acontecimientos o procesos del pasado que alteraron el genotipo. No se pueden investigar con los métodos de la química y la física, sino que hay que reconstruirlos mediante inferencias históricas, poniendo a prueba narraciones históricas. Suelen dar respuesta a la pregunta «¿por qué?».

Casi siempre es posible señalar una causación próxima y una causación remota como explicación de un fenómeno biológico. Por ejemplo, se puede explicar la existencia del dimorfismo sexual con una explicación fisiológica próxima (hormonas, genes que controlan el sexo) o con una explicación evolutiva (selección sexual, métodos para burlar a los depredadores). Muchas controversias famosas de la historia de la biología surgieron porque una parte sólo tenía en cuenta las causas próximas y la otra parte sólo consideraba las causas evolutivas. Una de las propiedades especiales del mundo vivo es tener estos dos conjuntos de causaciones. En el mundo inanimado, en cambio, sólo existe un conjunto de causaciones, basadas en las leyes naturales (a menudo, combinadas con procesos aleatorios).

Pluralismo

Cuando se considera atentamente un problema biológico, se suele poder encontrar más de una explicación causal. Darwin, por ejemplo (como veremos en el Capítulo 9), creía tanto en la especiación alopátrida como en la simpátrida como explicaciones de la diversidad de la vida, en la selección natural y en la herencia de caracteres adquiridos como explicaciones del cambio evolutivo, en la herencia mendeliana (reversiones) y en la herencia mezclada. Este pluralismo de creencias plantea problemas, tanto de verificación como de refutación. Presentar pruebas de la selección natural no invalidaría necesariamente la herencia de caracteres adquiridos, y refutar la herencia de caracteres adquiridos no dejaría necesariamente a la selección natural como la única causa posible del cambio evolutivo.

Es curioso, pero el pluralismo en las explicaciones biológicas era mucho más apreciado por los antiguos naturalistas que por los especialistas modernos. Desde los tiempos de Zimmermann (siglo XVIII), los biogeógrafos aceptaban sin problemas que las discontinuidades podían ser primarias (saltos de dispersión) o secundarias (especies vicarias); pero los vicaristas de hoy en día no sólo actúan como si la vicariedad fuera la única solución posible, sino que encima se comportan como si la idea se les hubiera ocurrido a ellos. Algunos recientes entusiastas del equilibrio puntuado escriben como si ésta fuera la única teoría posible para explicar el cambio evolutivo, mientras que los autores anteriores adoptaban soluciones plurales. De hecho, es muy posible que la mayoría de los fenómenos y procesos biológicos se pueda explicar mediante una pluralidad de teorías. Una filosofía de la ciencia que no pueda aceptar el pluralismo no resulta adecuada para la biología.

En biología, la pluralidad de factores causales, combinada con el probabilismo en la cadena de eventos, suele hacer difícil, si no imposible, determinar *la* causa de un fenómeno dado. Por ejemplo, los organismos encontrados en una isla pueden haberla colonizado en un período lejano, cuando la isla estaba conectada al continente, o en un período más reciente, llegando por dispersión sobre el agua; o pueden haber ocurrido las dos cosas. Toda discontinuidad de distribución puede deberse a una ruptura secundaria de una distribución originalmente continua (vicariedad), o a la dispersión por territorios inadecuados. Una especie puede haberse extinguido debido a la competencia con otra especie, a la persecución por parte de los humanos, a un cambio de clima, al impacto de un asteroide, o a una combinación de todo ello. En muchos casos, tal vez en la mayoría, no es posible determinar con certeza qué causa concreta o combinación de causas fue la responsable de un caso concreto de extinción en el pasado geológico.

En casi todas las controversias clásicas de la biología, los bandos contrarios no tuvieron en cuenta la posibilidad de una tercera alternativa a las dos opiniones controvertidas. Por ejemplo, las explicaciones reduccionistas de los fisicistas no podían explicar fenómenos biológicos que carecen de equivalentes en el limitado mundo inorgánico, pero las contraexplicaciones de los vitalistas eran igualmente deficientes; con el tiempo se impuso el organicismo, un tercer punto de vista que combinaba lo mejor de las dos escuelas (véase Capítulo 1). En la controversia entre el azar y la necesidad, surgió la selección natural como tercera solución que puso fin al debate. Y en el antiguo enfrentamiento entre la preformación y la epigénesis, la solución resultó ser el programa genético. Casi todas las controversias largas de la biología terminaron con el rechazo de *las dos* explicaciones previas y la adopción de una nueva.

Probabilismo

En los tiempos del fisicismo estricto, cuando se creía que todo estaba determinado por una causa identificable, se consideraba anticientífico aceptar que el resultado de un proceso pudiera verse afectado por casualidades o accidentes. En consecuencia, el proceso darviniano de selección natural (que, aunque no funcionaba al azar, asumía no obstante un alto grado de aleatoriedad) era para el fisicista Herschel «la ley del revoltillo». Lo cierto es que, ya en tiempos de Laplace, algunos científicos apreciaban la importancia de los procesos estocásticos (al azar).

La razón de que tantas teorías biológicas sean probabilísticas es que en el resultado influyen simultáneamente varios factores, muchos de ellos aleatorios, y esta causación múltiple impide que ninguno de los factores sea responsable del resultado al 100 por 100. Si decimos que una mutación concreta se produce al azar, eso no significa que la mutación surgida en ese locus pueda ser cualquier cosa imaginable, sino simplemente que no está relacionada con las necesidades actuales del organismo, o que no era predecible de ningún modo.

Algunos casos de explicaciones biológicas

Cuando los filósofos de la ciencia discuten sobre la formulación de teorías científicas, casi todos los casos que citan corresponden a las ciencias físicas. Sin embargo, como hemos visto, las explicaciones biológicas, y más concretamente las de biología evolutiva, pueden ser muy diferentes de las de las ciencias físicas. Por ello, tal vez sea conveniente examinar algunos casos que ilustren con más claridad esta diferencia[5].

Permítanme empezar por una situación sencilla. Los únicos miem-

---

[5] No pretendo decir que estos casos no se hayan considerado anteriormente; el ejemplo más sobresaliente es la aplicación del enfoque semántico de la biología evolutiva hecho por Lloyd (1987). Sin embargo, me propongo presentar unos cuantos casos de elaboración de teorías, empezando por los más sencillos y progresando hasta los más complicados. Esto permitirá a los filósofos partidarios de un sistema concreto de formulación de teorías comprobar hasta qué punto se puede aplicar su sistema a cada caso particular.

bros vivientes de la familia del camello se encuentran en Asia (y norte de África) y en América del Sur. ¿Cómo se puede explicar esta discontinuidad de distribución? Louis Agassiz aplicó su teoría de la creación y, simplemente, declaró que Dios había creado camélidos dos veces: una en el Viejo Mundo (camellos y dromedarios) y otra en América del Sur (llamas). Cuando esta explicación se volvió insostenible a partir de 1859, se propuso la hipótesis de que en otros tiempos hubo camellos también en América del Norte, pero después se extinguieron en dicha zona. La paleontología ha confirmado esta conjetura, descubriendo una abundante fauna de camélidos en esa América del Norte.

Un problema algo más difícil, del que ya Darwin era consciente, es la discontinuidad del registro fósil. Uno de los componentes más importantes del paradigma evolutivo de Darwin era la continuidad. La evolución procede por cambio gradual. Sin embargo, cuando se contemplaba la naturaleza viva, lo unico que uno veía era discontinuidad. Y esto era especialmente aparente en el registro fósil. En el registro fósil aparecían de pronto nuevas especies y, lo que es más importante, tipos completamente nuevos de organismos, sin que se encontraran formas intermedias entre ellos y sus presuntos antepasados. Es cierto que de vez en cuando se descubría un «eslabón perdido», como el *Archaeopteryx* entre los reptiles y las aves, pero incluso este fósil estaba separado por grandes vacíos de sus antepasados reptilianos y de las verdaderas aves. Darwin insistió tozudamente (y ahora estamos convencidos de que con mucha razón) en que debía existir una continuidad completa, pero que el registro fósil era demasiado fragmentario para demostrarlo. Su conclusión no ganó aceptación general hasta casi cien años después de la publicación del *Origen* en 1859.

En 1954 aporté una contribución a la solución en un artículo sobre evolución y formación de especies. En él sugería que una población fundadora, aislada periféricamente, podía experimentar una considerable deriva ecológica y una gran reestructuración genética, convirtiéndose en el punto de partida ideal para un nuevo linaje filogenético. Sin embargo, es muy improbable que una población tan pequeña quede conservada en el registro fósil. Esta teoría de la especiación geográfica fue adoptada y desarrollada por Eldredge y Gould (1972) en su teoría del equilibrio puntuado[6]. Lo que aquí tenemos es un cambio conceptual drástico, de una teoría esencialista a otra poblacionista. De hecho, estoy convencido de que los cambios más drásticos en las teorías biológicas son consecuencia de cambios de conceptos.

En muchos casos, se puede proponer una causación totalmente nue-

---

[6] Véase también Mayr (1982, 1989a).

va, pero el grueso de la nueva teoría sigue siendo muy similar a la teoría anterior. Por ejemplo, Darwin explicó en 1839 los llamados «caminos paralelos» de Glen Roy (Escocia) diciendo que eran antiguas líneas de costa y atribuyendo su origen a una drástica elevación de la tierra. Habiendo encontrado conchas marinas en las grandes altitudes de los Andes, habiendo observado la espectacular elevación de la costa chilena después de un terremoto, y añadiendo otras muchas observaciones, Darwin no consideraba improbable aquella gran elevación de la costa escocesa, y más teniendo en cuenta que no existía ninguna otra teoría razonable. Sin embargo, pocos años después de la publicación de Darwin, Agassiz presentó su teoría de los períodos glaciales y quedó claro que los «caminos paralelos» eran las líneas de la orilla de un lago glacial. Aunque el propio Darwin declaró más tarde que su interpretación había sido «un gran patinazo», lo cierto es que se acercó mucho a la solución correcta. La idea esencial era que los caminos paralelos eran líneas de costa. Antes de la presentación de la teoría de los períodos glaciales, el único modo de explicar aquellas líneas de costa era considerarlas costas marinas. Por otra parte, en la literatura geológica abundaban los ejemplos documentados de grandes elevaciones de tierra, sobre todo en las obras del maestro de Darwin, Charles Lyell. Explicar que las líneas de costa se debían a la actividad glacial no suponía en realidad un gran cambio.

Una situación similar se da en la abundante y en muchos aspectos magnífica literatura sobre el diseño divino, escrita por los teólogos naturales. Se podría traducir casi toda esta literatura al darwinismo, sólo con cambiar el factor causal explicatorio: no fue Dios quien perfeccionó el diseño, sino la selección natural. Se podrían encontrar docenas de casos similares, en los que la estructura esencial de una teoría quedó intacta y sólo se cambió el factor causal básico.

EPISTEMOLOGÍA EVOLUTIVA COGNITIVA

Toda la epistemología se ocupa del problema de lo que sabemos y cómo lo sabemos. En los últimos veinticinco años ha surgido un movimiento llamado epistemología evolutiva (e.e.) que propone un modo supuestamente nuevo de considerar la adquisición de conocimiento. Uno de sus principales representantes lo ha descrito en términos tan extravagantes como «una nueva revolución copernicana», mientras sus oponentes consideran que eso es una exageración y que la contribución de la e.e. es bastante trivial.

En realidad, la expresión e.e. se ha aplicado a dos procesos completamente diferentes, que yo llamaré epistemología evolutiva darvinista (que analizo con detalle en el Capítulo 5) y epistemología evolutiva cognitiva. La e.e. cognitiva afirma que ciertas «estructuras» del cerebro, que evolucionaron por un proceso de selección darviniana, permiten a los seres humanos entender la realidad del mundo exterior, y que los humanos no podrían entender su mundo si carecieran de dichas estructuras cerebrales. Todos los individuos que eran inferiores en esta capacidad fueron eliminados en algún momento por la selección, sin dejar descendientes.

Los científicos modernos son perfectamente conscientes de que existen muchas percepciones posibles del «mundo real», y de que nuestros sentidos humanos sólo nos proporcionan retazos muy limitados de las características de este mundo. Los especialistas en protozoos (empezando por Jennings) nos han revelado cómo es el mundo para una criatura unicelular. Von Uexküll ha descrito gráficamente lo diferente que es el mundo de un perro, en comparación con el nuestro. Ahora sabemos que, de todo el amplio espectro de ondas electromagnéticas, los seres humanos sólo vemos la pequeña gama de longitudes de onda representada por los colores del rojo al violeta. Sabemos que existen los rayos infrarrojos, que se manifiestan en el calor, y los rayos ultravioletas. Sabemos que algunas flores tienen coloración ultravioleta, y que las abejas y otros insectos la perciben, pero nosotros no. Otros animales pueden percibir información magnética y actuar en consecuencia; o pueden oír por encima y por debajo de la gama de sonidos accesible a los humanos. Sabemos que existe un vasto mundo olfatorio, al que tienen acceso otros mamíferos y desde luego los insectos, pero nosotros no.

¿Qué determinó la selección de los aspectos particulares del mundo total que puede percibir un ser humano? La teoría más plausible dice que los antepasados de todos los organismos fueron capaces de sobrevivir y reproducirse porque poseían la capacidad de sentir los aspectos de su entorno más importantes para su supervivencia; y esto, por supuesto, se aplica también a la especie humana. Esta idea da a entender que existen muchos «mundos», de los que sólo uno es accesible para nosotros. A esa parte del mundo que es importante para los seres humanos y sus percepciones se la llama a veces *mundo medio* (mesokosmos), el mundo de las dimensiones intermedias. Por debajo está el mundo de las partículas elementales, y por encima el mundo transgaláctico del espacio-tiempo.

Los físicos nos recuerdan que una mesa sólida no es «en realidad» tan sólida, sino que está formada por núcleos atómicos y electrones, muy alejados unos de otros. Casi todos los biólogos que conozco aceptan la realidad de ésta y otras explicaciones (desde los genes y los quarks a los quásares, los agujeros negros y la materia oscura, incluyendo las peculiares relaciones entre el mundo de las partículas subatómicas y el mundo del cosmos ultragaláctico). Estos fenómenos no se pueden percibir con los órganos de los sentidos humanos. El realista científico –que es como se llama en ocasiones a la gente que sostiene esta opinión– cree que la demostración de una teoría autoriza a creer en la existencia de una entidad teórica postulada, y que dichas entidades teóricas son tan reales como las observadas. Este realismo científico es un rasgo común de todos los científicos que conozco.

Pero, francamente, en su vida cotidiana casi nadie considera una mesa de ese modo, y eso incluye a casi todos los físicos. Además, ningún avance en nuestro conocimiento de estos mundos, el más pequeño y el más grande, contribuye en modo alguno a nuestro conocimiento del mundo medio, el «mundo real» que percibimos los humanos. Aunque los instrumentos diseñados por físicos e ingenieros nos han permitido el acceso a los fascinantes mundos subatómico y transgaláctico, ninguno de estos otros mundos forma parte de nuestro mundo sensorial normal, y ninguno de ellos contribuye a nuestro realismo de sentido común. Y conocerlos no es esencial para nuestra supervivencia.

Pero entonces, ¿cómo es posible que tengamos ideas sobre propiedades universales tan básicas como el tiempo y el espacio, si no podemos percibirlas directamente? Aquí, la filosofía de Kant ejerció un considerable impacto en el pensamiento de algunos epistemólogos. Kant, si le he entendido bien, creía que el cerebro está tan estructurado que uno nace ya con información acerca de esas propiedades de la naturaleza. Hay que recordar que Kant era esencialista en gran parte de su pensamiento, y que estaba convencido de que el mundo variable de los fenómenos estaba representado en nuestro pensamiento por un *eidos* para cada clase de fenómenos variables, lo que él llamaba *Ding an sich*. Existía *a priori;* es decir, antes de toda experiencia y, por lo tanto, antes del nacimiento.

Cuando Konrad Lorenz ocupó el puesto de Kant en Königsberg en 1941, desarrolló una teoría de epistemología evolutiva basada en el concepto kantiano de que «la percepción y el pensamiento humanos poseen estructuras funcionales anteriores a toda experiencia individual». Para poder hacer frente al mundo, decía Lorenz, un recién nacido debe poseer en su cerebro varias estructuras cognitivas, del mismo modo que una ballena recién nacida tiene aletas para nadar. Cuando nuestros antepasados homínidos se mudaban de una zona adaptativa a otra, se seleccionaban las estructuras mentales adecuadas, exactamente por el mismo proceso por el que se seleccionan las adaptaciones estructurales. Según Lorenz, estas estructuras innatas de nuestra percepción y nuestro pensamiento son el equivalente exacto de las adaptaciones morfológicas o de cualquier otro tipo. A mí me parece que lo que dice Lorenz es básicamente como decir que los ojos ya existen en el embrión mucho antes de que se puedan usar para ver[7]. Hasta los protistas más primitivos poseen un aparato para percibir y responder a los peligros y oportunidades que encuentran en su hábitat. Más de mil millones de años de selección natural han elaborado el programa genético de la especie humana a partir del de un simple protozoo. Y así, el nuevo conocimiento biológico de los programas genéticos ha explicado lo que durante mucho tiempo constituyó un gran misterio para los filósofos.

Creo que hay que aceptar la idea de que durante la evolución de los humanos a partir de los primates, el cerebro evolucionó rápidamente hasta ser capaz de resolver problemas muy por encima de la capacidad –incluso– de un chimpancé. Pero esto todavía deja sin respuesta la pregunta «¿hasta qué punto es específica la estructura del cerebro humano moderno?»

Programas cerrados y abiertos

Según muchos indicios, el cerebro humano alcanzó su capacidad física actual hace casi 100.000 años, en una época en la que el nivel cultural de nuestros antepasados era aún muy primitivo (véase Capítulo 11). El cerebro de hace 100.000 años es el mismo cerebro que ahora es capaz de diseñar ordenadores. Las actividades mentales superespecializadas que observamos en los seres humanos actuales no parecen requerir una estructura cerebral seleccionada *ad hoc*. Todos los logros del intelecto humano se han conseguido con cerebros que no fueron específicamente seleccionados por el proceso darviniano para esas tareas.

A decir verdad, las distintas capacidades humanas están controladas por diferentes zonas del cerebro. Pero en vista de nuestra considerable ignorancia actual sobre el funcionamiento del cerebro humano, sería todavía muy aventurado intentar concretar demasiado en nuestras especulaciones sobre las estructuras cerebrales que permiten la cognición humana y la percepción del mundo. Sin embargo, basándonos en lo que sabemos en este momento, parece que se podrían distinguir tres tipos de zonas en el cerebro.

En primer lugar, el cerebro parece contener zonas que desde el principio mismo están rígidamente programadas. Los instintos en los animales inferiores y los reflejos y casi todos los patrones de locomoción de

---

[7] En sus aspectos principales, la sugerencia de Lorenz fue adoptada por Donald Campbell, Riedl, Oeser, Vollmer, Wuketis, Mohr y otros muchos biólogos y filósofos.

animales inferiores y superiores son ejemplos de estos «programas cerrados». Pero no se sabe si los comportamientos más complejos de la especie humana (o cuáles de ellos) pertenecen a esta categoría. Las investigaciones sobre comportamiento y temperamento de bebés indican que pueden existir conductas mucho más rígidamente programadas de lo que pensábamos[8].

El cerebro parece contener también regiones encargadas de «programas abiertos». Esta información no está rígidamente programada, como lo están los instintos, sino que se han reservado zonas concretas del cerebro para aceptar dicha información, si existe en el entorno del organismo joven. Muchos componentes de nuestro equipo cognitivo, como la capacidad de aprender idiomas o la de adoptar normas éticas, parece que se adquieren mejor a edad temprana y, una vez adquiridos, no son fáciles de desplazar u olvidar. Estas categorías de aprendizaje parecen tener mucho en común con el simple «troquelado» de los etólogos. Durante un período sensible, al patito recién nacido se le «imprime» la forma de su madre. Este «objeto que hay que seguir» se inserta en el cerebro del patito, en una zona evidentemente capaz de aceptar esta información. De manera similar, cada nueva experiencia de un ser humano en desarrollo queda registrada en el espacio adecuado del cerebro, y refuerza las experiencias relacionadas que el cerebro haya registrado anteriormente[9]. Los componentes innatos de nuestro conocimiento del mundo, tal como los describían Kant, Lorenz y otros epistemólogos evolutivos, se entienden mejor como programas abiertos.

Por último, el cerebro parece contener zonas generalizadas que permiten el almacenamiento (memoria) de toda clase de información, adquirida en todo el transcurso de la vida. Por el momento, no sabemos prácticamente nada acerca de una posible subdivisión del cerebro para diferentes categorías de dicha información general. La memoria próxima y la lejana podrían ser ejemplos de esa subdivisión.

---

[8] Véase Kagan (1994).

[9] Se ha dado en la literatura una curiosa controversia acerca de si el cerebro humano está adaptado para comprender el mesocosmos. Al parecer, los que niegan esto tienen un concepto teleológico de la selección y la adaptación. Pero la adaptación darwiniana no es teleológica. No hay necesidad de considerar que los individuos que sobreviven al proceso de eliminación selectiva sean productos de un proceso dirigido a un objetivo. Se podría decir que un individuo que sobrevive al proceso de selección está adaptado por definición. El darvinista es plenamente consciente del hecho de que todos los supervivientes se lo deben también, en gran medida, a procesos estocásticos. Aceptar este concepto no teleológico de la adaptación nos permite llegar a la siguiente conclusión: «Sí, el cerebro humano está adaptado para comprender el mesocosmos.» Todos los individuos que eran inferiores en esta capacidad fueron, tarde o temprano, eliminados sin dejar descendientes.

Lo que más interesa a la epistemología evolutiva cognitiva es el segundo apartado: las zonas del cerebro que evolucionaron por selección para proporcionar al recién nacido programas abiertos en los que almacenar información cognitiva importante y específica. Estas zonas cerebrales no tienen nada de metafísico o esencialista; son simplemente un producto de la evolución darwiniana. Lo que aún no conocemos es el grado de especificidad de dichas zonas. Parece probable que gran parte de la especificidad se adquiera después del nacimiento. Así parece deducirse de la relativa facilidad con que, en una persona joven, muchas funciones de zonas dañadas del cerebro pueden ser asumidas por otras zonas.

¿Qué peso tiene todo esto a la hora de valorar la e.e. cognitiva? Yo he llegado a la conclusión de que para percibir nuestro mundo no se necesitan estructuras cerebrales altamente específicas. En general, parece que el perfeccionamiento evolutivo del sistema nervioso central no conduce necesariamente a estructuras neurales muy específicas, sino más bien a una continua mejora de la estructura general del cerebro. En consecuencia, el cerebro no sólo es capaz de hacer frente a los problemas materiales que encontraban los humanos primitivos, sino que posee además capacidades, como las necesarias para jugar al ajedrez, que no se necesitaban en la época en que se seleccionaron estas mejoras del cerebro. En conjunto, a mí me parece que la e.e. cognitiva no tiene nada de revolucionaria, sino que se trata de una consecuencia natural de la aplicación del pensamiento evolutivo de Darwin a la neurología y la epistemología.

LA BÚSQUEDA DE CERTIDUMBRE

Se dice a menudo que el objetivo de la ciencia es la búsqueda de la verdad, pero ¿qué es la verdad? Los cristianos que se oponían a Darwin jamás pusieron en duda la veracidad del relato bíblico palabra por palabra, y por ello estaban convencidos de que todo en este mundo había sido creado por Dios. Ideas que en otro tiempo se consideraban osadías heterodoxas, como que la Tierra gira alrededor del Sol, se consideran ahora verdades absolutas. Ninguna persona razonable niega ya que la Tierra es redonda y no plana, como se creyó en otros tiempos. Todo historiador de la ciencia sabe cuántas «verdades indiscutibles» de épocas anteriores han demostrado ser erróneas. Antes de Kepler, los astrónomos daban por supuesto que las órbitas de todos los cuerpos celestes eran círculos perfectos. Antes de Darwin, casi todos los filósofos estaban convencidos de que las especies eran invariables. Hasta la década de 1880, aproximadamente, todo el mundo creía que las característricas adquiridas a lo largo de la vida se podían transmitir a la descendencia. Nadie sabe cuántas certezas de nuestra generación serán refutadas por futuros avances científicos.

En la actualidad, los científicos aceptan como verdad irrefutable que la secuencia de fósiles en los estratos rocosos es un testimonio de la evolución. Pero otros muchos descubrimientos de la ciencia son aún tentativos. Puede existir un alto grado de certidumbre, pero no nos trastornaría mucho que fueran sustituidos por otra teoría, ligeramente revisada o con cambios drásticos. Los científicos ya no insisten en eso de la «verdad absoluta». Se dan por satisfechos con una teoría que resista todos los intentos de refutación y explique todo lo que se supone que debe explicar. Durante siglos se creyó que las ecuaciones de Newton eran la verdad definitiva. Sin embargo, con el tiempo, las teorías de la relatividad de Einstein demostraron que en ciertas condiciones dichas ecuaciones no son correctas, por muy adecuadas que resulten para la situación terrestre normal.

En general, parece que se acepta que muchas de las conclusiones de la ciencia están tan bien demostradas que se pueden considerar como certezas, aunque existen algunas que son sólo verdades provisionales, con diversos grados de certidumbre. Si se produce un enfrentamiento entre dos teorías y no se puede demostrar con claridad que una de las dos es «más cierta», Laudan (1977) propone adoptar la teoría que mejor sirva para solucionar problemas, o que haya resuelto más problemas.

No obstante, la veracidad de las explicaciones suele ser muy frágil. Es casi seguro que las aves adquirieron sus plumas ayudadas por la selección natural, pero, como casi todo lo que ocurrió en el pasado lejano, lo más probable es que nunca se pueda demostrar inequívocamente. Aún más difícil de demostrar es la ventaja selectiva de la adquisición de plumas: ¿servían para proteger contra el frío a estos vertebrados de sangre caliente, o para protegerlos contra el exceso de radiación solar?[10].

En todas las ramas de la ciencia existen observaciones que aún están completamente inexplicadas. ¿Por qué el fenotipo de ciertos invertebrados (en particular, el de los llamados fósiles vivientes) permaneció prácticamente inalterado durante más de cien millones de años, mientras otros miembros de la misma fauna original se extinguieron o evolucionaron drásticamente? ¿Por qué existen dos tipos de aves que parecen haber tenido el mismo éxito, uno en el que el macho participa activamente en la cría de los polluelos y otro en el que el macho no participa? (La respuesta podría estar en lo que se da de comer a los polluelos: insectos

---

[10] Véase Regal (1977).

o fruta). Hace cincuenta o cien años, el número de problemas de este tipo era mucho mayor; desde entonces se ha explicado satisfactoriamente un elevado porcentaje de los casos; por ejemplo, por qué los miembros de la casta estéril de los insectos sociales participan con tal devoción en la crianza de la prole de la reina[11]. La bioquímica ha conseguido explicar casi todos los problemas fisiológicos. Las incógnitas más importantes que quedan por resolver tienen que ver con la explicación de los procesos más complejos de la vida orgánica: el desarrollo del óvulo fecundado hasta el estado adulto y el funcionamiento de los sistemas nerviosos centrales. Casi todos los procesos individuales de estos dos importantes campos están ya razonablemente estudiados, pero la explicación de la integración y el control de los procesos individuales está aún por encima de nuestra comprensión.

En vista de estas incertidumbres que aún quedan, algunos no científicos han llegado al extremo de asegurar que *nada* de lo que descubre la ciencia puede darse por seguro. Incluso ha habido filósofos que han puesto en duda que podamos alcanzar la verdad definitiva en ningún campo. Esta incertidumbre nos lleva a la pregunta que trataremos de responder en el Capítulo 5: «¿avanza la ciencia?»

---

[11] Hamilton (1964)

Capítulo 5

¿Avanza la ciencia?

Prácticamente todos los científicos profesionales, junto con la mayor parte de la gente interesada en la ciencia, están convencidos de que hacemos constantes avances en nuestra comprensión de la naturaleza, a medida que sucesivas generaciones de científicos van llenando más y más huecos de la «verdadera» historia de cómo funciona el mundo. Según esta opinión, puede haber algunas preguntas que nunca seremos capaces de responder («¿por qué existe nuestro mundo?», «¿por qué está construido de este modo?»), pero en todas las ramas de la ciencia se pueden identificar numerosas cuestiones que parecen accesibles a futuras investigaciones.

Sin embargo, no todos comparten esta convicción de que la ciencia ha avanzado y continuará avanzando. Ni mucho menos. Durante los cincuenta últimos años, el cambio de posición de la filosofía de la ciencia, desde el estricto determinismo y la creencia en la verdad absoluta a una postura que sólo reconoce un *acercamiento* a la verdad (o a la presunta verdad), ha sido interpretado por algunos comentaristas como evidencia de que la ciencia no avanza. Esto ha animado al movimiento anticientífico a afirmar que la ciencia es una actividad inútil porque no conduce a ninguna verdad acerca del mundo que nos rodea.

Leyendo la literatura científica actual, casi se entiende cómo ha podido surgir una actitud tan negativa. Para los observadores de fuera, las controversias sin solución aparente que rodean temas como el equilibrio puntuado, el papel de la competencia en los ecosistemas y el de la dispersión en biogeografía, el control de la diversidad biológica, el programa adaptativo y la definición de especie (por mencionar tan sólo algunos de los temas que se discuten en los capítulos siguientes) pueden llevar fácilmente a la conclusión de que no hay consenso a la vista y, por lo tanto, no hay esperanzas de auténtico progreso. Existe, incluso, un puñado de científicos que creen que podemos estar llegando al límite de las cuestiones que la ciencia puede resolver[1].

En toda la filosofía de la ciencia se pueden encontrar objeciones al concepto del progreso científico, que Kitcher (1993) denomina «la Leyenda». Según la Leyenda, la ciencia ha tenido mucho éxito en «alcan-

---

[1] Véase Stent (1969).

zar los objetivos de la ciencia... Sucesivas generaciones de científicos han llenado más y más partes de la historia completa y auténtica del mundo... Los campeones de la Leyenda... creyeron ver una tendencia general hacia... una aproximación cada vez mejor a la verdad». Si confieso que creo en la Leyenda, estoy seguro de que estos críticos me considerarán anticuado. Pero me gustaría saber a qué ciencia se refieren estos críticos. Debo confesar que los adelantos científicos que mejor conozco se ajustan perfectamente a la Leyenda.

Por ejemplo, es indudable que la historia de la geología desde Werner y Lyell hasta la moderna tectónica de placas, junto con la historia de la evolución orgánica desde Lamarck hasta la síntesis evolutiva de los años 40, deben considerarse progresos respecto a la anterior creencia en un mundo inmutable. La progresión desde Tolomeo a Copérnico, Kepler, Newton y la astrofísica moderna es una historia de continuo avance en nuestro conocimiento del cosmos. Los cambios en el pensamiento científico, desde Aristóteles a Galileo, Einstein y la mecánica cuántica, constituyen otro ejemplo de constante avance.

Podría citar ejemplos similares de etapas progresivas en la morfología, la fisiología, la sistemática, la biología del comportamiento y la ecología. La historia de la biología molecular desde la década de 1940 ha sido una serie ininterrumpida de logros. Antes de los 40 no había prácticamente nada y ahora tenemos una megaciencia bien establecida. Todos los grandes avances de la medicina se basan en avances de la biología o de otras ciencias básicas. Podría citar un problema biológico tras otro y demostrar que las sucesivas teorías han resultado cada vez más eficaces para explicar los hechos conocidos.

Pero ¿qué quieren decir exactamente las expresiones «avance científico» o «progreso científico»? Con ellas nos referimos al establecimiento de teorías científicas que expliquen más y mejor que las anteriores y sean menos vulnerables a la refutación. En la mayoría de las ciencias, una teoría mejor permite hacer mejores predicciones, y es menos probable que sea sustituida por otras conjeturas. Casi todas las controversias científicas versan, precisamente, sobre cuál es la mejor entre dos o más teorías. Sin embargo, la historia de la ciencia demuestra que, con el tiempo, las controversias sobre un problema concreto acaban resolviéndose de algún modo, y una de las teorías acaba siendo aceptada como mejor que sus competidoras. Muchas controversias históricas se resolvieron con el rechazo de *las dos* teorías rivales y su sustitución por una tercera.

Muy a menudo, una teoría tiene tanto éxito que deja de tener competidoras. Sin embargo, el hecho de que, en un momento dado, cierta teoría sea la única que explica un proceso o fenómeno, no significa necesariamente que ya no haya más que hablar. El gran número de teorías que en algún momento gozaron de aceptación universal y después fueron refutadas tan rotundamente que ahora nadie las considera válidas, es otra prueba del progreso científico. Podríamos mencionar algunas de ellas, elegidas entre centenares: la teoría de Schwann sobre el origen de nuevas células a partir del núcleo, la herencia mezclada, la relación quinaria entre taxones, la herencia de caracteres adquiridos, e incontables teorías de fisiología. Cuando se propusieron por primera vez, estas teorías ya refutadas constituían la mejor explicación posible en la época, basada en la información existente y en la estructura conceptual de cada especialidad. Pero los científicos casi nunca se dan por satisfechos con una teoría; siempre intentan perfeccionarla o sustituirla por otra mejor o más completa. Las teorías que sustituyeron a las citadas han resistido numerosos intentos de refutación y son consistentes con la evidencia disponible hasta el momento presente.

Algunos autores, el principal de los cuales es seguramente Charles Darwin, han logrado una media muy alta de éxitos con sus teorías. Pero incluso Darwin propuso teorías que después han sido refutadas. Entre ellas, las de la pangénesis y la especiación simpátrida debidas al principio de divergencia. La historia de la genética proporciona abundantes demostraciones de que muchos de los avances de la ciencia consisten en refutar teorías erróneas.

A decir verdad, no todo cambio de teorías científicas es necesariamente una evidencia de progreso. Por ejemplo, a finales del siglo XIX se abandonó la teoría que afirmaba que el material genético era la «nucleína», sustituyéndola por las proteínas, y más adelante se comprobó que el cambio había representado un paso atrás. Lo mismo se puede decir de las teorías evolutivas tipológico-saltacionistas de los mendelianos (Bateson, De Vries), que rechazaban el concepto darvinista predominante de la evolución gradual de poblaciones. En la historia de la biología abundan los ejemplos de cambios retrógrados temporales. Estos casos nos enseñan que es un error abandonar por completo una teoría aparentemente refutada, antes de haberla puesto a prueba exhaustivamente y comprobado que es incuestionablemente errónea.

El camino hacia los nuevos conocimientos no es necesariamente rectilíneo, ni mucho menos. A menudo es, más bien, una aproximación constante, un avance en zig zag en el que se aplica el principio de la iluminación recíproca. Cada solución a una pregunta científica, grande o pequeña, plantea nuevas preguntas; por lo general, queda un residuo sin explicar –las llamadas «cajas negras»–, suposiciones algo arbitrarias que aún necesitan más análisis y explicación. En ese sentido, la ciencia nunca tendrá final.

No todas las actividades que ocupan el tiempo y la atención de los científicos conducen necesariamente al avance de la ciencia. En todos los campos hay mentes burocráticas que disfrutan elaborando listas e inventarios, que gozan creando bancos de datos y dedicándose a otras actividades que tal vez sirvan de ayuda a otros profesionales, pero que no hacen avanzar de manera apreciable su disciplina. A casi todos los profesionales –seguramente, por buenas razones– les da miedo afrontar los grandes problemas no resueltos de su especialidad. Prefieren dedicarse a repetir lo que otros han hecho ya. Por ejemplo, estudiarán en la *Drosophila virilis* lo que ya se ha demostrado en la *Drosophila melanogaster*. Otros reúnen un gran volumen de nuevos datos pero no son capaces de elaborar ninguna generalización a partir de ellos.

Algunos profesionales se centran en un problema sumamente especializado y no establecen ningún contacto intelectual, ni mucho menos conceptual, con sus colegas de campos vecinos. En las explicaciones científicas se suelen utilizar información y conceptos de varias especialidades adyacentes, y un avance teórico en un campo suele tener repercusiones en varios campos relacionados. En ocasiones, el avance de la ciencia no consiste simplemente en refutar otra teoría, sino en ampliar la base explicativa que unifica o sintetiza varias disciplinas científicas.

Casi todos los que han atacado el concepto de progreso científico han sido filósofos u otros no científicos que, simplemente, carecían de la formación necesaria para evaluar si nuestro conocimiento ha experimentado o no un auténtico progreso. Todo lo que sé sobre la ciencia me hace discrepar de los argumentos de esos críticos. Casi todos los principios y teorías de la ciencia actual se han mantenido incólumes durante treinta, cincuenta, cien, e incluso más de doscientos años. Nuestro conocimiento básico del mundo es ahora notablemente sólido.

Existen unas cuantas excepciones importantes, como nuestros conocimientos sobre el cerebro o sobre la cohesión del genotipo, pero hay que insistir en que se trata de excepciones. Y sin embargo, el escepticismo acerca del progreso científico sigue estando suficientemente extendido fuera de la ciencia como para justificar que demostremos el constante progreso en varios campos de la ciencia, y principalmente en la biología. Con el fin de respaldar mi afirmación de que la ciencia progresa, voy a analizar con detalle un caso concreto.

EL AVANCE CIENTÍFICO EN BIOLOGÍA CELULAR

La citología –el estudio científico de las células– se presta especial-

102

mente bien a nuestro propósito[2]. Esta especialidad se hizo posible gracias a la invención del microscopio. El primer trabajo de citología lo publicó en 1667 Robert Hooke, con el título *Micrographia,* y en él se utilizó por primera vez la palabra «célula». Durante los ciento cincuenta años siguientes, tres microscopistas sobresalientes –Grew, Malpigio y Leeuwenhoek– describieron numerosos objetos microscópicos, pero el estudio del mundo microscópico era más un pasatiempo que una ciencia seria. Entre 1740 y 1820 apenas se describió nada nuevo. Aunque de vez en cuando se mencionaban las células, parece que interesaban mucho más las fibras y otras estructuras longitudinales.

Los principales avances realizados entre 1820 y 1880-1890 fueron posibles gracias al perfeccionamiento técnico de las lentes (los más importantes fueron obra de Abbe) y al descubrimiento de la inmersión en aceite. También mejoró constantemente la iluminación de los objetos, así como mejoraron los métodos para preparar tejidos y otros materiales vivos; y por último, se empezaron a usar toda clase de colorantes para crear contrastes entre la pared celular, el citoplasma, el núcleo y los orgánulos celulares. Algunos de los descubrimientos más importantes realizados por investigadores pioneros como Brown, Schleiden y Schwann se lograron con microscopios muy primitivos, fabricados por ellos mismos. Sin embargo, a principios del siglo XIX varias empresas ópticas comenzaron a fabricar microscopios cada vez mejores, y esto facilitó considerablemente el estudio de las células, contribuyendo a popularizar la citología. Las deficiencias de los primeros instrumentos dieron lugar a numerosas observaciones erróneas, y ésta fue una de las razones de las primeras controversias en citología.

De casi todas las historias de la biología se saca la impresión de que el estudio de las células comenzó con Schleiden y Schwann. Sin embargo, F. J. F. Meyen (1804-1840) había publicado antes una monografía bastante correcta y bien informada sobre las células vegetales[3]. Describió la multiplicación de las células por división, utilizó yodo para teñir inclusiones de almidón en las células vegetales y presentó una descripción exacta de los cloroplastos. Si no hubiera muerto tan joven, no cabe duda de que su nombre habría figurado entre los más ilustres de la historia de la biología. Pero Meyen no estaba solo; hubo en aquella época media docena de investigadores que contribuyeron de manera sustancial a la descripción precisa de las células.

---

[2] Numerosos tratados históricos describen de manera excelente los avances graduales del conocimiento. Entre ellos puedo citar los libros de Hughes (1959), Baker (1948-1955) y Cremer (1985), así como monografías de Coleman (1965), Churchill (1979) y otros. Para referencias, véase la obra de Cremer.

[3] Cremer (1985) describe con gran detalle estas contribuciones.

En noviembre de 1831, Robert Brown anunció su descubrimiento de un cuerpo al que llamó núcleo, existente en todas las células. Pero se abstuvo de especular sobre su importancia. Quien sí lo hizo fue M. J. Schleiden, en un trabajo publicado en 1838 en el que afirmaba que el crecimiento del núcleo da origen a nuevas células, por lo que lo rebautizó citoblasto. Según él, el núcleo mismo se formaba *de novo* a partir del líquido contenido en la célula. Evidentemente, ésta era una teoría epigenética del origen de las células, que encajaba en un ambiente intelectual en el que todo lo que sonara a preformación era mal mirado. No obstante, Meyen publicó inmediatamente una réplica a Schleiden, en la que reiteraba su observación de la formación de nuevas células por división de las viejas, un proceso que a Schleiden le debía apestar a preformación. No ayudó a la tesis de Meyen que éste también sostuviera otras varias teorías sobre el núcleo celular que demostraron ser erróneas.

Schleiden, que era botánico, había realizado sus investigaciones citológicas en células vegetales, con sus paredes celulares bien formadas. Confirmó una conclusión a la que Meyen ya había llegado: que una planta está formada por células y nada más, aunque algunas de sus células están muy modificadas. Pero, ¿y los animales? ¿También estaban formados por células? Esto lo demostró en 1839 Theodor Schwann, que consiguió probar, en un tejido animal tras otro, que los componentes de dichos tejidos, por muy diferentes que parecieran entre sí, no eran más que células modificadas. Sin embargo, Schwann también confirmó, en una investigación muy detallada, la errónea teoría de Schleiden sobre el origen de nuevas células a partir del núcleo. Añadió simplemente otro proceso, en el que se formarían núcleos a partir del material intercelular amorfo.

Pocas publicaciones biológicas han causado tanta sensación como la magnífica monografía de Schwann. Demostraba que los animales y las plantas están formados por las mismas unidades estructurales –células– y que por lo tanto existe unidad en todo el mundo orgánico. Y más aún: la composición celular de animales y plantas demostraba que las células son los componentes elementales de los organismos. Aquello dio nuevos bríos al pensamiento reduccionista.

Más adelante, Schleiden publicó una detallada exposición de su teoría de la ciencia, insistiendo mucho en la inducción y criticando con severidad las teorías sobre la ciencia de Schelling y Hegel, entonces en boga. No obstante, está muy claro que Schleiden no era, ni mucho menos, tan inductivo y empírico como él se creía, y sus conclusiones definitivas eran todas teleológicas. Su teoría de la ciencia estaba evidentemente basada en Kant, por intermedio de Fries. Igualmente teleológica era la visión del mundo de Schwann, que era católico devoto.

La teoría de Schleiden-Schwann sobre el origen de nuevos núcleos a partir del citoplasma o de otras sustancias orgánicas no estructuradas encajaba bien no sólo con el pensamiento epigenético de los embriólogos, sino también con la teoría de la generación espontánea, que todavía tenía mucha aceptación en aquella época. Es otro ejemplo de la influencia de las ideologías en la aceptación de teorías. La teoría de la posibilidad de libre formación de nuevos núcleos y células en material orgánico no estructurado fue rotundamente refutada por Robert Remak en 1852. Remak demostró que en el desarrollo de un embrión de rana, desde la primera segmentación, todas las células de todos los tejidos se formaban por división de células preexistentes. En 1855 volvió a la carga con una monografía más extensa y bien ilustrada, en la que refutaba aún más concluyentemente la teoría de Schleiden-Schwann. Aquel mismo año, Virchow hizo suyas las conclusiones de Remak y acuñó el famoso lema *omnis cellula e cellula* («toda célula procede de otra célula»). Como se puede suponer, Virchow era también un ferviente detractor de la teoría de la generación espontánea.

No resulta nada fácil determinar cuál fue la verdadera causa del cambio de teorías sobre el origen de las células. Es de suponer que las mejoras de los microscopios y de las técnicas microscópicas tuvieron bastante que ver, lo mismo que el hecho de que Remak eligiera un material especialmente adecuado, un embrión de rana en desarrollo. Pero, por otra parte, la nueva teoría era aparentemente contraria a las de la epigénesis y la generación espontánea, que todavía eran predominantes en aquella época. Parece, al menos en este caso, que los descubrimientos empíricos borraron sin más todo recelo acerca de la aparente violación de ideas muy aceptadas.

El conocimiento del núcleo

En un principio, la nueva teoría celular no explicaba nada sobre el núcleo, aunque Remak había demostrado claramente que la división del núcleo precede a la división de la célula; esta observación fue categóricamente negada por otros investigadores, entre ellos Hofmeister, pionero en tantas otras cosas. En consecuencia, transcurrieron todavía treinta años antes de que Flemming pudiera formular el nuevo lema *omnis nucleus e nucleo* («todo núcleo procede de otro núcleo»).

En realidad, las pistas más importantes las proporcionó el proceso de fecundación. Comenzó por la demostración, por parte de Kölliker (para el óvulo) y Gegenbaur (para el espermatozoide), de que estos dos elementos de la reproducción son células. Sin embargo, en un principio hubo muchas controversias acerca del papel que desempeñaban en la fecundación y el desarrollo. Para los fisicistas, la fecundación no era más que un fenómeno físico, consistente en la transmisión de la excitación provocada por el contacto entre el espermatozoide y el óvulo. Para ellos, la fecundación era simplemente la señal que iniciaba la segmentación del óvulo. Para sus adversarios, el aspecto verdaderamente importante de la fecundación era el «mensaje» que el espermatozoide transmitía al óvulo.

Antes de que esta última hipótesis se alzara con la victoria fue preciso eliminar muchas ideas erróneas acerca del desarrollo. La más importante de todas fue la de la preformación, la creencia en que existía un organismo en miniatura encapsulado en el óvulo o en el espermatozoide. A partir de Blumenbach, esta idea fue ridiculizada tan despiadadamente que acabó siendo desplazada por la teoría de la epigénesis, que sostenía que el desarrollo comenzaba por una masa totalmente informe, que iba adquiriendo forma gracias a alguna fuerza extraña.

La segunda idea que hubo que aceptar fue la de la contribución igualitaria del óvulo y el espermatozoide a las características del embrión en desarrollo. En otras palabras: hubo que considerar los aspectos genéticos de la fecundación. Las primeras pruebas fueron aportadas por Koelreuter, que hacia la década de 1760 había demostrado concluyentemente este aspecto en sus experimentos de hibridación. Aunque la obra de Koelreuter era muy poco conocida, otros muchos investigadores realizaron en años posteriores descubrimientos similares al suyo, y poco a poco se fue imponiendo la idea de que el espermatozoide desempeñaba una función mucho más importante que la simple iniciación de la segmentación del óvulo fecundado. Resulta sorprendente que en una fecha tan tardía como 1870, Miescher, el descubridor del ácido nucleico, todavía siguiera aferrándose a la interpretación fisicista[4].

Entre 1850 y 1876 se observó numerosas veces la entrada del espermatozoide en el óvulo, e incluso en algunas ocasiones la fusión del núcleo masculino con el núcleo del óvulo, pero estas observaciones se interpretaron mal debido al erróneo bagaje conceptual de los investigadores. Fue Oskar Hertwig (1876) quien demostró sin lugar a dudas que la fecundación consistía en la penetración de un espermatozoide en el óvulo, que dicho espermatozoide aportaba un núclo masculino que se fusionaba con el núcleo de óvulo, y que el desarrollo del embrión comenzaba con la división del recién formado núcleo del zigoto, producto de la fusión de los núcleos masculino y femenino. Estas observaciones fueron plenamente confirmadas y ampliadas por H. Fol en 1879.

---

[4] Mayr (1982:810-811).

Así quedó totalmente refutada –al menos, en lo referente a los procesos de fecundación– la idea, muy extendida en las décadas anteriores, de que el núcleo celular se disolvía antes de la división de una célula. Y las técnicas microscópicas, cada vez mejores, no tardaron en demostrar que toda división celular iba precedida por la mitosis del núcleo.

Lo que todavía no se entendía bien era que el espermatozoide desempeña una función doble en la fecundación: aporta al huevo el material genético del padre y, además, da la señal para que comience el desarrollo del zigoto. Los fisicistas no comprendían que se trataba de dos funciones totalmente diferentes. Cuando Loeb consiguió estimular por medios químicos el desarrollo de óvulos sin fecundar, hizo algunos comentarios acerca de esta partenogénesis artificial que demostraban que ignoraba por completo el aspecto genético de la fecundación.

A partir de 1870, los principales especialistas tenían muy claro que la fusión de los núcleos del espermatozoide y el óvulo tenía un significado genético. Lo que aún no estaba nada claro era cuál era este significado y cómo podían los dos núcleos transmitir las propiedades genéticas de los padres. Faltaba aún por descubrir y describir correctamente la división reductora que tiene lugar durante la meiosis de las células germinales; también había que demostrar que el componente esencial del núcleo eran los cromosomas; esto lo lograron Weismann, Van Beneden y Boveri.

Los empiristas, que llevaron a cabo magníficos trabajos microscópicos, se equivocaban con frecuencia al interpretar sus descubrimientos, simplemente porque carecían de una infraestructura teórica adecuada. Muchas veces no se planteaban por qué sucedían las cosas. En este aspecto, Roux adoptó una postura ejemplar; se preguntó perspicazmente: «¿Por qué es necesario el complicado proceso de la mitosis?» Se trata de un proceso largo y parece innecesariamente complejo. ¿Por qué no limitarse a partir el núcleo por la mitad y dar una mitad a una célula hija y la otra mitad a la otra? Muy acertadamente, Roux llegó a la conclusión de que la complicación del proceso de mitosis sólo tendría justificación si el material nuclear fuera muy heterogéneo cualitativamente y se necesitara un método que garantizara que cada célula hija recibiera su parte equitativa de los componentes del núcleo original, tan diferentes cualitativamente.

Otro aspecto muy interesante de esta época es que muchas observaciones y teorías correctas cayeron en el olvido, para ser redescubiertas mucho después. Tal vez debería haber dicho que «su auténtico significado se descubrió mucho después». Por ejemplo, Roux prácticamente descartó su propia teoría sobre la mitosis, que era correcta, porque algunas observaciones realizadas en huevos en desarrollo parecían contradecirla.

También era completamente correcta la observación de Van Beneden de que los cromosomas del núcleo del espermatozoide no se fusionaban con los del núcleo del óvulo, que concordaba con los descubrimientos de Mendel y que pasó inadvertida hasta después de 1900.

Ninguna de las especulaciones de la filosofía de la ciencia acerca de la elaboración de teorías es aplicable a los complejos avances de esta época, incluyendo las observaciones erróneas y las falsas suposiciones. Algunos avances se debieron a nuevos descubrimientos; otros, a nuevas teorizaciones. A veces, era el material de un nuevo organismo el que permitía los avances, como el huevo de erizo de mar de Oskar Hertwig y el embrión de rana de Remak; otras veces se debía a nuevas tecnologías, como la tinción con anilina, que tantos éxitos proporcionó a los citólogos. Lo único evidente es que se necesitaba una abundancia de nuevas observaciones y de nuevas teorías, sobre las que pudiera actuar un proceso de selección darviniana. Tarde o temprano, una observación o interpretación concreta demostraría ser irrefutable y se aceptaría como «verdad». Aunque más adelante podría verse refutada a pesar de todo, como se refutó la hipótesis de que las proteínas son el material de la herencia, que se había aceptado más o menos como una verdad durante treinta o cuarenta años. La hipótesis de las proteínas estaba tan firmemente arraigada que cuando por fin fue desplazada por la hipótesis del ADN, algunos investigadores ilustres, como Goldschmidt, siguieron negándose a creerlo.

Durante los cuarenta años que siguieron a 1880, los adelantos de la microscopía permitieron describir cada vez con más exactitud los núcleos y las transformaciones que experimentan durante los ciclos mitótico y meiótico, así como explicar el significado de dichas transformaciones. La adquisición de este conocimiento constituye una historia muy complicada, a la que contribuyeron técnicos excepcionales, que aportaron excelentes descripciones de los diversos aspectos del proceso de maduración y fecundación, y también brillantes teóricos[5].

El conocimiento de los cromosomas

El punto de partida de las siguientes especulaciones fue la observación de cuerpos bien definidos de cromatina, que más adelante se llamaron cromosomas, que aparecen durante la división celular (mitosis) pero parecían transformarse en una masa granular o en una maraña de fi-

---

[5] Ente los técnicos, Fol, Buetschli, Strasburger, Van Beneden y Flemming; entre los teóricos, Roux (1883), Weismann (1889) y Boveri (1903).

nos filamentos durante el estado de reposo del núcleo. El problema consistía en encontrar un significado a lo que sucede cuando este material cromático irregular se transforma en cromosomas bien definidos, sobre todo después de haberse demostrado que cada especie tiene un número fijo de cromosomas mitóticos. En un principio resultó bastante difícil elaborar una teoría, dado que no se tenía la menor idea de cuál era la función biológica de la cromatina. Aunque se había dicho que la cromatina no era nada más que nucleína, no todos aceptaban esta conclusión, ni mucho menos. Y dado que nadie sabía tampoco cuál era la función de la nucleína, esta identificación más precisa no servía de gran ayuda.

Estando así las cosas, Weismann insistió en que el material genético estaba localizado en los cromosomas y, aunque los detalles de su teoría de la herencia eran completamente erróneos, dirigió la atención en la dirección correcta. La persona que más contribuyó al conocimiento de los cromosomas fue Boveri. Comenzó con la sencilla observación de que durante la mitosis había un número fijo de cromosomas, y con el material adecuado pudo demostrar la individualidad de dichos cromosomas; es decir, que cada cromosoma poseía ciertas características identificables. Después de que estos cromosomas se «disolvieran» en el material del núcleo en reposo, Boveri demostró que en el siguiente ciclo mitótico reaparecía el mismo número de cromosomas que en el ciclo anterior, y que, además, presentaban las mismas características individuales que en el ciclo anterior. Esto le inspiró la teoría de la continuidad, según la cual los cromosomas no pierden su identidad durante la fase de reposo del núcleo, sino que la mantienen durante toda la vida de la célula. Aunque esta teoría fue duramente atacada por otros destacados citólogos, entre ellos Hertwig, acabó convirtiéndose en la base de la teoría cromosómica de la herencia, de Sutton-Boveri.

La teoría de Boveri se basaba en inferencias. La continuidad de los cromosomas no se podía observar directamente. ¿Contaba Boveri con algún concepto o ideología más profundo que le hiciera estar firmemente convencido de que tenía razón? ¿Contaban sus oponentes con algún otro concepto o ideología profundos que les diera la seguridad de que Boveri estaba equivocado? Lamentablemente, las publicaciones de la época no me han permitido llegar a una conclusión sobre este punto. Sospecho, sin embargo, que algún componente del bagaje conceptual de Boveri y Hertwig fue la causa de su drástica diferencia de opiniones. Ni que decir tiene que ninguno de los dos invocó ley alguna para respaldar sus opiniones. Sus conclusiones se basaban en observaciones, y lo que pensaba cada uno era una inferencia lógica de dichas observaciones. Hasta la fecha, esta discrepancia no se ha explicado en términos que arrojen algo de luz sobre las controversias de los filósofos acerca de la elaboración de teorías. ¿Se podría decir que el debate sobre la continuidad de los cromosomas en la fase de reposo del núcleo fue un nuevo episodio de la controversia preformación/epigénesis, siendo Hertwig el epigenetista y Boveri el preformacionista?

A partir de 1900, los avances en el conocimiento de la célula se dispararon. En un principio, las contribuciones más importantes se hicieron en los campos de la genética y la fisiología celular, seguidas a continuación por la exploración de la estructura íntima de la célula con la ayuda de microscopios electrónicos y, por último, el estudio de todos los componentes del citoplasma por la biología molecular. Aunque las observaciones servían casi invariablemente de punto de partida de nuevos avances, estaba claro que la elaboración de teorías no era el resultado de la simple inducción. Por el contrario, las observaciones planteaban enigmas desconcertantes, que llevaban a conjeturas; las conjeturas se refutaban o confirmaban, y acababan dando lugar a nuevas teorías y explicaciones.

La historia de la citología ilustra de la manera más gráfica posible el progreso gradual de la ciencia, el fracaso de las teorías erróneas, el enfrentamiento entre teorías rivales y la victoria final de la interpretación que, por el momento, tiene más valor explicatorio. Y es indiscutible que la interpretación actual de la célula y sus componentes es infinitamente superior al concepto de la célula que predominaba hace ciento cincuenta años.

¿AVANZA LA CIENCIA MEDIANTE REVOLUCIONES?

Si éste y otros casos nos permiten llegar a la conclusión de que la ciencia hace constantes avances en nuestra comprensión de la naturaleza, lo que tenemos que plantearnos a continuación es cómo se producen estos avances. Este controvertido tema ocupa gran parte de la filosofía de la ciencia contemporánea. Se pueden distinguir dos escuelas principales: 1) la teoría de Thomas S. Kuhn sobre las revoluciones científicas contra la «ciencia normal», y 2) la epistemología evolutiva darvinista.

Pocas publicaciones sobre filosofía de la ciencia han causado tanto revuelo como *Estructura de las revoluciones científicas* de Kuhn (1962). Según la tesis original de Kuhn en la primera edición, la ciencia avanza mediante revoluciones científicas ocasionales, separadas por largos períodos de «ciencia normal». Cuando tiene lugar una revolución científica, una disciplina adopta un «paradigma» totalmente nuevo, que desde entonces domina el siguiente período de ciencia normal.

Las revoluciones (cambios de paradigma) y los períodos de ciencia normal son sólo dos aspectos de la teoría de Kuhn. Otro es la supuesta inconmensurabilidad entre el viejo paradigma y el nuevo. Uno de los críticos de Kuhn asegura que éste utiliza la palabra paradigma por lo menos de veinte maneras distintas en la primera edición de su libro. Más adelante, Kuhn introdujo el término «matriz disciplinaria» para designar el más importante de esos conceptos. Una matriz disciplinaria (paradigma) es más que una nueva teoría; según Kuhn, es un sistema de creencias, valores y generalizaciones simbólicas. Existe una considerable similitud entre la matriz disciplinaria de Kuhn y expresiones como «tradición investigadora», empleadas por otros filósofos[6].

Muchos autores consiguieron confirmar las conclusiones de Kuhn; posiblemente, otros muchos fueron incapaces de hacerlo. Para discutir con provecho los numerosos aspectos de su tesis, es preciso considerar casos concretos y plantearse si el cambio de teoría se ajusta o no a las generalizaciones de Kuhn. Por lo tanto, teniendo presente esta cuestión, he analizado varios importantes cambios de teoría en la historia de la biología.

El progreso de la sistemática

En la ciencia de la clasificación de los animales y plantas (sistemática; véase Capítulo 7) podemos distinguir un período inicial, desde los herbolarios del siglo XVI hasta Linneo, durante el cual casi todas las clasificaciones se hacían por división lógica, y las diferencias entre una clasificación y otra dependían del número de especies clasificadas y de la importancia que se diera a diferentes tipos de caracteres. Este tipo de metodología se denomina *clasificación hacia abajo*.

Con el tiempo se comprendió que la clasificación hacia abajo era en realidad un método de identificación, complementándoselo con un método muy diferente, la *clasificación hacia arriba,* consistente en ordenar jerárquicamente grupos cada vez más grandes de especies relacionadas. No obstante, el método de clasificación hacia abajo se siguió utilizando en las claves, en todas las revisiones taxonómicas, en monografías y en guías de campo para la identificación de especies. Los primeros en utilizar la clasificación hacia arriba fueron algunos herboristas, y después Magnol (1689) y Adanson (1763), pero este método no se empezó a adoptar de manera general hasta el último cuarto del siglo XVIII. No hubo una sustitución revolucionaria de un paradigma

---

[6] Hoyningen-Huene (1993) ha presentado un excelente análisis de las opiniones de Kuhn, incluyendo varios cambios posteriores a 1962. Para críticas anteriores, véase Lakatos y Musgrave (1970).

por otro, puesto que los dos siguieron existiendo, aunque con diferentes objetivos.

Parecía lógico suponer que la aceptación de la teoría de Darwin sobre la ascendencia común (1859) iba a provocar una importante revolución en la taxonomía, pero no fue así. En la clasificación hacia arriba, los grupos se definen sobre la base del mayor número de caracteres comunes. Y, cosa nada sorprendente, los taxones así delimitados suelen consistir en descendientes del antepasado común más próximo. Así pues, la teoría de Darwin no hizo sino justificar el método de clasificación hacia arriba, sin provocar una revolución científica en la sistemática.

Cien años más tarde, después de 1950, surgieron dos nuevas escuelas de macrotaxonomía, la fenética numérica y la cladística. ¿Se puede hablar de revoluciones? La fenética produjo clasificaciones muy poco satisfactorias, de modo que no ejerció gran influencia. Lo que es más: aportó una nueva metodología, pero no un concepto verdaderamente nuevo. En cambio, si nos fijamos en el volumen de literatura producida, sí se podría pensar que la cladística ha representado una importante revolución. En realidad, el método de identificar taxones por los caracteres derivados en grupo ya se había practicado mucho con anterioridad, como el propio Hennig ha reconocido (1950). No obstante, es evidente que la vigorosa y consistente aplicación del análisis cladístico ha ejercido un impacto considerable e indiscutible.

Sin embargo, aunque calificáramos esto como una revolución científica, no ha procedido de acuerdo con la descripción de Kuhn. No ha habido una brusca sustitución de un paradigma por otro diferente, porque han seguido coexistiendo dos sistemas: el sistema de ordenación de Hennig (cladificación) y la metodología darviniana tradicional (clasificación evolutiva). No sólo se diferenciaban en su metodología, sino también en sus objetivos. Al sistema cladístico sólo le interesa descubrir y representar la filogenia, mientras que el sistema evolutivo se propone construir taxones con las especies más similares y de parentesco más cercano, un enfoque que resulta particularmente útil en ecología y en estudios de la vida de los organismos. Los dos enfoques pueden seguir coexistiendo, ya que sus objetivos son totalmente diferentes.

Progresos en biología evolutiva

La biología evolutiva nos ofrece otra ocasión de poner a prueba la teoría de las revoluciones científicas. El sencillo relato bíblico de la creación empezó a perder crédito a finales del siglo XVII. En el siglo XVIII, cuando se empezó a apreciar la larga duración del tiempo geológico y astronómico, cuando se estudiaron las diferencias biogeográficas de las distintas partes del mundo y se describió un gran número de fósiles, se propusieron varias explicaciones nuevas, incluyendo la de las creaciones sucesivas; todas ellas, no obstante, partían de nuevos orígenes. Estas nuevas teorías coexistieron con el relato bíblico de la creación, que aún seguía siendo aceptado por la gran mayoría. El primero que socavó seriamente esta creencia fue Buffon, muchas de cuyas ideas eran completamente contrarias a la imagen del mundo, esencialista-creacionista, que imperaba en su época. De hecho, sus ideas inspiraron el pensamiento evolutivo de Diderot, Blumenbach, Herder, Lamarck y otros. Cuando Lamarck propuso en 1800 la primera teoría sobre auténtica evolución gradual, convenció a muy pocos; no inició ninguna revolución científica. Lo que es más: sus seguidores, como Geoffroy y Chambers, discrepaban en muchos aspectos de Lamarck y entre ellos. Desde luego, Lamarck no provocó la sustitución de un paradigma por otro.

En cambio, nadie puede negar que *El origen de las especies* de Darwin (1859) provocó una auténtica revolución científica. De hecho, muchos la consideran la más importante de todas las revoluciones científicas. Sin embargo, no se ajusta en absoluto a las especificaciones de Kuhn. El análisis de la revolución darvinista plantea considerables dificultades, porque su paradigma consiste en realidad en todo un paquete de teorías, cinco de las cuales son importantísimas (véase Capítulo 9)[7]. Las cosas quedan mucho más claras si hablamos de dos revoluciones científicas de Darwin, la primera y la segunda.

La primera consistió en la aceptación de la evolución de los descendientes de un antepasado común. Esta teoría era revolucionaria en dos aspectos. En primer lugar, sustituía el concepto de creación especial –una explicación sobrenatural– por el de evolución gradual, que era una explicación natural y material. Y en segundo lugar, sustituía el modelo de evolución en línea recta, adoptado por los evolucionistas anteriores, por el de descendencia ramificada, que remontaba la vida a un origen único. Por fin aparecía una solución convincente a lo que numerosos autores, desde Linneo e incluso antes, habían tratado de encontrar: un sistema «natural». No sólo rechazaba todas las explicaciones sobrenaturales, sino que, además, privaba al hombre de su posición única y lo situaba en el mundo animal. La teoría de la ascendencia común se aceptó con notable rapidez y se convirtió en el programa de investigación más activo y seguramente más productivo del período inmediatamente posdarviniano. La razón de que encajara tan bien en las investigaciones sobre morfología y sistemática fue que proporcionaba una explicación

---

[7] Véase Mayr (1991).

teórica de evidencias empíricas previamente descubiertas, como la jerarquía linneana y los arquetipos de Owen y Von Baer. Pero no representó un cambio drástico de paradigma. Es más: si aceptáramos el período transcurrido desde Buffon (1749) hasta el *Origen* (1859) como un período de «ciencia normal», habría que privar de su condición revolucionaria a varias revoluciones menores que ocurrieron durante dicho período: el descubrimiento de la gran edad de la Tierra, el de las extinciones, la sustitución de la *scala naturae* por tipos morfológicos, la identificación de regiones biogeográficas, el descubrimiento del carácter concreto de las especies, y otros. Todos ellos fueron prerrequisitos necesarios para la teoría de Darwin y se podría incluirlos como componentes de la primera revolución darvinista, lo que haría remontar el comienzo de esta primera revolución a 1749[8].

La segunda revolución darvinista la provocó la teoría de la selección natural. Aunque la propuso y explicó perfectamente en 1859, se topó con una oposición tan fuerte, debido a que contradecía cinco ideologías dominantes (el creacionismo, el esencialismo, la teleología, el fisicismo y el reduccionismo), que no consiguió la aceptación general hasta la síntesis evolutiva de los años 30 y la década de 1940. Y en Francia, Alemania y algunos otros países, todavía choca con una fuerte resistencia en la actualidad.

¿Cuándo tuvo lugar esta segunda revolución darvinista? ¿En 1859, cuando se propuso la teoría, o en los años 40, cuando consiguió ser aceptada? ¿Se puede considerar el período de 1859 a 1940 como un período de ciencia normal? Lo cierto es que durante ese período tuvo lugar un considerable número de revoluciones menores en biología, como la refutación de la herencia de caracteres adquiridos (Weismann 1883), el rechazo de la herencia mezclada (Mendel 1866, y muchos trabajos posteriores), el desarrollo del concepto de especie biológica (Poulton, Jordan, Mayr), el descubrimiento del origen de la variación genética (mutación, recombinación génica, diploidía), la apreciación de la importancia de los procesos estocásticos en la evolución (Gulick, Wright), el «principio fundador», el descubrimiento de numerosos procesos genéticos con consecuencias evolutivas, etc. Muchas de ellas ejercieron un impacto revolucionario en el pensamiento de los evolucionistas, pero sin ninguno de los atributos que para Kuhn definen una revolución científica.

Tras la aceptación general de la teoría sintética, digamos que hacia 1950, se propusieron modificaciones de casi todos los aspectos del paradigma de la síntesis, y algunas fueron adoptadas. No obstante, no cabe duda de que desde 1800 hasta nuestros días hubo períodos de relativa

---

[8] Véase Mayr (1972).

calma en la biología evolutiva, y otros períodos de cambios drásticos y fuertes controversias. En otras palabras, no son ciertas ni la imagen kuhniana de revoluciones breves y bien definidas con largos períodos intermedios de ciencia normal, ni la del progreso lento, constante y uniforme.

Sería interesante –pero aún no se ha hecho– estudiar los avances radicales de otros campos de la biología y ver hasta qué punto se los puede considerar revoluciones, si provocaron la sustitución de un paradigma por otro, y cuánto tiempo se tardó en completar la sustitución. Por ejemplo, ¿fueron revoluciones científicas la fundación de la etología (por Lorenz y Tinbergen) o la teoría celular (Schwann, Schleiden)? Posiblemente, el avance más revolucionario de la biología en el siglo XX fue la aparición de la biología molecular, que creó una nueva disciplina con nuevos científicos, nuevos problemas, nuevos métodos experimentales, nuevas publicaciones, nuevos libros de texto y nuevos ídolos culturales; pero, en términos conceptuales, la nueva disciplina no era más que una continuación sin ruptura de los avances de la genética anteriores a 1953; no hubo una revolución en la que se rechazara la ciencia anterior[9]. No hubo paradigmas inconmensurables. Más bien consistió en la sustitución del análisis «de grano grueso» por el de «grano fino» y en el desarrollo de métodos completamente nuevos. El auge de la biología molecular fue revolucionario, pero no fue una revolución kuhniana.

Gradualismo en los avances biológicos

Prácticamente todos los autores que han intentado aplicar la tesis de Kuhn al cambio de teorías en biología han comprobado que no es aplicable a este campo. Incluso en casos en los que se ha producido un cambio revolucionario, éste no tuvo lugar en la forma descrita por Kuhn. Para empezar, no se aprecia una diferencia clara entre las revoluciones y la «ciencia normal». Lo que se advierte es una gradación completa entre cambios teóricos menores y mayores. En cualquiera de los períodos que Kuhn describiría como de ciencia normal tienen lugar numerosas revoluciones menores. Esto lo admite ya en cierta medida hasta el propio Kuhn, pero el aceptarlo no le ha inducido a abandonar su distinción entre revoluciones y ciencia normal[10].

La introducción de un nuevo paradigma no siempre da como resultado, ni mucho menos, la sustitución inmediata del anterior. Lo que suele suceder es que la nueva teoría revolucionaria coexiste con la antigua.

---

[9] Véase Maynard Smith (1984:11-24).
[10] Hoyningen-Huene (1993:197-206).

De hecho, en un momento dado pueden coexistir hasta tres o cuatro paradigmas. Por ejemplo, después de que Darwin y Wallace propusieran la selección natural como mecanismo de la evolución, la selección todavía tuvo que competir durante ochenta años con el saltacionismo, la ortogénesis y el lamarckismo[11]. Estos paradigmas competidores no perdieron crédito hasta la síntesis evolutiva de los años 40.

Kuhn no establece distinciones entre los cambios de teoría provocados por nuevos descubrimientos y los que son el resultado de conceptos totalmente nuevos. Los cambios causados por nuevos descubrimientos suelen tener mucho menos impacto sobre los paradigmas que los movimientos conceptuales. Por ejemplo, la irrupción de la biología molecular con el descubrimiento de la estructura de la doble hélice tuvo muy pocas consecuencias conceptuales y, por lo tanto, apenas hubo cambio paradigmático durante la transición de la genética a la biología molecular.

La misma teoría nueva puede resultar mucho más revolucionaria en unas ciencias que en otras. Un buen ejemplo es la tectónica de placas. Es evidente que esta teoría tuvo un efecto revolucionario, casi podríamos decir cataclísmico, en la geología. Pero, ¿y en la biogeografía? En lo concerniente a la distribución de las aves, apenas hubo que cambiar la narración histórica inferida antes de la tectónica de placas (la única excepción es una conexión del Atlántico Norte a comienzos del Terciario) como consecuencia de la adopción de la nueva teoría[12]. A decir verdad, la distribución de las aves en Australonesia no coincidía en absoluto con las reconstrucciones de la tectónica de placas, pero posteriores trabajos geológicos demostraron que las reconstrucciones geológicas eran defectuosas, y la reconstrucción revisada coincidió bastante bien con los postulados biológicos[13]. La existencia de una Pangea en el Pérmico-Triásico ya había sido postulada por los paleontólogos mucho antes de que se propusiera la tectónica de placas. En otras palabras, la aceptación de la tectónica de placas no afectó a la interpretación de la historia de la vida en la Tierra tanto como afectó a la geología, ni mucho menos.

Muchas veces, el principal efecto de la introducción de un nuevo paradigma es una considerable aceleración de las investigaciones en el campo en cuestión. Un ejemplo perfecto es la proliferación de investigaciones filogenéticas después de que Darwin propusiera la teoría de la ascendencia común. En anatomía comparada y en paleontología, gran parte de las investigaciones posteriores a 1860 se dedicaron a localizar

---

[11] Véase Bowler (1983).

[12] Véase Mayr (1946).

[13] Véase Mayr (1990).

la posición filogenética de taxones concretos, sobre todo los más primitivos y aberrantes. Hay otros muchos casos en los que descubrimientos importantes ejercieron muy poco impacto en la estructura teórica de su campo. El inesperado descubrimiento de Meyen y Remak –que las nuevas células se originan por división de células viejas y no por transformación del núcleo en una nueva célula– tuvo efectos insignificantes. Algo similar ocurrió en la teoría genética cuando se descubrió que el material genético son los ácidos nucleicos y no las proteínas; tampoco en este caso se produjo un cambio notable de paradigma.

La situación es algo diferente cuando se trata del desarrollo de nuevos conceptos. Cuando la teorización de Darwin obligó a incluir al hombre en el árbol de la ascendencia común, provocó una auténtica revolución ideológica. En cambio, como bien observó Popper (1975), no ocurrió lo mismo con el nuevo paradigma mendeliano de la herencia. Nunca se insistirá bastante en que el impacto de los nuevos conceptos es mucho mayor que el de los nuevos descubrimientos. Por ejemplo, la sustitución del pensamiento esencialista por la teoría de poblaciones ejerció un impacto revolucionario en los campos de la sistemática, la biología evolutiva e incluso fuera de la ciencia (en política). Este cambio influyó decisivamente en la interpretación del gradualismo, la especiación, la macroevolución, la selección natural y el racismo. El rechazo de la teleología cósmica y de la autoridad de la Biblia tuvo efectos igualmente drásticos en la interpretación de la evolución y la adaptación.

Al estudiar los cambios de teoría en biología no se encuentra prácticamente ninguna confirmación de la tesis de Kuhn, lo cual nos obliga inevitablemente a preguntarnos en qué se basó Kuhn para proponer su tesis. Dado que muchas de las explicaciones físicas hacen referencia al efecto de leyes universales, de las que carecemos en biología, es bastante posible que las explicaciones en las que intervienen leyes universales sí experimenten revoluciones kuhnianas. Pero también hay que recordar que Kuhn era físico y que sus tesis, al menos tal como las presentaba en sus primeros escritos, reflejan el pensamiento esencialista-saltacionista tan extendido entre los físicos. Para Kuhn, cada paradigma fue en su tiempo una especie de *eidos* o esencia platónica, y sólo podía cambiar al ser sustituido por un nuevo *eidos*. En este marco conceptual, la evolución gradual sería impensable. Las variaciones de un *eidos* son sólo «accidentes», como decían los filósofos escolásticos; y, por lo tanto, la variación durante el período entre cambios de paradigma es esencialmente irrelevante, debiéndoselo considerar como simple ciencia normal.

¿AVANZA LA CIENCIA POR UN PROCESO DARVINIANO?

La imagen del cambio de teoría que Kuhn pintó en 1962 se amoldaba bien al pensamiento esencialista de los fisicistas, pero era incompatible con el pensamiento de un darvinista. Por ello no resulta sorprendente que los darvinistas tuvieran un concepto totalmente diferente del cambio de teorías en biología, que suele denominarse epistemología evolutiva darvinista. Tal como ha indicado Feyerabend (1970), en realidad se trata de un concepto filosófico muy antiguo: «La idea de que el conocimiento puede avanzar mediante el enfrentamiento de opiniones alternativas, y de que depende de la proliferación, se remonta a los presocráticos (esto lo ha recalcado el mismo Popper) y fue desarrollada hasta convertirla en una filosofía natural por Mill (especialmente en *Sobre la libertad*). Los primeros en plantear la idea de que la confrontación de alternativas es decisiva también para la ciencia fueron Mach *(Erkenntnis und Irrtum)* y Boltzmann *(Populärwissenschaftliche Vorlesungem)*, influidos por el impacto del darvinismo.»

La principal tesis de la epistemología evolutiva darvinista es que la ciencia progresa de manera muy parecida a como lo hace el mundo orgánico: por un proceso darviniano. Así pues, el proceso epistemológico se caracteriza por la variación y la selección. En términos más precisos: «Las ideas más sólidas, con mayor verosimilitud, mayor valor explicatorio, mayor capacidad para resolver problemas, etc., sobreviven mejor de una generación a la siguiente, en la lucha por la aceptación» (Thompson 1988:235). Se puede documentar ese proceso, por ejemplo, en las teorizaciones del propio Darwin. En sus años juveniles propuso una teoría evolutiva tras otra, rechazándolas siempre hasta que por fin llegó a su teoría de la evolución por selección natural de la descendencia[14]. También podríamos describir la gran variación de teorías evolutivas que en el período posdarviniano competían con la selección natural –lamarckismo, saltacionismo, ortogénesis–, y cómo la selección natural quedó como única superviviente de dicha competencia. Existe efectivamente una gran similitiud entre la selección natural y la competencia entre conjeturas e hipótesis referentes a un problema epistemológico; una u otra acaba saliendo triunfadora, al menos temporalmente. A nivel superficial, no cabe duda de que el progreso histórico de las teorías científicas se asemeja mucho al proceso darviniano de cambio evolutivo.

Sin embargo, si se analiza más atentamente, se ve que el cambio epistemológico ocurre en realidad de un modo que difiere en muchos as-

---

[14] Véase Barrett *et al.* (1987).

pectos del auténtico cambio evolutivo[15]. La variación entre las diversas teorías, por ejemplo, no se produce al azar, como la variación genética, sino que es fruto del razonamiento de los promotores de dichas teorías. Pero, a pesar de ser cierto, este argumento carece de peso, porque la causa de la variación tiene poca importancia para el proceso darviniano. Darwin, por ejemplo, aceptaba como fuentes de variación algunos procesos lamarckianos que después se refutaron, como el del «uso y desuso» y el efecto directo del ambiente. Incluso en la teoría sintética de los años 40 se aceptan muchas fuentes de variación: mutación, recombinación, variación sesgada, transferencia horizontal, hibridación y otras. Así pues, es irrelevante si la variación se produce por azar o no.

En la epistemología evolutiva, la transmisión de generación en generación es transmisión cultural, una cosa muy diferente de la transmisión genética, por mencionar sólo una de las numerosas diferencias. Además, los grandes avances teóricos («revoluciones kuhnianas») son seguramente más drásticos que los cambios genéticos compatibles con la naturaleza de las poblaciones biológicas.

Aunque es completamente obvio que los cambios epistemológicos no son isomórficos a los cambios evolutivos darvinianos, no deja de ser verdad que se producen según el modelo darviniano básico de variación y selección. En un conjunto de teorías que compiten entre sí, la que prevalecerá en último término será la que se tope con menos dificultades y sea capaz de explicar satisfactoriamente el mayor número de hechos; en otras palabras, la «mejor adaptada». Se trata de un proceso darviniano. En epistemología, como en las poblaciones biológicas, se producen constantemente nuevas variaciones (es decir, nuevas conjeturas). Algunas de ellas se adaptan a la situación mejor que otras; es decir, tienen más éxito y serán aceptadas hasta que sean modificadas o sustituidas por explicaciones aún mejores. La magnitud de los cambios varía mucho: muchos serán muy poco importantes, otros serán suficientemente drásticos como para merecer que se los considere revoluciones. Entre los avances de impacto más revolucionario figuran la descendencia ramificada, la selección natural y el reconocimiento de los ácidos nucleicos (en lugar de las proteínas) como portadores de información genética.

De estas observaciones se pueden sacar las siguientes conclusiones: 1) Efectivamente, en la historia de la biología se han dado revoluciones mayores y menores. Sin embargo, ni siquiera las grandes revoluciones representan necesariamente un cambio brusco y drástico de paradigma. 2) El paradigma anterior y el nuevo pueden coexistir durante largos períodos. No son necesariamente inconmensurables. 3) Las ramas activas de

---

[15] Esto lo ha expuesto muy convincentemente Thagard (1992).

la biología no parecen pasar por períodos de «ciencia normal». Siempre hay una serie de revoluciones menores entre las grandes revoluciones. Sólo se observan períodos sin tales revoluciones en las ramas inactivas de la biología, pero parece inadecuado llamar «ciencia normal» a estos períodos de inactividad. 4) La epistemología evolutiva darvinista parece amoldarse mucho mejor al cambio de teorías en biología que la descripción de Kuhn de las revoluciones científicas. En las ramas activas de la biología se proponen constantemente nuevas conjeturas (variación darviniana) y algunas de ellas tienen más éxito que otras. Se podría decir que son «seleccionadas» hasta ser sustituidas por otras mejores; también podríamos decir que las conjeturas y teorías inferiores o inválidas son eliminadas por la selección hasta que al final solo queda una teoría, la que tiene más éxito al explicar las cosas. 5) Al paradigma imperante le suele afectar mucho más un nuevo concepto que un nuevo descubrimiento.

Por qué es tan difícil lograr el consenso científico

Los no científicos tienden a suponer ingenuamente que cuando se propone una nueva explicación o teoría científica, se acepta sin tardanza. En realidad, en muy pocos casos ha ocurrido que una idea nueva provoque una iluminación instantánea y revolucionaria en su campo. Casi todos los grandes principios de la ciencia moderna han tenido que superar años de resistencia, tanto de dentro como de fuera del ámbito científico. Como hemos visto, la teoría de Darwin y Wallace sobre la selección natural, propuesta en 1859, no fue aceptada por la mayoría de los científicos hasta 1940, más o menos. La deriva continental fue propuesta por Wegener en 1912, aunque ya había habido algunos precursores. Los geofísicos se opusieron casi unánimemente a esta teoría, alegando simplemente que no se conocía ninguna fuerza capaz de mover continentes enteros, y que la teoría no podía explicar la geología del fondo oceánico. Algunos de los casos biogeográficos citados en apoyo de la deriva continental (pautas de distribución del Pleistoceno) se eligieron mal y fueron refutados con facilidad. Sin embargo, poco a poco se fue acumulando más y más evidencia de la deriva continental, sobre todo gracias a las investigaciones de los paleontólogos; y cuando, a principios de los 60, se descubrió la expansión del suelo oceánico y los fenómenos magnéticos asociados, la deriva continental tardó sólo unos pocos años más en ser aceptada[16].

---

[16] Véase Mayr (1952).

Otra teoría que tardó mucho tiempo en ser aceptada fue la de la especiación geográfica (multiplicación de especies). En un principio (1840-1850), basándose en sus observaciones en las islas Galápagos, Darwin defendía la especiación estrictamente geográfica. Pero más adelante (a partir de 1850) aceptó también la especiación simpátrida, y con el tiempo llegó a pensar que éste era el proceso más frecuente y más importante[17]. La opinión de Moritz Wagner (1864, 1889), para quien la especiación suele ser geográfica, fue minoritaria hasta 1942[18]. Durante ochenta años, a partir de 1859, los mapas de distribución de subespecies, especies incipientes y especies estrechamente relacionadas de aves, mamíferos, mariposas y caracoles, convencieron a casi todo el mundo de que la especiación geográfica es el principal modo, y tal vez casi el único, de especiación en los organismos con reproducción sexual. Desde entonces, se han presentado tantos argumentos nuevos a favor de la especiación simpátrida y de otras formas de especiación no geográfica, que aún se sigue debatiendo si en verdad se dan estos otros modos de especiación, y si es así, en qué medida. Está claro que en este debate se enfrentan distintas posturas conceptuales: algunos autores abordan el problema desde el punto de vista de la geografía de poblaciones, mientras que otros derivan sus argumentos de la ecología local.

Hay muchas razones por las que algunas teorías tienen que luchar durante casi un siglo para ser aceptadas, mientras unas pocas ideas nuevas tienen un éxito casi instantáneo; voy a citar seis de ellas[19].

Una razón de que se tarde tanto en alcanzar un consenso es que diferentes conjuntos de pruebas conducen a diferentes conclusiones. Por ejemplo, los que estudian la especiación geográfica son muy conscientes del carácter gradual del proceso de especiación y lo consideran una prueba de la gradualidad de la evolución. En cambio, muchos paleontólogos son igualmente conscientes de la existencia de huecos en todo el registro fósil, no sólo entre especies sino también entre taxones de grado más alto, y consideran esto como una prueba igualmente convincente de la evolución a saltos. Así pues, el problema consiste en encontrar un modo de reconciliar la discontinuidad del registro fósil con la gradualidad del proceso de especiación. Lo han intentado Mayr, Eldredge y Gould, y Stanley[20].

Una segunda razón de que sea tan difícil lograr el consenso es que los científicos discrepantes profesan diferentes ideologías de fondo, por

---

[17] Véase Mayr (1992c).
[18] Véase Mayr (1942).
[19] Éste es el tema principal del magistral volumen de Hull *Science as a process* (1988).
[20] Mayr (1954, 1963, 1982, 1989), Eldredge y Gould (1972), Stanley (1979).

lo cual ciertas teorías son aceptables para un grupo e imposibles de aceptar para otro grupo. Por ejemplo, la teoría de la selección natural era inaceptable en 1859 (y lo siguió siendo durante años) para los creacionistas, teólogos naturales, finalistas y fisicistas deterministas. El cambio de ideologías («paradigmas profundos») se topa con mucha más resistencia que la sustitución de teorías erróneas. Doctrinas como el vitalismo, el esencialismo, el creacionismo, la teleología y la teología natural formaban parte esencial de la visión del mundo de quienes las defendían, y no resultaba fácil renunciar a ellas. En consecuencia, los conceptos contrarios a ellas se difundían muy lentamente, ganando adeptos entre personas que aún no tenían una visión firme del mundo.

Una tercera razón es que, en un momento dado, puede parecer que varias teorías explican con igual eficacia el mismo fenómeno. Un ejemplo es la orientación a larga distancia de las aves, que se ha atribuido a la orientación por el Sol, al magnetismo, al olfato y a otros factores.

En algunos casos, se da un verdadero pluralismo de respuestas posibles. Por ejemplo, se puede alcanzar una especiación completa por adquisición de mecanismos de aislamiento anteriores o posteriores al apareamiento; también puede darse una rápida especiación geográfica en poblaciones fundadoras o en poblaciones reliquiales; o se puede formar una nueva especie por reorganización cromosómica.

A veces no se puede lograr el consenso porque a un biólogo le interesan las causas próximas y a otro las causas evolutivas. Para T. H. Morgan, el dimorfismo sexual se explicaba en términos de cromosomas sexuales y hormonas (causas próximas), mientras que para los estudiosos de la evolución se explica por la selección basada en el éxito reproductivo (una causación evolutiva).

Algunos factores que actúan en contra de la aceptación de nuevas ideas no son estrictamente científicos. Es posible que un autor disguste, o incluso haya ofendido, a los poderes establecidos, mientras otro consigue un éxito inesperado con una teoría que después es refutada, sólo porque pertenece a una camarilla influyente. Cuando los científicos implicados pertenecen a diferentes escuelas, o a países con diferentes sistemas explicatorios tradicionales, el consenso puede resultar muy difícil. Probablemente, en estos casos, la razón primaria era una de las cinco antes citadas, pero una vez que se establece una tradición se tiende a mantenerla tenazmente, a pesar de todas las evidencias en contra. Un ejemplo es la duradera preferencia de muchos autores franceses por una interpretación lamarckiana de la evolución, cuando en otros países el seleccionismo ya se había alzado con la victoria. Las instituciones científicas de un país suelen estar más dispuestas a aceptar la obra de un compatriota, o al menos de un autor que publique en su mismo idioma, que los trabajos de autores extranjeros. Muchos trabajos importantes pasan inadvertidos, a veces por completo, por haber sido publicados en ruso, en japonés, e incluso en idiomas europeos occidentales distintos del inglés. Es más: si las ideas contenidas en estas publicaciones acaban por ser adoptadas, suele ser porque algún otro las ha redescubierto posteriormente, y la prioridad de la primera publicación cae en el olvido.

LOS LÍMITES DE LA CIENCIA

En su famoso ensayo *Ignoramus, ignorabimus* («Ignoramos y siempre ignoraremos»), de 1872, DuBois-Reymond enumeraba una serie de problemas científicos que, según él, la ciencia nunca sería capaz de resolver. Sin embargo, en 1887 tuvo que reconocer que algunos se habían resuelto ya. De hecho, algunos de sus críticos aseguraban que *todos* habían sido ya resueltos en principio o estaban en camino de solucionarse.

De vez en cuando oímos declarar con excesivo entusiasmo que la ciencia puede encontrar solución a todos nuestros problemas. Todo buen científico sabe que eso no es verdad[21]. Algunas de las limitaciones de la ciencia son prácticas, y otras son cuestión de principios. Existe un acuerdo general en que ciertos experimentos con seres humanos quedan descartados por principio; violan nuestros criterios morales e incluso nuestro mismo sentido de lo moral. Por otra parte, ciertos experimentos de «alta física» son, simplemente, demasiado caros para justificar el llevarlos a cabo. También aquí existe un límite definido, aunque en este caso la limitación es de tipo práctico.

Un serio límite práctico de la ciencia es la dificultad de explicar exhaustivamente el funcionamiento de sistemas muy complejos. Estoy convencido de que, con el tiempo, comprenderemos los principios del desarrollo, del funcionamiento del cerebro y del funcionamiento de un ecosistema. Pero si tenemos en cuenta, por ejemplo, que en el cerebro hay más de mil millones de neuronas, el análisis completo y detallado de un proceso mental en concreto puede seguir resultando siempre demasiado complicado.

El mismo problema práctico presentan los mecanismos reguladores del genoma, que son enormemente complicados y que aún estamos muy lejos de comprender. ¿Cuál es la función (si es que la tienen) de las grandes cantidades y distintos tipos de ADN no codificador? En algunos or-

---

[21] Medawar (1984) y Rescher (1984) han analizado lo que es accesible para la ciencia y lo que no. Muchas personas, como DuBois-Reymond, han subestimado el potencial de la ciencia, mientras que otras muchas tienden a sobreestimarlo.

ganismos, este ADN supera en cantidad a la totalidad de los genes codificadores. Suponer que todo este ADN es simplemente un subproducto innecesario («basura») de diversos procesos moleculares es una solución intragable para un darvinista. Se han propuesto explicaciones no darvinistas, pero no convencen. Está claro que ésta es una zona de ciencia sin acabar. Yo supongo que parte de ese ADN es, efectivamente, un subproducto no seleccionado (o todavía no contraseleccionado) de procesos moleculares, pero que otros de sus componentes forman parte de la compleja maquinaria reguladora del genoma.

Casi todos los problemas del tipo «¿qué?» y «¿cómo?» son, al menos en principio, accesibles a la elucidación científica. Pero las preguntas del tipo «¿por qué?» son otra cosa. Muchas de ellas, sobre todo las relacionadas con las propiedades básicas de las moléculas, carecen de respuesta. ¿Por qué el oro tiene color dorado? ¿Por qué las ondas electromagnéticas de cierta longitud de onda producen en nuestros ojos la sensación de «rojo»? ¿Por qué las rodopsinas son las únicas moléculas capaces de traducir la luz a impulsos nerviosos? ¿Por qué los cuerpos responden a la gravedad? ¿Por qué los núcleos de los átomos están compuestos por partículas elementales?

Probablemente, algunas de estas preguntas las responderán la química, la mecánica cuántica o la biología molecular. Pero existen otras «cuestiones profundas», en especial las referentes a valores, que nunca tendrán respuesta. Esto incluye las numerosas preguntas sin respuesta que se plantean a veces los no científicos: «¿por qué existo»?, «¿qué sentido tiene la vida?» o «¿qué había antes de que se formara el universo?». Todas estas preguntas –y su número es infinito– se refieren a problemas que quedan fuera de los dominios de la ciencia.

A veces se plantea la cuestión del futuro de la ciencia. Teniendo en cuenta la insaciable sed de conocimiento del ser humano, el estado incompleto de nuestros conocimientos actuales y el gran éxito de la tecnología basada en la ciencia, no me cabe duda de que la ciencia continuará floreciendo y avanzando como ha hecho durante los últimos doscientos cincuenta años. Tal como ha dicho muy acertadamente Vannevar Bush, la ciencia es, verdaderamente, una frontera infinita.

Capítulo 6

¿Cómo están estructuradas las ciencias de la vida?

La biología, en su estado actual, es una ciencia extraordinariamente diversificada. En parte, ello se debe a que estudia organismos enormemente variados, desde virus y bacterias hasta hongos, plantas y animales. También abarca muchos niveles jerárquicos, desde las macromoléculas orgánicas y los genes hasta las células, tejidos, órganos y organismos completos, más las interacciones y la organización de los organismos en familias, comunidades, sociedades, poblaciones, especies y biotas. Cada nivel de actividad y organización constituye un campo de estudio especializado con nombre propio: citología, anatomía, genética, sistemática, etología, ecología, por mencionar sólo algunos. Pero, además, la biología tiene una amplia gama de aplicaciones prácticas y ha dado origen –o al menos ha participado en ellos– a numerosos campos aplicados, como la medicina, la salud pública, la agricultura, la silvicultura, la cría de animales y plantas, la lucha contra las plagas, las piscifactorías, la oceanografía biológica, etcétera.

Aunque la biología como ciencia moderna tiene origen muy reciente (mediados del siglo XIX), sus raíces, como hemos visto, se remontan a los antiguos griegos. Todavía se reconocen en la actualidad dos tradiciones distintas, que sugieron hace más de dos mil años: la tradición médica, representada por Hipócrates, sus predecesores y sus seguidores; y la tradición de la historia natural. La tradición médica, que en el mundo antiguo alcanzó su culminación con la obra de Galeno (h. 130-200), dio lugar al desarrollo de la anatomía y la fisiología, mientras que la tradición de la historia natural, que culminó con la *Historia de los animales* y otras obras biológicas de Aristóteles, dio origen a la sistemática, la biología comparada, la ecología y la biología evolutiva.

La separación entre la medicina y la historia natural continuó durante toda la Edad Media y el Renacimiento. No obstante, las dos tradiciones estaban conectadas por la botánica, porque este campo, aunque constituía una rama de la historia natural, se centraba en las plantas con propiedades medicinales reales o supuestas. De hecho, todos los grandes botánicos desde el siglo XVI hasta finales del XVIII –es decir, desde Cesalpino hasta Linneo– fueron médicos, con la única excepción de John

Ray. Con el tiempo, los componentes más estrictamente biológicos de la medicina se convirtieron en anatomía y fisiología, mientras que los de la historia natural se convirtieron en botánica y zoología; la paleontología se consideraba asociada a la geología. Esta clasificación de las ciencias de la vida prevaleció desde finales del siglo XVIII hasta bien entrado el XX[1].

La revolución científica afectó muy poco a la biología. Lo que sí tuvo un efecto decisivo fue el descubrimiento, en los siglos XVII y XVIII, de la casi inimaginable diversidad de las faunas y floras en las distintas partes del mundo. El rico botín de los viajes oficiales y de los exploradores a título individual (como las colecciones de plantas de los discípulos de Linneo) dio origen a la creación de colecciones y museos de historia natural, a la vez que impulsó a la sistemática (véase Capítulo 7). De hecho, en tiempos de Linneo la biología consistía casi exclusivamente en sistemática, aparte del estudio de la anatomía y la fisiología en las facultades de medicina.

Durante aquel período, casi todos los trabajos realizados en ciencias de la vida fueron descriptivos. Sin embargo, sería un error considerar que este período de la biología fue estéril en el plano conceptual. La historia natural de Buffon, la fisiología de Bichat y Magendie, la morfología idealista de Goethe, la obra de Blumenbach y sus seguidores Cuvier, Oken y Owen, y las especulaciones de la *Naturphilosophie* sentaron las bases de la mayoría de los grandes avances conceptuales posteriores. Aun así, en vista de la enorme diversidad y del carácter único del mundo vivo, en biología se necesitaba una base de datos mucho más amplia que en las ciencias físicas. De esto se encargaron no sólo la sistemática,

---

[1] La separación tradicional entre zoología y botánica sobrevivió en libros de texto, cursos de enseñanza y clasificaciones de bibliotecas mucho tiempo después de haber sido sustituida por otras maneras de clasificar los dominios de la biología. Sólo conozco una obra dedicada específicamente a discutir la estructura de la biología (Tschulok 1910), pero aún acepta la división tradicional de la biología en botánica y zoología y, por lo tanto, tiene poco interés para el lector moderno.

Sin embargo, los términos zoología y botánica cambiaron de significado a medida que progresaba la investigación biológica. La *Morfología general* de Haeckel (1866) era considerablemente newtoniana y definía la naturaleza como un sistema de fuerzas inherentes a la materia. En consecuencia, hubo que dividir la zoología en morfología (la zoología de la materia) y fisiología (la zoología de las fuerzas). Haeckel incluía también en la fisiología las relaciones de unos organismos con otros y con su ambiente (es decir, la ecología y la biogeografía). La ontogenia y la filogenia quedaron incluidas en la morfología. El estudio del comportamiento, aparentemente, se pasó por alto. Así pues, Haeckel consideraba la ecología, la biogeografía y la sistemática como ramas legítimas de la biología, mientras que el botánico Schleiden, en su intento reduccionista de reformar la botánica, no encontró sitio en su sistema para los aspectos organísmicos de las plantas (Schleiden 1842).

sino también la anatomía comparada, la paleontología, la biogeografía y otras ciencias relacionadas con ellas.

El término «biología» se introdujo en la literatura hacia 1800, en las obras de Lamarck, Treviranus y Burdach[2]. Pero en un principio no existía un campo de investigación que mereciera este nombre. No obstante, el término indicaba una intención o un objetivo, y representaba un cambio respecto a los estudios estrictamente descriptivos y taxonómicos, en favor de un mayor interés por los organismos vivos. Treviranus (1802:4) ofrece esta descripción: «La materia de nuestras investigaciones serán las diversas formas y manifestaciones de la vida, las condiciones y leyes que controlan su existencia y las causas que provocan este efecto. A la ciencia que se ocupa de estos temas la llamaremos biología, o ciencia de la vida.»

Los orígenes de la ciencia de la biología tal como hoy la conocemos tuvieron lugar entre 1828 y 1866, y están asociados a los nombres de Von Baer (embriología), Schwann y Schleiden (teoría celular), Müller, Liebig, Helmholtz, DuBois-Reymond, Bernard (fisiología), Wallace y Darwin (filogenia, biogeografía, teoría de la evolución) y Mendel (genética). La culminación de este apasionante período fue la publicación de *El origen de las especies* en 1859. Los avances realizados en esos treinta y ocho años dieron origen a casi todas las subdisciplinas de la biología que existen en la actualidad.

MÉTODOS COMPARATIVO Y EXPERIMENTAL EN BIOLOGÍA

Desde el *kosmos* griego hasta los tiempos modernos, los filósofos y científicos han empleado dos métodos principales en su búsqueda de algún orden fundamental en la naturaleza. El primero consistía en buscar leyes que explicaran las regularidades observadas. El segundo, en buscar «relaciones». En un principio, esto no significaba relaciones filogenéticas, sino simplemente «tener cosas en común». Y esto sólo se podía determinar por comparación.

El método comparativo obtuvo su mayor triunfo con la obra de Cuvier y sus colaboradores, fundadores de la morfología comparada. En un principio se trataba de una tarea puramente empírica, pero desde que Darwin propuso en 1859 la teoría de la ascendencia común, se fue convirtiendo en un método científico cada vez más riguroso. El método comparativo dio tan buenos resultados que se aplicó a otras disciplinas biológicas, y así surgieron la fisiología comparada, la embriología com-

---

[2] Véase Müller (1983).

parada, la psicología comparada, etc. La macrotaxonomía moderna es casi exclusivamente comparativa.

La nueva ciencia de la biología recibió un importante impulso con la invención y desarrollo de nuevos instrumentos. Los instrumentos inventados por Johannes Müller y sus discípulos y por Claude Bernard fueron decisivos para los primeros avances de la fisiología. Pero ningún instrumento tuvo tanto impacto en el auge de la biología como el microscopio, cada vez más perfeccionado, que permitió el avance de dos nuevas disciplinas biológicas, la embriología y la citología[3].

A partir de 1870 se produjo una escisión en la biología, sin que en aquel momento se entendieran las razones. La biología de las causas evolutivas (con su interés casi exclusivo en la filogenia) se basaba en la comparación y en inferencias derivadas de las observaciones (que para sus oponentes eran puras especulaciones). Por su parte, la biología de las causas próximas (principalmente, la fisiología y la embriología experimental) insistían en el método experimental. Los representantes de estas dos escuelas de biología discutieron vehementemente sobre cuál de las dos era la correcta. Por supuesto, en la actualidad está claro que hay que buscar respuesta a ambos tipos de preguntas.

Cuando se descubrió que la estructura y funcionamiento de las células eran iguales en plantas y animales, y que lo mismo sucedía con la herencia de los caracteres individuales, la antigua división en zoología y botánica dejó de tener mucho sentido. Esto se confirmó al descubrirse la gran similitud de todos los procesos moleculares en ambos reinos –prácticamente son idénticos– y cuando quedó establecido que los hongos y los procariontes son distintos de los animales y de las plantas. Cada vez iba quedando más claro que para clasificar los conceptos biológicos había que buscar nuevos principios de ordenación, que no se basaran en el tipo de organismos.

Tras el progreso de la biología celular y molecular, algunas personas argumentaron que la zoología y la botánica ya no eran necesarias en absoluto. Sin embargo, en ciertos campos, como la taxonomía y la morfología, seguía existiendo la necesidad de tratar por separado los animales y las plantas. También el desarrollo y la fisiología son, en general, bastante diferentes en plantas y animales, y el comportamiento es exclusivo de los animales. Por muy deslumbrantes que sean los avances de la biología molecular, sigue siendo imprescindible una biología de los organismos completos, aunque dicha biología tenga que organizarse de manera muy diferente de la tradicional.

Pero, aparte de estas excepciones, todos los problemas biológicos

---

[3] Schleiden (1838) y Schwann (1839).

conciernen por igual a plantas y animales. Lo más interesante del origen de las nuevas y diversas disciplinas biológicas es que a ellas contribuyeron por igual especialistas en plantas y en animales. El botánico Brown descubrió el núcleo de la célula, y el botánico Schleiden propuso junto con el zoólogo Schwann la teoría celular, posteriormente desarrollada por Virchow, que procedía de la zoología y la medicina. De manera similar, el problema de la fecundación fue resuelto por una serie de descubrimientos realizados por botánicos y zoólogos; y lo mismo sucedió en la citología y más tarde en la genética.

Se han hecho numerosos intentos de elaborar una clasificación racional de todas las disciplinas biológicas para abordar la enorme gama de fenómenos reunidos bajo el encabezado «biología», pero hasta ahora ninguno ha resultado totalmente satisfactorio. Entre todas las clasificaciones de la biología que se han propuesto a lo largo del tiempo, no ha habido ninguna tan equívoca como la que reconocía tres ramas de la biología: descriptiva, funcional y experimental. Esta clasificación no sólo excluía campos enteros de la biología (por ejemplo, gran parte de la biología evolutiva), sino que además no caía en la cuenta de que en todas las ramas de la biología son necesarias las descripciones, y de que el experimento sólo es importante como método de análisis en la biología funcional, casi exclusivamente. Además, el experimento no es importante como método para reunir datos, sino para comprobar conjeturas.

Driesch reveló lo poco que entendía la estructura de la biología cuando comentó que era una suerte que en las universidades alemanas sólo hubiera cátedras de biología experimental, y ninguna de taxonomía. Metió la biología evolutiva, la etología y la ecología en el mismo saco que la taxonomía, y consideraba que todas las ramas de la biología organísmica eran ciencias puramente descriptivas porque no eran experimentales. El comentario de Gillispie «la taxonomía no interesa al historiador» es otro ejemplo de falta de comprensión de las diferentes disciplinas biológicas.

NUEVOS INTENTOS DE ESTRUCTURAR LA BIOLOGÍA

En 1955, el Consejo de Biología organizó un simposio especial dedicado al análisis de los conceptos biológicos y al mejor modo de representar la estructura de la biología[4]. Los criterios en que se basaron los diversos autores para dividir la biología en disciplinas eran de lo más variado. Fue muy bien recibida la división de Mainx en morfología, fi-

---

[4] Véase Gerard (1958).

siología, embriología y unas cuantas materias más, casi todas subdivididas jerárquicamente en citología, histología, fisiología de los órganos,
etc., sobre la base de consideraciones morfológicas. Otra clasificación
que tuvo mucha aceptación fue la propuesta por P. Weiss, que optó por
un enfoque más no menos jerárquico: biología molecular, biología celular, genética, biología del desarrollo, biología regulatoria, biología de
grupos y biología ambiental[5]. Muchas de las secciones de las publicaciones de la Fundación Nacional de Ciencias se titularon siguiendo esta
clasificación. Como detalle interesante (y nada sorprendente), el experi-
mentalista Weiss juntó todos los aspectos de la biología organísmica
(sistemática, biología evolutiva, biología ambiental y comportamiento)
en una sola categoría, «biología de grupos y ambiental», mientras reservaba cinco categorías de igual importancia para niveles jerárquicos por
debajo del organismo completo.

En general, los criterios de clasificación sugeridos por un autor están muy influidos por su formación académica. Si procede de las ciencias físicas o está muy influido por ellas, es probable que insista en el experimento, la reducción y los componentes unitarios, concentrándose en
los procesos funcionales[6]. En cambio, los biólogos que se formaron
como naturalistas tienden a insistir en la diversidad, el carácter único, las
poblaciones, los sistemas, las inferencias a partir de las observaciones y
los aspectos evolutivos.

En 1970, el Comité de Ciencias de la Vida de la Academia Nacional
reconoció doce categorías, siendo las tres últimas campos aplicados: 1)
biología molecular y bioquímica, 2) genética, 3) biología celular, 4) fisiología, 5) biología del desarrollo, 6) morfología, 7) evolución y sistemática, 8) ecología, 9) biología del comportamiento, 10) nutrición, 11)
mecanismos de las enfermedades y 12) farmacología[7]. Esto representaba una mejora respecto a algunos de los otros sistemas, pero también tenía sus problemas, como el de considerar la sistemática y la biología
evolutiva como una única disciplina.

---

[5] Weiss (1953:727).

[6] La posibilidad de reducir la biología a física se ilustraba invariablemente con algunos
procesos fisiológicos simples, omitiendo por completo la biología evolutiva y otros aspectos
de la biología que no se pueden reducir a física (Nagel 1961). Un buen ejemplo de esta actitud es el caso de Needham, que en 1925 (244) describió los recientes cambios ocurridos en
la biología como «el paso de la morfología comparada a la bioquímica comparada» y predi-
jo que, con el tiempo, la bioquímica comparada se transformaría en biofísica electrónica.
También sugería que el interés por la evolución debía dejar paso a la teoría mecanicista de
la vida. Y puesto que «el mecanicismo es un concepto más inclusivo que la evolución, es más
profundo y exige más claramente la cooperación de la filosofía».

[7] Handler (1970).

Con el tiempo, se comprendió que los tipos de preguntas que uno se plantea en una investigación científica pueden servir de base para una clasificación más lógica de las disciplinas biológicas. Las tres grandes preguntas son «¿qué?», «¿cómo?» y «¿por qué?».

Preguntas del tipo «¿qué?»

No se puede hacer ciencia, ningún tipo de ciencia, sin establecer antes una sólida base de datos; es decir, sin registrar las observaciones y descubrimientos en los que se basan las teorías. Así pues, la descripción es un aspecto muy importante de cualquier disciplina científica.

Es curioso, pero la palabra «descriptiva» aplicada a una disciplina científica siempre ha tenido ciertas implicaciones peyorativas. Los fisiólogos tienden a menospreciar el trabajo de los morfólogos diciendo que es descriptivo, a pesar de que gran parte del trabajo de los propios fisiólogos es tan descriptivo como el de los morfólogos. Algunos biólogos moleculares se confiesan avergonzados de que muchos de los trabajos publicados en su campo sean un mero registro de datos (o sea, descriptivos). No hay motivo para sentirse avergonzado, ya que la biología molecular, al ser una rama nueva, necesita, como todas las demás ramas de la ciencia, pasar por esta fase descriptiva.

Sería engañoso reconocer una disciplina aparte, la biología descriptiva. La descripción es el primer paso en cualquier rama de la biología. La taxonomía (identificación de especies y taxones superiores) no es más descriptiva que gran parte de la biología molecular o celular, ni que, por ejemplo, el Proyecto Genoma. Nunca se debe vituperar la descripción, porque es la base indispensable de todas las investigaciones explicatorias e interpretativas en el campo de la biología[8].

Lo que resulta bastante sorprendente es que los propios taxonomistas, antes de Rensch, Mayr, Simpson y Hennig, tuvieran un bajo concepto de los méritos de su propia disciplina. En un coloquio titulado «Tendencias actuales de la teoría biológica», el eminente taxonomista de hormigas W. M. Wheeler (1929:192) dijo que la taxonomía «es la única ciencia biológica que carece de teoría; no es más que diagnóstico y clasificación». Lo erróneo de esta idea quedó demostrado, por ejemplo, en las publicaciones de Hennig, Simpson, Ghiselin, Mayr, Bock, Ashlock y Hull[9].

---

[8] Lorenz (1973a) ha recalcado con mucha razón este aspecto. Mainx (1955:3) ha explicado muy bien el papel de la descripción en la investigación biológica.

[9] Hennig (1950), Simpson (1961), Ghiselin (1969), Mayr (1969), Bock (1977), Mayr y Ashlock (1991), Hull (1988).

Todas las ciencias estudian fenómenos y procesos, pero en algunas ciencias predomina el estudio de fenómenos y en otras el estudio de procesos. Los fisiólogos, empeñados en explicar la maquinaria de la vida, se ocupan casi exclusivamente de procesos. Ahora bien: también los biólogos evolutivos estudian procesos: los que condujeron a cambios evolutivos y sobre todo a nuevas adaptaciones y nuevos taxones. Pero uno de los principales intereses de los naturalistas ha sido siempre el estudio de la diversidad de la vida. El estudio de la diversidad orgánica constituye la materia principal de muchas disciplinas biológicas, en particular la taxonomía y la ecología. Para ello hay que estudiar las interacciones de sistemas complejos y eso requiere una estrategia bastante diferente, por ejemplo, del análisis de procesos fisiológicos simples, estudiados en laboratorio.

El estudio de la diversidad exige invariablemente como primer paso una descripción precisa y completa. Esto se aplica especialmente a la taxonomía (incluyendo la paleontología y la parasitología), la biogeografía, la autecología y todas las ramas de la biología comparada (incluyendo la bioquímica comparada). Esta base descriptiva permite hacer comparaciones que conducen a las generalizaciones que caracterizan a las diversas subdisciplinas de la biología evolutiva. Las críticas sólo están justificadas cuando los científicos no pasan de la descripción. Los resultados más importantes de la ciencia son las generalizaciones y teorías derivadas de los hechos desnudos.

En cualquier campo, la fase de recolección de datos casi nunca se completa. No sólo la ciencia en general tiene una frontera infinita; también la tiene cada una de sus muchas subdivisiones. Cada vez que se encuentran nuevos métodos para reunir datos, se abren horizontes completamente nuevos. Podemos citar como ejemplos la invención del microscopio electrónico en citología, el equipo de submarinismo para la investigación en aguas poco profundas, o los nuevos métodos para recolectar fauna en las copas de los árboles de los bosques tropicales. La zoología de invertebrados experimentó grandes avances cuando se idearon nuevas técnicas para recolectar la mesofauna del fondo marino, la fauna pelágica y bentónica de aguas profundas y los organismos que viven junto a las chimeneas volcánicas de las profundidades oceánicas.

Al repasar la historia de la biología, casi todos los biólogos se avergüenzan del poco caso que se hizo a todos los organismos que no fueran plantas superiores o animales superiores. Por ejemplo, todo lo que no fuera claramente un animal se asignaba tradicionalmente al dominio de la botánica. Sólo en tiempos recientes se han dado cuenta los biólogos de lo distintos que son los hongos de las plantas (de hecho, tienen un parentesco más cercano con los animales), y todavía han tardado más en percatarse de lo radicalmente diferentes que son los procariontes (bacterias y similares) de los eucariontes (protistas, hongos, plantas y animales). En la actualidad, los procariontes están reconocidos como un superreino aparte, y constituyen un llamativo ejemplo de la infinita frontera que existe en la biología, incluso a nivel descriptivo.

Preguntas del tipo «¿cómo?» y «¿por qué?»

Por sí solas, las respuestas a la pregunta «¿qué?» no proporcionaban una solución satisfactoria al problema de cómo clasificar las subdivisiones de la biología. Así pues, consideremos ahora las preguntas «¿cómo?» y «¿por qué?»[10]. En biología funcional, como en todos los aspectos de la fisiología desde el nivel molecular hasta el funcionamiento de órganos completos, la investigación se ocupa principalmente de preguntas del tipo «¿cómo?»: ¿cómo realiza su función una determinada molécula? ¿De qué manera funciona un órgano completo? Estas preguntas, que tratan del aquí y el ahora, se han descrito como el estudio de las causas próximas. Este campo, desde el nivel molecular hasta el de organismos completos, se ocupa principalmente del análisis de procesos.

«¿Cómo?» es la pregunta más frecuente en las ciencias físicas, la que condujo al descubrimiento de las grandes leyes naturales. También fue la pregunta predominante en biología hasta inicios del siglo XIX, porque las principales disciplinas biológicas de entonces –la fisiología y la embriología– estaban dominadas por el pensamiento fisicista. Estas dos disciplinas se ocupaban casi exclusivamente del estudio de causas próximas. A decir verdad, también se planteaban preguntas del tipo «¿por qué?», pero como la ideología dominante en Occidente era el cristianismo, estas preguntas encontraban inevitablemente una respuesta fácil: Dios el Creador (creacionismo), Dios el Legislador (fisicismo) y Dios el Diseñador (teología natural).

Las preguntas del tipo «¿por qué?» se refieren a los factores históricos y evolutivos que explican todos los aspectos de los organismos vivos que existen actualmente o han existido en el pasado. ¿Por qué sólo existen colibríes en el Nuevo Mundo? ¿Por qué los animales del desierto suelen tener la misma coloración que el sustrato? ¿Por qué las aves insectívoras de zonas templadas migran en otoño a regiones subtropicales o tropicales? Estas preguntas, que suelen tener que ver con adaptaciones o con la diversidad orgánica, se han descrito tradicionalmente como la búsqueda de causas remotas. Las preguntas del tipo «¿por qué?» no se

---

[10] Véase Mayr (1961).

consideraron científicas hasta que surgió el concepto de evolución, y específicamente hasta después de 1859, cuando Darwin propuso un mecanismo concreto de cambio: la selección natural.

Muy poca gente es consciente de que fue Darwin el responsable de que las preguntas del tipo «¿por qué?» adquirieran legitimidad científica. Al plantearse estas preguntas, integró en la ciencia toda la historia natural. Los fisicistas como Herschel y Rutherford habían negado a la historia natural la condición de ciencia porque no se ajustaba a los principios metodológicos de la física. La naturaleza de los objetos inanimados, que no tienen un programa genético adquirido a lo largo de la historia, no se puede elucidar mediante preguntas del tipo «¿por qué?». Lo que hizo Darwin fue añadir una nueva e importantísima metodología al instrumental de la ciencia.

La terminología de las causas próximas y remotas tiene una larga historia, que posiblemente se remonta a los tiempos de la teología natural, cuando por «causa última» se entendía la mano de Dios. Se dice que Herbert Spencer hablaba de causas próximas y remotas, pero la referencia más antigua que yo he podido encontrar está en una carta que G. J. Romanes (1897:98) escribió a Darwin en 1880: «Presentar... movimientos moleculares... como toda explicación de la herencia me parece equivalente a decir, por ejemplo, que la causa de una enfermedad poco conocida, como la diabetes, es la persistencia de la fuerza. Nadie duda que ésta sea la causa última, pero los patólogos necesitan alguna causa más próxima si quieren que su ciencia tenga alguna utilidad.»

Considerando lo impreciso de esta declaración, no resulta sorprendente que transcurrieran otros cuarenta años hasta que John Baker (1938:162) introdujo en la literatura una definición mejor. Vale la pena citar completa su utilización de estos términos: «Los animales han desarrollado por evolución la capacidad de responder a ciertos estímulos reproduciéndose. En los climas fríos y templados, suele estar claro que lo hacen en una estación que permita a las crías crecer en condiciones climáticas favorables, y en este sentido se podría decir que dichas condiciones son la causa última de que la época de cría coincida con esa estación en particular. Pero, desde luego, no hay razones que hagan suponer que esas condiciones ambientales concretas, favorables para las crías, sean necesariamente la causa próxima que estimula a los padres a reproducirse. Así pues, la abundancia de insectos que sirvan de alimento para las crías podría ser la causa última de la época de cría, y la duración del día la causa próxima.»

David Lack adoptó en 1954 la terminología de Baker, y yo la adopté en 1961, tomándola de ambos autores (a pesar de que, desde Darwin, causación remota significaba simplemente causación evolutiva). El concepto fue rápidamente desarrollado por Orians (1962) y algunos etólogos. Ya desde antes de 1961, los biólogos perspicaces tenían bien claro que existen estas dos caras de la biología. Weiss (1947:524), por ejemplo, había declarado: «Todos los sistemas biológicos tienen un aspecto dual. Son mecanismos causales y al mismo tiempo productos de la evolución... Es posible que la fisiología desee aferrarse a los fenómenos repetitivos y controlables, dejando para otros las causas singulares y no repetitivas de la evolución histórica.» Pero ni Weiss ni ningún otro profundizó en esta cuestión hasta que yo formalicé la distinción en 1961.

Las causas próximas influyen en el funcionamiento de un organismo y de sus partes, así como en su desarrollo, y de investigarlas se encargan desde la morfología funcional hasta la bioquímica. Tienen que ver con la descodificación de los programas genéticos y somáticos. En cambio, las causas evolutivas (históricas o remotas) intentan explicar por qué un organismo es como es, entendiéndolo como producto de la evolución. Explican el origen y la historia de los programas genéticos. Las causas próximas suelen responder a la pregunta «¿cómo?», mientras que las causas evolutivas suelen responder a la pregunta «¿por qué?».

Lamentablemente, durante gran parte de la historia de la biología de los últimos ciento treinta años se intentó explicar los fenómenos biológicos exclusivamente con una u otra de estas causaciones. Los experimentalistas decían que el desarrollo se debe exclusivamente a procesos fisiológicos en el embrión, mientras que los biólogos evolutivos insistían en que el huevo de un pez siempre se desarrolla hasta transformarse en un pez, y el huevo de rana se transforma en rana, y que fenómenos como la recapitulación no tendrían sentido si no se consideraran los aspectos evolutivos. Muchas de las grandes controversias históricas de la biología, como la controversia nacimiento/crianza en los campos de la herencia y el comportamiento, o la rebelión de la *Entwicklungsmechanik* contra la embriología comparada de Haeckel[11], fueron consecuencia de esta parcialidad.

La continua confusión en la cuestión de las causas próximas y últimas se manifiesta de manera especial en los escritos de los llamados estructuralistas y de los morfólogos idealistas. Su razonamiento básico es antiseleccionista y bastante teleológico; ven lógica, orden y racionalidad en el mundo biológico[12]. El azar, como principio explicativo, está mal visto, y siempre se lo considera una alternativa a procesos selectivos di-

---

[11] Allen (1975:10).

[12] «El estructuralismo da por supuesto que existe un orden lógico en el mundo biológico, y que los organismos se generan siguiendo principios dinámicos racionales» (Goodwin 1990).

rigidos, nunca un proceso simultáneo. Hay que evitar, siempre que sea posible, toda referencia al componente «histórico» (evolutivo) de los fenómenos biológicos[13]. Los estructuralistas no se dan cuenta de que en casi todas las explicaciones biológicas –exceptuando las puramente fisicoquímicas– hay que considerar ambos tipos de causación.

El haber reconocido que la investigación biológica se puede descomponer en estos dos aspectos tan diferentes ha ayudado a resolver varias controversias conceptuales de la biología, ha permitido aclarar cuestiones metodológicas (qué método utilizar en qué casos) y ha facilitado una demarcación más clara entre las diversas disciplinas biológicas. También ha llamado la atención hacia el aspecto histórico de las causas últimas y hacia los mecanismos fisiológicos que intervienen en las causas próximas, y ha demostrado que casi todos los biólogos se dedican generalmente a estudiar o bien causas remotas o bien causas próximas, debido al campo que han elegido para trabajar. Sin embargo, y siempre insisto en ello, ningún fenómeno biológico se puede explicar por completo sin dilucidar sus causas próximas y sus causas remotas. Aunque casi todas las disciplinas biológicas se concentran en uno u otro conjunto de preguntas, todas ellas, en mayor o menor medida, tienen que considerar también el otro tipo de causación.

Permítaseme poner un ejemplo de biología molecular. Una cierta molécula tiene un papel funcional en un organismo. ¿Cómo desempeña esta función, como interactúa con otras moléculas, cuál es su papel en el equilibrio energético de la célula, etc.?... Estas preguntas representan un estudio de las causas próximas. Pero si nos preguntamos por qué la célula contiene esa molécula, qué papel desempeñó en la historia de la vida, cómo puede haber cambiado durante la evolución, en qué y por qué difiere de moléculas homólogas en otros organismos, y preguntas similares, estamos tratando con causas últimas. Igualmente legítimo e indispensable es estudiar un tipo de causación como el otro.

El estudio del comportamiento animal es otro campo que demuestra la estrecha relación entre los dos tipos de causación. Que determinado tipo de organismo manifieste ciertos componentes de conducta es consecuencia de la evolución. Pero para explicar la neurofisiología de una determinada conducta es preciso estudiar las causas próximas por métodos neurofisiológicos.

Las causas próximas afectan al fenotipo, es decir, a la morfología y el comportamiento; las causas remotas ayudan a explicar el genotipo y su historia. Las causas próximas son, en gran medida, mecánicas; las

---

[13] «Sólo si no se pueden encontrar [explicaciones que puedan deducirse de principios generales], se aceptará una explicación histórica, a falta de otra mejor» (Goodwin 1990:228).

causas remotas son probabilísticas. Las causas próximas ocurren aquí y ahora, en un momento concreto, en una fase concreta del ciclo celular de un individuo, durante la vida de un individuo; las causas remotas han actuado durante largos períodos, y más concretamente en el pasado evolutivo de la especie. Las causas próximas son consecuencia del desciframiento de un programa genético o somático ya existente; las causas remotas son responsables del origen de nuevos programas genéticos y de sus cambios. La experimentación suele facilitar la determinación de las causas próximas; las causas últimas se determinan por inferencia a partir de narraciones históricas.

Una nueva clasificación basada en el «¿cómo?» y el «¿por qué?»

¿Qué clasificación de las ciencias de la vida resultaría si las ordenáramos en función de su mayor o menor interés por las causas próximas o evolutivas? Toda la fisiología (fisiología de órganos, fisiología celular, fisiología de los sentidos, neurofisiología, endocrinología, etc.), casi toda la biología molecular, la morfología funcional, la biología del desarrollo y la genética fisiológica caerían en el bando de las causaciones próximas. La biología evolutiva, la genética de transmisión, la etología, la sistemática, la morfología comparada y la ecología encajan mejor en el bando de las causaciones evolutivas.

Este conato de clasificación plantea de inmediato ciertas dificultades, como la necesidad de dividir la genética en genética de transmisión (y de poblaciones) y genética fisiológica; o la de dividir la morfología en funcional y comparada. Pero el caso es que estas disciplinas ya llevan mucho tiempo separadas conceptualmente, aunque sigan agrupadas bajo la misma etiqueta. La morfología funcional, por ejemplo, es estudiada a menudo por morfólogos descriptivos; y en los estudios de filogenia se utilizan con frecuencia métodos moleculares. La ecología es difícil de situar; se ocupa de sistemas muy complejos y, por lo tanto, en casi todos los problemas ecológicos intervienen causas próximas y remotas. Cuando Schwann, Schleiden y Virchow desarrollaron en el siglo XIX la teoría celular, ésta era claramente una rama de la morfología, y aún lo seguía siendo en los tiempos de apogeo del microscopio electrónico; pero la moderna biología celular es en su mayor parte biología molecular.

CAMBIOS DE PODER EN LA BIOLOGÍA

La constante reestructuración de la biología tenía por fuerza que provocar abundantes tensiones, controversias y desórdenes. Cada vez que una nueva subdisciplina tenía éxito, luchaba por ganarse una posición y trataba de atraer la mayor atención posible y la mayor cantidad de recursos, arrebatándoselos a las disciplinas establecidas. En ocasiones, un nuevo campo conseguía imponer prácticamente un monopolio. Cuando me doctoré en Berlín en 1926, varios zoólogos bien informados me aconsejaron que, si quería dedicarme profesionalmente a la zoología académica, me pasara a la *Entwicklungsmechanik*. «Spemann ocupa todas las cátedras vacantes», me dijeron. DuBois-Reymond nunca ocultó su desprecio por la «zoología descriptiva» de su profesor Johannes Müller, aunque, en retrospectiva, sus propios logros como investigador son mucho menos impresionantes comparados con los de Müller. En cada época, la disciplina dominante trataba de desplazar a las competidoras y ocupar todos los puestos que pudiera. La última vez que sucedió esto fue durante el primer florecimiento de la biología molecular. El bioquímico George Wald proclamó a grito pelado que sólo existe una biología, que es la biología molecular; toda la biología es molecular, aseguraba. En varias universidades de Estados Unidos casi todos los biólogos organísmicos fueron por entonces sustituidos por biólogos moleculares.

Dado que las ciencias físicas habían sido tradicionalmente favorecidas por el premio Nobel, por la industria, en las elecciones a la Academia Nacional y en los cargos públicos como asesores, las ramas de la biología más próximas a lo material y al modo de pensar de las ciencias físicas gozaron siempre del favor oficial, mientras otros aspectos de la biología, como el estudio de la biodiversidad, no se tenían nunca en cuenta. Antes de la teoría sintética, los genetistas especializados en evolución no prestaron prácticamente ninguna atención al origen de esta diversidad, uno de los dos problemas principales de la biología evolutiva. Por razones obvias, la biología relacionada con la medicina ha sido siempre uno de los grandes favoritos de las agencias subvencionadoras. Entre proyectos equivalentes, los que cuenten con el apoyo de los Institutos Nacionales de la Salud suelen recibir mayores subvenciones que los respaldados por la Fundación Nacional de Ciencia.

La botánica fue una de las principales víctimas de este tipo de situaciones. En tiempos de Linneo, la botánica era la *scientia amabilis,* y hasta inicios del siglo XX hubo siempre muchos botánicos entre los biólogos más ilustres, sobre todo en los campos de la citología y la ecología. Los llamados «redescubridores» de Mendel (De Vries, Correns y Tschermak) eran botánicos los tres. Pero entonces comenzó una serie de reveses. El estudio de los hongos (micología) se desgajó de la botánica y se convirtió en una disciplina independiente; lo mismo sucedió, y esto tuvo aún más importancia, con el estudio de los procariontes. Aproximadamente a partir de 1910, casi todos los zoólogos se habían hecho especialistas en citología, genética, neurofisiología, comportamiento, etc. Consideraban que estaban tratando con fenómenos biológicos básicos y preferían que se les llamase biólogos, mejor que zoólogos, porque esta palabra, con razón o sin ella, siempre parecía sonarles a morfología o taxonomía. Cada vez se utilizaba con más frecuencia la palabra «biológico» para la combinación de botánica y zoología. Por ejemplo, en 1931, los Laboratorios Biológicos de Harvard se integraron en un Departamento de Biología. En este nuevo departamento había todavía profesores que enseñaban temas estrictamente botánicos, como morfología vegetal, fisiología vegetal, taxonomía vegetal y biología de la reproducción vegetal, pero ahora tenían que competir con otros biólogos especializados en temas zoológicos equivalentes.

En 1947, cuando se fundó el Instituto Americano de Ciencia Biológica (AIBS), incluía la botánica, la zoología y todas las demás disciplinas biológicas. Sin embargo, los botánicos temían (con muy buenas razones) que las características exclusivas de las plantas quedasen olvidadas si la consolidación de la biología iba demasiado lejos. En 1975, cuando la Academia Nacional reorganizó sus subdivisiones, se suprimió la sección de zoología, sustituyéndosela por una sección de biología de poblaciones, evolución y ecología. Se invitó a los botánicos a hacer otro tanto, pero ellos prefirieron mantener su sección. Alegaron que suprimir la sección de biología vegetal conduciría al olvido de las propiedades exclusivas de las plantas. No obstante, muchos botánicos abandonaron la sección de biología vegetal para integrarse en secciones de biología general, como la de genética o la de biología de poblaciones[14].

Pero la botánica no ha sido borrada del mapa, ni mucho menos. Por ejemplo, está a la cabeza en el estudio de la biología tropical. Los herbarios y publicaciones de botánica siguen aportando importantes contri-

---

[14] La historia de las respectivas contribuciones de botánicos y zoólogos al progreso de la biología es absolutamente fascinante, pero aún no se ha escrito. Antes del siglo XIX no existió verdadera zoología; sólo existían sus precursoras, la historia natural y la fisiología (que incluía la embriología). La botánica dominaba claramente, debido a la prominente figura de Linneo. Pero parece que la sustitución de la clasificación hacia abajo de Linneo por la clasificación hacia arriba fue, principalmente, obra de zoólogos, a pesar de las publicaciones pioneras de Adanson y Jussieu. Un caso ejemplar fue el de la citología, un logro conjunto de botánicos (Schleiden) y zoólogos (Schwann), al que contribuyeron de manera importante otros botánicos (por ejemplo, Brown) y otros zoólogos (Meyen, Remak, Virchow). La genética es otro campo a cuyo progreso contribuyeron por igual botánicos (Mendel, De Vries, Johannsen, East, Correns, Müntzing, Nilsson-Ehle, Renner, Baur) y zoólogos (Weismann, Bateson, Castle, Morgan, Chetverikov, Muller, Sonneborn), por mencionar sólo a algunos de los fundadores de esta rama.

buciones a la biología, y los departamentos de botánica mantienen su actividad en muchas universidades. De hecho, como consecuencia del moderno movimiento conservacionista, la botánica es ahora más productiva que en el período anterior.

Casi invariablemente, los representantes de una nueva tradición, los fundadores de una nueva disciplina, piensan que han dejado obsoleta una de las subdivisiones clásicas de la biología. En realidad, incluso las ramas más tradicionales de la biología –sistemática, anatomía, embriología y fisiología– siguen siendo necesarias, no sólo como bancos de datos, sino también porque todas ellas tienen fronteras infinitas e inexploradas y todas siguen siendo necesarias para redondear nuestra visión del mundo vivo. Parece que cada disciplina tiene una edad de oro, y muchas han tenido varias. Pero incluso cuando se impone la ley de disminución de beneficios, nada justifica la abolición de una disciplina que se ha convertido en «clásica»[15].

BIOLOGÍA, UNA CIENCIA DIVERSIFICADA

En los capítulos 1 y 2 se insistía en las características y conceptos que distinguen la biología de las ciencias físicas, la teología, la filosofía y las humanidades. Casi igual de importantes son las diferencias conceptuales dentro de la propia biología. Cada rama de la biología tiene su propio banco de datos, su propio conjunto de teorías, su propia estructura conceptual, sus propios libros de texto, publicaciones y sociedades científicas. Hay que reconocer que existen similitudes entre las disciplinas biológicas que se ocupan de causas próximas, y entre las que se especializan en causas remotas, pero aun así difieren mucho en cuanto a teorías predominantes y conceptos fundamentales.

Analizar todos los campos especializados de la biología exigiría mucho más espacio que el disponible en este libro y estaría muy por encima de mis posibilidades. Lo que me propongo hacer en los capítulos siguientes es analizar cuatro campos –sistemática, biología del desarrollo, evolución y ecología–, que me servirán de ejemplos para exponer la lucha entre conceptos opuestos y la relativa madurez de la actual estructura conceptual de dichos campos.

Pero antes de abordar esa tarea, tal vez debería explicar mejor algo que dije en el Prefacio: mis razones para no incluir en mi análisis ciertas disciplinas. Algunas disciplinas biológicas abarcan en cierto modo todo

---

[15] Este carácter indispensable de las disciplinas clásicas ha sido recalcado por Stern (1962) y Mayr (1963a).

lo que concierne a los organismos vivos. Este es, sin duda, el caso de la genética. El programa genético es el factor subyacente de todo lo que hacen los organismos. Desempeña un papel decisivo en la formación de la estructura del organismo, en su desarrollo, sus funciones y sus actividades. En términos didácticos, el modo más informativo de abordar los conceptos de la genética sería utilizando como vehículo la propia historia de la genética. Eso fue lo que intenté hacer en mi *Growth of Biological Thought*. Pero ahí sólo me ocupé de la genética de transmisión. Debido al auge de la biología molecular, ahora se le da más importancia a la genética del desarrollo, y este tipo de genética se ha convertido a todos los efectos en una rama de la biología molecular.

Más formidables, quizá insuperables, son los problemas que plantea la biología molecular. En los campos de la fisiología, el desarrollo, la genética, la neurobiología o el comportamiento, los responsables últimos de lo que ocurre son procesos moleculares. Se han encontrado ya algunos fenómenos unificadores, como los homeoboxes; otros se perciben confusamente. Pero siempre que he intentado presentar una visión general de la biología molecular en conjunto, he quedado abrumado por la masa de detalles. Por esta razón no he dedicado ninguna sección especial de este libro a la biología molecular, aunque en los capítulos 8 y 9 resalto algunas de las principales generalizaciones («leyes») descubiertas por los biólogos moleculares. La razón de no haber dedicado más espacio a esta disciplina no es que la considere menos importante que otras ramas de la biología –al contrario–, sino que su tratamiento exige una competencia de la que yo carezco. Lo mismo sucede con la neurobiología y la psicología, que también son sumamente importantes. No obstante, tengo la esperanza de que mi tratamiento de la biología en conjunto arroje alguna luz sobre las ramas de esta ciencia que no se analizan con detalle en este libro.

Capítulo 7

El «qué». El estudio de la biodiversidad

El aspecto más impresionante del mundo vivo es su diversidad. En las poblaciones con reproducción sexual no existen dos individuos idénticos; tampoco existen dos poblaciones, dos especies o dos taxones superiores idénticos. Cuando observamos la naturaleza, vemos casos únicos.

Nuestro conocimiento de la diversidad de la vida ha ido creciendo exponencialmente durante los últimos trescientos años. Comenzó con los viajes de exploración y el trabajo de exploradores a título individual, cuyas observaciones y colecciones revelaron diferencias en las faunas y floras de todo nuevo continente e isla que se exploraba. Vino a continuación el estudio de los organismos marinos y de agua dulce, incluyendo los de las profundidades oceánicas, que reveló otra dimensión de la biodiversidad. La investigación de los animales y plantas microscópicos, los parásitos y los restos fósiles nos proporcionó nuevas pruebas del carácter único de los biotas terrestres. Por último, tuvo lugar el descubrimiento y estudio científico de los procariontes (bacterias y similares), tanto actuales como fósiles. El campo concreto de investigación que se ocupa de describir y clasificar esta vasta diversidad de la naturaleza se llama taxonomía.

Tras un brote inicial de interés por la clasificación, obra de Aristóteles y Teofrasto hacia 330 a.C., la taxonomía sufrió un largo declive hasta el Renacimiento. Hubo un segundo florecimiento gracias a la obra de Linneo (1707-1778), seguido por otro declive que no terminó hasta que Darwin publicó *El origen de las especies* en 1859[1]. Esta obra era esencialmente el fruto de una investigación taxonómica, y la taxonomía ha seguido desempeñando importante papel en el desarrollo de la teoría evolutiva, sirviendo de base al concepto de especie biológica y a importantes teorías sobre la especiación y la macroevolución (véase más adelante).

Consciente de que el estudio de la biodiversidad es mucho más que

---

[1] A continuación hubo un período de intensa preocupación por la filogenia y la macrotaxonomía, pero la taxonomía básica quedó bastante relegada, e incluso despreciada, durante el período de esplendor de la biología experimental. Entre los años 20 y 50 floreció la nueva sistemática (Mayr 1942), seguida entre 1960 y 1990 por la taxonomía numérica y la cladística.

mera descripción y catalogación, Simpson propuso restringir el término «taxonomía» a los aspectos tradicionales de la clasificación, y aplicar el de «sistemática» al «estudio científico de los tipos de organismos, de su diversidad y de todas las relaciones existentes entre ellos». Así pues, la sistemática se concibió como la ciencia de la diversidad, y este nuevo concepto ampliado ha sido aceptado por casi todos los biólogos[2].

La sistemática no sólo incluye la identificación y clasificación de organismos, sino también el estudio comparativo de todas las características de las especies y la interpretación del papel de los taxones inferiores y superiores en la economía de la naturaleza y en la historia evolutiva. Muchas ramas de la biología dependen totalmente de la sistemática; esto incluye la biogeografía, la citogenética, la oceanografía biológica, la estratigrafía y ciertas partes de la biología molecular[3]. Es una síntesis de conocimientos de muchos tipos, teorías y métodos aplicados a todos los aspectos de la clasificación. El objetivo de la sistemática no es simplemente describir la diversidad del mundo vivo, sino, además, contribuir a su comprensión[4].

LA CLASIFICACIÓN EN BIOLOGÍA

En la vida cotidiana hay gran cantidad de cosas muy diferentes con las que sólo podemos tratar clasificándolas. Las clasificaciones sirven para ordenar instrumentos, medicinas y obras de arte, y también teorías, conceptos e ideas. Para clasificar, agrupamos los objetos en clases según sus atributos comunes. Así pues, una clase es una agrupación de entidades similares y relacionadas entre sí.

Todo sistema de clasificación tiene dos funciones principales: facilitar la recuperación de información y servir de base para estudios comparativos. La clasificación es la clave del sistema de almacenamiento de información en todos los campos. En biología, este sistema de almacenamiento de información está formado por las colecciones de los museos y la vasta literatura científica contenida en libros, revistas y otras publicaciones. La calidad de todo sistema de clasificación se mide por su ca-

---

[2] Simpson (1961).

[3] Para un comentario más detallado de la contribución de la taxonomía a la fundación de nuevas disciplinas biológicas, véase Mayr (1982:247-250).

[4] La sistemática es un campo rico en teoría, pero por desgracia esto lo ignoran incluso muchos sistemáticos. El eminente especialista en hormigas Wheeler declaró en 1929: «La taxonomía es la única ciencia biológica que no tiene teoría; no es más que diagnóstico y clasificación» (1929:192).

pacidad de facilitar el almacenamiento de información en divisiones relativamente homogéneas, y de permitir la rápida localización y recuperación de dicha información. Las clasificaciones son sistemas heurísticos.

Si se tiene en cuenta que clasificar es una actividad humana que comenzó con nuestros antepasados más primitivos, resulta sorprendente que todavía exista tanta incertidumbre y discrepancia acerca de la naturaleza de la clasificación. Y considerando lo importante que es el proceso de clasificación en todos los campos de la ciencia, resulta curioso que los filósofos de la ciencia posteriores a Whewell (1840) hayan descuidado tanto este tema. No obstante, la persona que intente clasificar organismos puede seguir algunas reglas elementales derivadas de actividades cotidianas como clasificar libros en una biblioteca o artículos en una tienda: 1) las entidades que se van a clasificar deben agruparse en clases que sean lo más homogéneas posible; 2) cada entidad individual debe incluirse en la clase con cuyos miembros comparta el mayor número de atributos; 3) si una entidad es tan diferente que no se puede incluir en ninguna de las clases ya establecidas, se crea una clase aparte para ella; 4) el grado de diferencia entre las clases se expresa ordenándolas en una jerarquía de conjuntos. Cada nivel de categoría en esta jerarquía representa un cierto nivel de diferenciación. Estas reglas se aplican también a la clasificación de organismos, aunque para el mundo vivo se necesitan unas cuantas reglas adicionales.

Dado que la investigación taxonómica es indispensable en muchas ramas de la biología, si no en todas, resulta sorprendente lo olvidada y desprestigiada que ha estado en los últimos tiempos. El principal método en muchas disciplinas biológicas es la comparación, pero ninguna comparación podrá llegar a conclusiones significativas si no está basada en una taxonomía sólida. De hecho, no hay ninguna rama de la biología comparativa –desde la anatomía comparada y la fisiología comparada hasta la psicología comparada– que en último término no se base por completo en los hallazgos de la taxonomía.

Las múltiples funciones de la taxonomía en biología se pueden resumir del siguiente modo: 1) Es la única ciencia que proporciona una imagen de la diversidad orgánica que existe en la Tierra. 2) Aporta la mayor parte de la información necesaria para reconstruir la filogenia de la vida. 3) Revela numerosos e interesantes fenómenos evolutivos, poniéndolos a disposición de otras ramas de la biología. 4) Ella sola proporciona casi toda la información necesaria para ramas enteras de la biología (como la biogeografía y la estratigrafía). 5) Aporta sistemas de ordenación –o clasificaciones– que tienen gran valor heurístico y explicativo en muchas ramas de la biología, como la bioquímica evolutiva, la inmunología, la ecología, la genética, la etología y la geología histórica. 6) Sus principales exponentes han hecho importantes contribuciones conceptuales, como el concepto de poblaciones (véase Capítulo 8), que de otro modo no habrían sido de fácil acceso para los biólogos experimentales. Estas contribuciones conceptuales han ampliado de modo significativo la biología y han facilitado un mejor equilibrio en el conjunto de la ciencia biológica.

El taxonomista pone orden en la mareante diversidad de la naturaleza, procediendo en dos etapas. La primera es la discriminación de las especies, una tarea denominada *microtaxonomía*. La segunda consiste en la clasificación de dichas especies en grupos relacionados, que se denomina *macrotaxonomía*. En consecuencia, Simpson (1961) definió la taxonomía, o combinación de ambas tareas, como «la teoría y práctica de delimitar tipos de organismos y clasificarlos».

MICROTAXONOMÍA: LA DEMARCACIÓN DE ESPECIES

La identificación, descripción y delimitación de especies es una actividad muy diferente de otras tareas del taxonomista. Es un campo plagado de dificultades semánticas y conceptuales que suelen denominarse «el problema de la especie». La palabra «especie» significa simplemente «tipo de organismo», pero como la variación es tan impresionante en el mundo vivo, es preciso definir con exactitud lo que uno quiere decir con «tipo». Un macho y una hembra son dos tipos de organismos distintos, y también lo son las crías y los adultos. Cuando se creía que las especies habían sido creadas por separado, se pensaba que cada especie estaba formada por los descendientes de la primera pareja creada por Dios.

Los naturalistas que estudiaban organismos superiores, como las aves y los mamíferos, rara vez tenían dudas sobre lo que eran las especies. Pare ellos, una especie era simplemente un grupo de organismos diferente de otros grupos similares, y «diferente» quería decir que diferían en características morfológicas visibles. Este concepto de especie tuvo una aceptación casi universal hasta el último tercio del siglo XIX. A los organismos que diferían, pero no tanto como para considerarlos de especies distintas, Linneo e incluso Darwin los llamaron variedades. Este concepto de especie se denominó tipológico o esencialista (y también, incorrectamente, concepto morfológico de especie).

El concepto tipológico de especie postulaba cuatro características de la especie: 1) una especie consta de individuos similares que tienen en común la misma «esencia»; 2) cada especie está separada de las demás por una clara discontinuidad; 3) cada especie es constante en el espacio y en el tiempo; y 4) la posible variación dentro de una especie es muy limitada. Los filósofos llamaban «tipos naturales» a estas especies concebidas desde un punto de vista esencialista.

En el transcurso del siglo XIX, las debilidades de este concepto tipológico o esencialista de la especie se fueron haciendo cada vez más evidentes. Darwin refutó de manera concluyente la idea de que las especies eran constantes. Los estudios de la variación geográfica y, en especial, los análisis de poblaciones locales, confirmaron que las especies están compuestas por poblaciones que varían de un sitio a otro y que dentro de cada población hay variación entre individuos. En la naturaleza no existen tipos ni esencias.

Además de estas objeciones conceptuales al concepto tipológico de especie, éste presentaba un inconveniente puramente práctico: que muchas veces no servía para delimitar el taxón «especie». En muchos casos, la variación morfológica dentro de poblaciones reproductoras, y entre poblaciones del mismo «tipo», era mayor que las diferencias entre poblaciones morfológicamente similares que no se cruzaban una con otra. Así pues, para delimitar especies no bastaba con un criterio puramente morfológico. La situación empeoró cuando se descubrieron las especies hermanas: poblaciones naturales aisladas reproductivamente (es decir, que no son capaces de cruzarse debido a barreras fisiológicas o de comportamiento), pero que no presentan ninguna diferencia morfológica entre una y otra. Ya se han encontrado poblaciones de este tipo en casi todos los taxones superiores de animales, y también existen entre las plantas. Se hizo necesario buscar un criterio diferente para delimitar las especies, encontrándoselo en el aislamiento reproductivo de las poblaciones.

De este criterio de no cruzamiento surgió el llamado concepto biológico de especie. Según este concepto, una especie es un conjunto de poblaciones naturales capaces de cruzarse unas con otras, y aislado reproductivamente (genéticamente) de otros grupos similares por barreras fisiológicas o de comportamiento. La única manera de entender plenamente lo adecuado de este concepto de especie biológica es plantearse preguntas darvinianas del tipo «¿por qué?»: ¿por qué existen especies? ¿Por qué la naturaleza no se compone simplemente de un conjunto homogéneo de individuos similares o más o menos divergentes, pero todos capaces en principio de cruzarse con todos los demás? El estudio de los híbridos proporciona la respuesta. Si los padres no pertenecen a la misma especie (como en el caso de los caballos y los burros, por ejemplo), los descendientes (mulos) son híbridos que suelen ser más o menos estériles y de viabilidad reducida, al menos en la segunda generación. Por lo tanto, tendrá ventaja selectiva cualquier mecanismo que favorezca el apareamiento de individuos con parentesco cercano (conespecíficos) y evite el apareamiento de individuos con parentesco más lejano. Esto se consigue con los mecanismos de aislamiento reproductivo de la especie. Así pues, una especie biológica es una institución para proteger a los genotipos armoniosos y bien equilibrados.

El concepto biológico de especie se llama «biológico» porque presenta una razón biológica para la existencia de especies en los organismos: la evitación de cruzamientos entre individuos incompatibles. Es accesorio que la especie posea también otras propiedades, como la ocupación de un nicho ecológico delimitado y ciertas características morfológicas o de comportamiento, que la distinguen de otras especies[5].

Una de las principales razones de la aceptación casi universal del concepto biológico de especie es su utilidad en muchos campos de investigación biológica. A los ecólogos, a los especialistas en comportamiento, a los que estudian biotas locales, e incluso a los fisiólogos y biólogos moleculares, les interesan las poblaciones que pueden coexistir sin interfecundarse. En muchos casos, los estudiosos de los organismos vivos identifican las especies no por los criterios morfológicos de los tipólogos, sino por aspectos de su comportamiento, su modo de vida o sus moléculas.

La definición biológica de especie se puede aplicar sin dificultad siempre que en una misma localidad coexistan poblaciones en condiciones de reproducirse. Pero presenta problemas en dos tipos de circunstancias. La primera, cuando se trata de organismos con reproducción uniparental (asexual), que no tienen poblaciones y no se aparean. Evidentemente, a estos organismos no se les puede aplicar el concepto biológico de especie. Todavía no está claro cuáles pueden ser los mejores criterios para discriminar especies en los organismos asexuales. Se han propuesto como criterios los grados de divergencia morfológica entre clones y las diferencias en la utilización del nicho, pero no se los ha puesto a prueba adecuadamente. En la jerarquía linneana, estas especies agámicas se sitúan en la categoría «especie».

El segundo problema que puede surgir al aplicar el concepto biológico de especie a la delimitación de especies es que las poblaciones de una especie rara vez están confinadas en una sola localidad geográfica limitada. Por el contrario, suelen estar repartidas por regiones más o menos extensas. Cuando estas poblaciones son visiblemente diferentes unas de otras, se las suele describir como subespecies. Muchas veces, las subespecies forman parte de una serie continua de poblaciones

---

[5] Véase Mayr (1996).

que se cruzan entre sí e intercambian genes. Pero muchas subespecies están geográficamente aisladas y no tienen ocasión de intercambiar genes con otras; el resultado es que divergen morfológicamente. Con el tiempo, estas subespecies pueden llegar a alcanzar la categoría de especies, por haber adquirido un nuevo conjunto de mecanismos de aislamiento. Las especies que constan de varias subespecies se llaman politípicas. Las que no están subdivididas en subespecies se llaman especies monotípicas.

Cuando algunas de las poblaciones más distantes están completamente aisladas geográficamente de todas las demás poblaciones de la especie, surge la pregunta: estas poblaciones aisladas, ¿siguen siendo miembros de la especie parental? ¿Qué criterios se pueden aplicar para decidir cuál de estas poblaciones puede considerarse una especie aparte y cuáles pueden combinarse en una especie politípica? La condición de especie de las poblaciones geográficamente aisladas sólo se puede determinar por inferencia, y en concreto por el grado de diferencia morfológica[6].

El concepto biológico de especie tardó en llegar. Buffon entendía su esencia[7], y Darwin, en sus notas sobre la transmutación, decía que la condición de especie «es simplemente un impulso instintivo de mantenerse aparte». Hablaba de la «repugnancia mutua» de las especies a cruzarse unas con otras, e indicó que dos auténticas especies pueden «diferir muy poco en caracteres externos»; en otras palabras, que la condición de especie tiene poco que ver con el grado de diferencia morfológica. Lo curioso es que en sus escritos posteriores Darwin rechazó este concepto biológico, adoptando un concepto más tipológico.

En la segunda mitad del siglo XIX y el primer tercio del XX fue aumentando el número de naturalistas que describían las especies según sus características biológicas. Aunque no propusieron ninguna definición oficial, es evidente que autores como Poulton, K. Jordan y Stresemann aceptaban el concepto biológico de especie. Sin embargo, no se lo adoptó oficialmente hasta que yo propuse una definición formal en 1940 y aporté abundante material en apoyo del concepto biológico de especie en mi libro de 1942 *Sistemática y el origen de las especies*.

Lo que más contribuyó a la aceptación del concepto biológico de especie fue la fragilidad de los conceptos que competían con él. Entre ellos figuraban el concepto nominalista de especie, el concepto evolutivo, el

---

[6] El modo de llevar a cabo esta inferencia se explica en los libros de texto de taxonomía (Mayr y Ashlock 1991:100-105). Los paleontólogos encuentran problemas análogos en la dimensión temporal.

[7] Sloan (1986).

filogenético y el de reconocimiento. Ninguno de ellos resulta tan práctico como el concepto biológico a la hora de delimitar especies, aunque todos ellos siguen contando con cierto apoyo en la actualidad.

Otros conceptos de especie

Según el concepto nominalista de especie, en la naturaleza sólo existen individuos y la especie es un artefacto humano. Son, pues, las personas, y no la naturaleza, las que «crean» especies, agrupando individuos bajo un nombre. Pero esta arbitrariedad no concuerda con las situaciones que uno encuentra en cualquier exploración del mundo natural. Un naturalista que observa, por ejemplo, las cuatro especies de carboneros (gén. *Parus)* de un bosque británico, o las especies de mosquiteros (gén. *Phylloscopus)* de un bosque de Nueva Inglaterra, sabe que la delimitación de especies no tiene nada de arbitrario y que esas especies son productos de la naturaleza. Lo que a mí más me convenció fue el hecho de que los nativos de las montañas de Nueva Guinea, que viven aún en la Edad de Piedra, distinguen y dan nombre diferente exactamente a las mismas especies que distinguen los naturalistas occidentales. Hace falta una gran ignorancia de los organismos vivos y de la conducta humana para adoptar el concepto nominalista de especie.

El concepto evolutivo de especie ha sido defendido sobre todo por paleontólogos que siguen las especies en la dimensión temporal. Según la definición de Simpson (1961:153), «una especie evolutiva es un linaje (una línea de descendencia de poblaciones) que evoluciona por separado de otros y que tiene su propio papel evolutivo unitario y sus propias tendencias evolutivas». El principal problema de esta definición es que se aplica igualmente a casi cualquier población aislada. Además, un linaje no es una población. Por añadidura, elude las cuestiones cruciales de qué es un «papel unitario» y de por qué las líneas filéticas no se cruzan unas con otras. Por último, ni siquiera cumple su objetivo de delimitar el taxón especie en la dimensión temporal, porque en un único linaje filético que evoluciona gradualmente, el concepto evolutivo de especie no permite determinar en qué punto comienza una nueva especie y en qué punto termina, y qué parte de dicho linaje tiene un «papel unitario». La definición evolutiva de especie no aborda el meollo del problema: la causación y mantenimiento de discontinuidades entre especies contemporáneas. Es más bien un intento de delimitar taxones de especies fósiles, pero incluso en este intento falla.

La definición evolutiva de especie pasa por alto el hecho de que las nuevas especies pueden originarse por dos procesos: 1) la transformación gradual de un linaje filético en una especie diferente sin que varíe el número de especies, y 2) la multiplicación de especies debida al aislamiento geográfico (como observó Darwin en las islas Galápagos). Las dificultades con que se topa el taxonomista se deben casi invariablemente al segundo proceso, la multiplicación de especies en la dimensión horizontal (espacio), y no a la transformación de especies en la dimensión vertical (tiempo). La definición biológica de especie aborda directamente el problema de la multiplicación de especies, mientras que la definición evolutiva no lo tiene en cuenta y sólo se ocupa de la evolución filética. Por lo general, cuando hablamos de especiación nos referimos a la multiplicación de especies.

Según el concepto filogenético de especie, adoptado por muchos cladistas (véase más adelante), se origina una nueva especie cuando en una población surge un nuevo «apomorfismo». Dicho apomorfismo puede ser muy pequeño, como la mutación de un solo gen. Habiendo observado que en casi todos los afluentes de los ríos de América Central las especies de peces tenían genes endémicos locales, Rosen propuso ascender todas estas poblaciones a la categoría de especies[8]. Uno de sus críticos comentó con mucha razón que, dada la alta frecuencia de mutaciones génicas neutras, lo más probable es que todo individuo se diferencie de sus padres al menos en un gen. Y teniendo esto en cuenta, ¿cómo decidir si una población es suficientemente diferente como para considerarla una especie aparte? Esta observación demostraba claramente que es absurdo intentar aplicar al problema de la especie los conceptos cladísticos de la macrotaxonomía (más adelante seguiremos hablando de cladística).

El concepto del reconocimiento, propuesto por H. Paterson, no es más que otra versión del concepto biológico de especie, que Paterson no entendió bien[9].

El concepto de especie, la categoría especie y el taxón especie

La palabra «especie» se aplica a tres entidades o fenómenos muy diferentes: 1) el concepto de especie, 2) la categoría especie, y 3) el taxón especie. La incapacidad de algunos autores para distinguir entre estos tres significados tan diferentes de la palabra «especie» ha dado lugar a infinitas confusiones en la literatura.

El concepto de especie es el significado biológico, o definición, de

---

[8] Rosen (1979).
[9] Mayr (1988a), Coyne y otro (1988).

la palabra «especie». La categoría especie es un nivel concreto de la jerarquía linneana, la jerarquía tradicional de ordenación de los organismos. Cada nivel de esta jerarquía (especie, género, familia, orden, etc.) constituye una categoría. Para determinar si una población merece la categoría de especie, se comprueba si se ajusta a la definición de especie. Los taxones que llamamos especies son poblaciones concretas, o conjuntos de poblaciones, que se ajustan a la definición de especie; son casos particulares («individuales») y por lo tanto no se pueden definir, sólo describir y delimitar unos de otros.

En tiempos de Linneo, la identificación de especies interesaba casi exclusivamente a los taxonomistas, pero ya no es así. Los biólogos evolutivos saben ahora que la especie es la entidad fundamental de la evolución. Cada especie es un experimento biológico y, en el caso de especies incipientes, no hay manera de predecir si el nuevo nicho en el que está entrando es un callejón sin salida o la entrada a una nueva y extensa zona adaptativa. Aunque los evolucionistas hablan a menudo de fenómenos generales, como tendencias, adaptaciones, especializaciones y regresiones, estos conceptos no se pueden desligar de las entidades que presentan dichas tendencias: las especies. Debido a su aislamiento reproductivo, los procesos evolutivos que tienen lugar en una especie están limitados a esa especie y sus descendientes. Por eso la especie es el sujeto del cambio evolutivo.

La especie es también, en gran medida, la unidad básica de la ecología. No se puede entender bien un ecosistema hasta haberlo descompuesto en sus especies componentes y conocer las diversas interacciones de dichas especies. Una especie, a pesar de los individuos que la componen, interactúa como una unidad frente a otras especies con las que comparte el medio ambiente.

Si se trata de animales, las especies son también unidades importantes en las ciencias del comportamiento. Los miembros de una misma especie tienen en común muchos patrones de comportamiento específicos (propios de la especie), sobre todo los que tienen que ver con la conducta social. Los individuos que pertenecen a la misma especie utilizan los mismos sistemas de señales en sus galanteos, y también los sistemas de comunicación suelen ser específicos. En las especies que se guían por el olfato, esto incluye la posesión de feromonas específicas.

La especie representa un importante nivel en la jerarquía de los sistemas biológicos. Es un instrumento de ordenación sumamente útil para estudiar muchos fenómenos biológicos importantes. Aunque no exista un nombre para la «ciencia de las especies» (comparable al de «citología» para la ciencia que estudia las células), no cabe duda de que dicha ciencia existe y constituye uno de los campos más activos de la biología moderna.

MACROTAXONOMÍA: LA CLASIFICACIÓN DE LAS ESPECIES

La rama de la taxonomía que se ocupa de la clasificación (o agrupación) de organismos por encima del nivel de especie se llama macrotaxonomía. Afortunadamente, casi todas las especies parecen encajar en grupos superiores naturales y fáciles de reconocer, como mamíferos y aves, o mariposas y escarabajos. Pero ¿qué se puede hacer con las especies que parecen formas intermedias entre grupos o que no parecen pertenecer a ningún grupo?

A lo largo de la historia de la taxonomía se han propuesto numerosos métodos y principios para clasificar los organismos. A veces, las clasificaciones elaboradas según estos principios tenían objetivos muy diferentes, y tal vez sea ésta la razón de que los taxonomistas aún no se hayan puesto de acuerdo acerca de cuál es el «mejor» método para clasificar.

Clasificación hacia abajo

La clasificación hacia abajo fue el método de clasificación predominante en los tiempos de apogeo de la botánica medicinal, durante y después del Renacimiento. Su principal propósito era la identificación de diferentes tipos de plantas y animales. En aquella época, el conocimiento de las especies botánicas y zoológicas se encontraba aún en una fase muy primitiva, a pesar de lo cual era imprescindible para identificar correctamente la planta que poseía las propiedades curativas conocidas.

La clasificación hacia abajo procede dividiendo grupos grandes en subgrupos, mediante el método de división lógica de Aristóteles. Los animales pueden tener sangre caliente o no; con esto se obtienen dos clases. A su vez, los animales de sangre caliente pueden tener pelos o plumas, y cada una de las clases resultantes (mamíferos y aves) se puede subdividir a su vez por el mismo proceso de dicotomía, hasta llegar a la especie concreta a la que pertenece el ejemplar que se quiere clasificar.

El principio de clasificación hacia abajo dominó la taxonomía hasta finales del siglo XVIII, y se refleja en las claves y clasificaciones propuestas por Linneo. Todavía se utiliza este método en guías de campo y en las claves de revisiones taxonómicas, aunque ya no se lo llama «clasificación» sino identificación, que es lo que verdaderamente es.

Los métodos de identificación presentaban numerosos inconvenientes, que impedían que resultaran útiles como auténticos sistemas de clasificación. Se basaban por completo en caracteres aislados (en biología, un «carácter» es un atributo o rasgo distintivo, lo que en el lenguaje cotidiano llamaríamos una «característica»), y la serie de caracteres arbitrariamente elegidos por el taxonomista determinaba las clases que se obtenían mediante divisiones dicotómicas. El perfeccionamiento gradual de este tipo de clasificaciones era prácticamente imposible, y la elección de ciertos caracteres daba lugar en ocasiones a grupos muy heterogéneos («no naturales»).

Como es natural, la gente reconocía desde siempre grupos naturales como los peces, los reptiles, los helechos, los musgos y las coníferas. A finales del siglo XVIII hubo algunos intentos de sustituir el sistema de Linneo, artificial en su mayor parte, por un sistema más natural, basado en similitudes y relaciones observadas. Pero no se sabía a ciencia cierta cómo determinar dichos criterios.

Clasificación hacia arriba

Aproximadamente a partir de 1770, el propio Linneo, junto con otros taxonomistas como Adanson, propugnó la clasificación hacia arriba como método más adecuado. La clasificación hacia arriba consiste en agrupar las especies examinadas en taxones (grupos) formados por especies similares o relacionadas. A continuación, los taxones más similares así formados se agrupan en un taxón superior del siguiente nivel, hasta elaborar una jerarquía completa de taxones. El método consistía simplemente en aplicar a las especies de organismos los métodos cotidianos de clasificación por agrupación.

Pero los partidarios de la clasificación hacia arriba no consiguieron desarrollar una metodología rigurosa. Todavía existía una fuerte tendencia a conceder especial importancia a ciertos caracteres aislados muy llamativos, y no existía ninguna teoría que explicara la existencia de grupos razonablemente bien definidos ni la existencia de la jerarquía de taxones. Cada taxonomista desarrolló más o menos su propia metodología.

Los años transcurridos entre 1770 y 1859 fueron un período de transición. El método de clasificación hacia abajo cayó en desuso, pero la clasificación hacia arriba carecía de una metodología bien articulada, y a menudo se la aplicaba arbitrariamente. Durante este período surgió una variante de la clasificación hacia arriba: las llamadas clasificaciones con propósito especial. Estas clasificaciones no se basaban en la totalidad de los caracteres, sino que, en aras de su propósito especial, se basaban sólo en unos pocos caracteres, a veces sólo uno. Por ejemplo, atendiendo a su utilidad culinaria, las setas se podían clasificar en comestibles y no comestibles (o venenosas). Las clasificaciones con propósito especial se remontan por lo menos a Teofrasto, que clasificaba las plantas, según su modo de crecimiento, en árboles, arbustos, hierbas y espigas. En ecología todavía se utilizan clasificaciones con propósito especial: por ejemplo, un limnólogo puede dividir los organismos del plancton en autótrofos, herbívoros, depredadores y detritívoros. Todos estos sistemas tienen un contenido de información mucho menor que el de un sistema de clasificación darviniano.

Clasificación evolutiva o darviniana

En el espléndido Capítulo 13 de *El origen de las especies*, Darwin puso fin a todas estas incertidumbres taxonómicas al demostrar que un sistema de clasificación sólido tiene que basarse en dos criterios: la genealogía (la ascendencia común) y el grado de similitud (la cantidad de cambios evolutivos). A las clasificaciones basadas en estos dos criterios se las llama sistemas de clasificación evolutivos o darvinianos.

Los filósofos y clasificadores prácticos sabían desde hacía mucho que si existen teorías explicativas (causales) para el agrupamiento de objetos, dichas explicaciones deben tenerse en cuenta al delimitar los grupos. En consecuencia, las clasificaciones de las enfermedades humanas utilizadas en el siglo XVIII fueron sustituidas en los siglos XIX y XX por sistemas basados en la etiología de dichas enfermedades. Y así, las enfermedades se clasificaron en causadas por agentes infecciosos, por defectos genéticos, por el envejecimiento, por falta de cuidados, por sustancias tóxicas o radiaciones nocivas, etc. Toda clasificación que tiene en cuenta la causación está sometida a estrictas limitaciones que impiden que se transforme en un sistema puramente artificial.

En cuanto Darwin desarrolló su teoría de la ascendencia común, se dio cuenta de que cada «taxón» natural (o grupo diferenciado de organismos) estaba formado por los descendientes del antepasado común más próximo. A los taxones de este tipo se los llama monofiléticos[10]. Si un sistema de clasificación se basa estricta y exclusivamente en el monofiletismo de los taxones incluidos, se dice que es un sistema de ordenación genealógica.

---

[10] Según Simpson, «el monofiletismo es la derivación de un taxón a partir de un taxón inmediatamente ancestral, del mismo nivel o de un nivel inferior, a través de uno o más linajes» (1961:124). Esta definición expresa el concepto tradicional de monofiletismo que se venía utilizando desde Haeckel (1866). Los cladistas han transferido el término a un modo de descendencia (todos los taxones derivados de una especie ancestral original), pero a este concepto cladístico sería mejor llamarlo holofiletismo, para evitar confusiones con el concepto tradicional de monofiletismo (Ashlock 1971).

Pero Darwin se daba perfecta cuenta de que la genealogía «por sí sola no proporciona una clasificación». Clasificar organismos sobre la única base de la genealogía es, en cierto modo, una mera clasificación con propósito especial. Para Darwin, el criterio de la ascendencia no sustituía al criterio de la similitud, sino que más bien ponía limitaciones a los tipos de similitud que se podían aceptar como evidencia de parentesco. La razón de que no se pueda dejar a un lado la similitud es que las ramas divergentes del árbol filogenético «experimentan diferentes grados de modificación», y esto «se expresa en la ordenación de las formas en diferentes géneros, familias, secciones u órdenes» (Darwin 1859:420). En otras palabras, si se quiere obtener una buena clasificación hay que tener en cuenta el grado de diferenciación durante la divergencia filogenética. Así pues, una clasificación darviniana sólida tiene que basarse en la consideración equilibrada de la genealogía y la similitud (grado de diferencia).

Para entender el papel de la similitud en una clasificación darviniana, hay que entender el concepto de homología. La existencia de caracteres homólogos es indicio de parentesco entre especies y taxones superiores. Se consideran homólogas las características de dos o más taxones que derivan filogenéticamente del mismo carácter (o de un carácter correspondiente) de su antepasado común más próximo. Para inferir la homología se pueden utilizar muchos tipos de pruebas: la posición de la estructura en relación con las estructuras vecinas; la conexión de dos fases diferentes mediante una fase intermedia observada en una forma emparentada; la similitud en la ontogenia; la existencia de condiciones intermedias en antepasados fósiles; y el estudio comparativo de taxones monofiléticos emparentados[11].

Pero no todas las similitudes entre organismos se deben a la homología. Hay tres tipos de cambios evolutivos que pueden dar resultados similares: son la convergencia, el paralelismo y la reversión, que se suelen agrupar bajo el nombre común de homoplasias. La convergencia es la adquisición independiente del mismo carácter por linajes sin parentesco evolutivo, como la adquisición de alas por las aves y por los murciélagos. Paralelismo es la formación independiente de un carácter en dos linajes emparentados, debido a una predisposición genética para dicho carácter, aunque no se hubiera manifestado fenotípicamente en el antepasado común. Un ejemplo bien conocido es la adquisición inde-

---

[11] Curiosamente, algunos rasgos que por lo demás son claramente homólogos derivan de capas germinales diferentes (véase Capítulo 8). Así pues, la derivación de una cierta capa germinal no es necesariamente un indicio fiable de homología. La homología siempre se infiere.

pendiente de ojos pedunculados en un grupo de moscas acalípteras. La reversión es la pérdida independiente del mismo carácter avanzado en varios linajes de una filogenia. El análisis genalógico debería permitir desentrañar estas similitudes en un grupo dado de organismos y eliminar de un taxón las especies (o taxones superiores) cuyas similitudes no se deban a la ascendencia común.

La razón de que Darwin incluyera el grado de similitud entre los criterios de clasificación es que la ramificación y la divergencia no están absolutamente correlacionadas. Existen patrones de ramificación («árboles») en los que todas las ramas divergen más o menos al mismo ritmo. Es parecido a lo que sucede en las familias de idiomas, aunque no exactamente igual, porque los factores responsables de la evolución de los idiomas no son adaptativos sino estocásticos. Cuando los anglosajones cruzaron el mar del Norte y colonizaron Inglaterra, su idioma no tuvo que adaptarse al clima británico ni a los cambios políticos. En cambio, cuando una rama de los reptiles (dinosaurios) conquistó el nicho aéreo, tuvo que adaptarse al nuevo modo de vida, y el resultado fue una modificación drástica de su fenotipo. Las ramas de la familia que permanecieron en el nicho ancestral apenas cambiaron. Esta consideración de los factores ecológicos y su impacto sobre el fenotipo es característica de la clasificación darviniana.

Hasta 1965, la clasificación darviniana era el sistema de uso casi universal, y todavía se sigue utilizando mucho[12]. El primer paso del proceso es la delimitación y agrupamiento de especies emparentadas, basándose en la similitud; el segundo paso es la comprobación del monofiletismo de dichos grupos y su ordenación genealógica. Éste es el único modo de satisfacer los dos criterios de Darwin para una buena clasificación de los organismos[13].

---

[12] Los tratados de Simpson (1961), Mayr (1969), Bock (1977) y Mayr y Ashlock (1991) son simples perfeccionamientos de la clasificación darviniana original, basada en los dos criterios.

[13] La similitud se determina con el criterio tradicional de los taxónomos, enunciado por Whewell (1840:1:521) del modo siguiente: «La máxima por la que deben regirse todos los sistemas que pretendan ser naturales es ésta: que *la ordenación obtenida a partir de un conjunto de caracteres coincida con la ordenación obtenida a partir de otro conjunto*» (el subrayado es suyo). Hempel (1952:53) formuló más o menos la misma idea: «...en las llamadas clasificaciones naturales, los caracteres determinantes están asociados –siempre o en una gran mayoría de los casos– a otros caracteres, de los que son lógicamente independientes». A diferencia de la cladística, la clasificación natural cumple la norma de Darwin de que «los diferentes grados de modificación que [las ramas divergentes del árbol filogenético] han experimentado... se expresan ordenando las formas en diferentes géneros, familias, secciones u órdenes» (1859:420).

Una dificultad que suelen encontrar los taxonomistas es la evolución discordante de diferentes conjuntos de caracteres. Se pueden obtener clasificaciones totalmente diferentes, por ejemplo, basándose en los caracteres de diferentes fases del ciclo vital (los caracteres de la larva o los del adulto). Al estudiar un grupo de abejas, Michener (1977) obtuvo cuatro clasificaciones diferentes ordenando las especies en clases de similitud basadas en los caracteres de 1) las larvas, 2) las pupas, 3) la morfología externa de los adultos y 4) los genitales masculinos. Casi invariablemente, cuando un taxonomista utiliza un nuevo conjunto de caracteres, obtiene una nueva delimitación de taxones o un cambio de nivel. Incluso los caracteres de una misma fase del ciclo vital cambian a ritmos muy desiguales durante la evolución.

Por ejemplo, si se comparan los seres humanos con sus parientes más próximos, los chimpancés, se comprueba que el *Homo* y el *Pan* son más similares en ciertos caracteres moleculares que algunas especies de *Drosophila* entre sí, a pesar de que éstas pertenecen al mismo género. Sin embargo, como todos sabemos, el ser humano y su pariente antropoide más próximo presentan diferencias muy drásticas en ciertos caracteres tradicionales (el sistema nervioso central y sus facultades) y en la ocupación de zonas adaptativas muy diferenciadas. Casi todos los sistemas de órganos y grupos de moléculas de un linaje filético tienen ritmos de cambio diferentes. Estos ritmos no son constantes, sino que pueden acelerarse o hacerse más lentos en el curso de la evolución. Ciertos cambios del ADN son cinco veces más rápidos en un grupo de roedores que en los primates, por ejemplo. Los diferentes ritmos de evolución de los distintos componentes del fenotipo obligan a ser muy cautos al elegir los caracteres en los que se va a basar una clasificación. El empleo de diferentes conjuntos de caracteres puede dar como resultado clasificaciones muy diferentes.

Cada nivel (especie, género, orden, y así sucesivamente) de la tradicional jerarquía linneana constituye una categoría[14]. Cuanto más bajo sea el nivel de un cierto taxón (grupo) de organismos, más similares suelen ser las especies incluidas y más reciente es su antepasado común. No existen definiciones operativas para ninguna de las categorías superiores. Muchos taxones superiores están muy bien delimitados y se pueden describir sin ambigüedades y con gran precisión (por ejemplo, las aves o los pingüinos), pero la categoría en la que se sitúan es muchas veces subjetiva y depende del criterio del autor. Un grupo particular de géne-

---

[14] Una categoría de nivel superior se define como una clase en la que se agrupan todos los taxones situados al mismo nivel de una clasificación jerárquica. Para definir la categoría «especie», actualmente se utiliza casi siempre la definición biológica.

ros puede ser una tribu para algunos autores, mientras que otros lo llamarían subfamilia o familia.

Casi todas las clasificaciones actuales se elaboraron durante el período de esplendor de la anatomía comparada, que fue el período inmediatamente posterior a Darwin. En aquella época, cuando se buscaba un antepasado común, se consideraba que éste no sólo representaba una especie-tronco ancestral, sino todo un taxón. Así, el antepasado común más próximo de los mamíferos, en el mismo o inferior nivel categórico, son los reptiles terápsidos; y el de las aves son los dinosaurios (u otro grupo de reptiles). Debido a este concepto y definición del monofiletismo, todos los taxones de la taxonomía tradicional (si estaban correctamente formados) eran monofiléticos. Para un cladista, un grupo es parafilético si contiene el clado (rama) original de un taxón derivado. El concepto de parafiletismo no tiene sentido en una clasificación darviniana. Para Darwin, un taxón era monofilético si todos sus miembros descendían del taxón ancestral común más próximo, del mismo o inferior nivel categórico, y esta definición sigue siendo válida para los taxónomos darvinistas actuales.

La típica jerarquía linneana se caracteriza por sus numerosas discontinuidades. No existen, por ejemplo, formas intermedias entre los reptiles y los mamíferos, ni entre los tubinarios y los pingüinos, ni entre los turbelarios y los trematodos. Esta observación ha intrigado durante mucho tiempo a los investigadores y ha inspirado numerosas teorías saltacionistas no darvinianas. No obstante, las investigaciones evolutivas han ayudado a comprender mejor las pautas de la diversidad.

Casi ninguno de los nuevos tipos de organismos se originó por transformación gradual de un linaje filético, es decir, de un tipo ya existente. Lo más frecuente ha sido que una especie fundadora entrara en una nueva zona adaptativa y tuviera éxito en el nuevo ambiente gracias a rápidas modificaciones adaptativas. Una vez logrado esto, el nuevo linaje puede iniciar un período estático, en el que puede haber mucha especiación, pero no reconstrucción del tipo estructural (bauplan). Las más de 2.000 especies de *Drosophila* son un ejemplo de esta situación. Las más de 5.000 especies de aves paseriformes son también simples variaciones sobre un mismo tema.

Los dos procesos evolutivos que producen especies –el cambio fenotípico a lo largo del tiempo y el aumento de diversidad (especiación)– están muy poco correlacionados. En la jerarquía linneana tradicional, esta falta de correlación explica los huecos entre taxones y las grandes diferencias de tamaño entre los taxones superiores. Cuando una especie fundadora llega a una zona adaptativa muy favorable, puede darse muchísima especiación sin que exista ninguna presión selectiva para que cambie el tipo estructural básico[15]. El sistema darviniano de clasificación resulta muy adecuado para manejar taxones de tamaño muy diferente y reflejar los huecos entre taxones ancestrales y derivados.

Pero los problemas para el clasificador darvinista surgen cuando la clasificación «horizontal» de los taxones vivos se amplía para incluir los biotas extinguidos. Los biotas recientes son los extremos de incontables ramas del árbol evolutivo. Los taxones superiores están separados unos de otros por huecos debidos a la evolución divergente y a la extinción. Sin embargo, una clasificación completa de los organismos debería incluir los grupos extinguidos, todos los cuales tienen relaciones de ascendencia unos con otros y con los biotas vivos. La clasificación de los taxones fósiles plantea numerosos problemas y todavía no se ha llegado a un acuerdo al respecto. ¿Cómo deberían tratarse los taxones fósiles que son formas intermedias entre dos taxones vivos? Casi invariablemente, los nuevos taxones se originan por «gemación» y el taxón ancestral continúa floreciendo. El registro fósil es, en general, demasiado incompleto y no aporta evidencias de la «especie tronco» de la que derivó un nuevo taxón.

La clasificación darviniana basada en dos criterios –la genealogía y la similitud– se aceptó de manera casi general desde 1859 hasta mediados del siglo XX. Bien es verdad que muchos taxonomistas no fueron muy estrictos en sus comprobaciones del monofiletismo y en la cuidadosa valoración de las similitudes. Pero lo cierto es que hasta después de la década de 1960 no se propusieron métodos totalmente nuevos. Cada una de las nuevas metodologías aplica uno solo de los dos criterios de Darwin: la fenética numérica se basa en la similitud, y la cladificación (ordenación de Hennig) en la genealogía.

Fenética numérica

Los fenetistas numéricos se proponen evitar toda subjetividad y arbitrariedad, clasificando las especies por métodos numéricos en grupos que coincidan en un gran número de características conjuntas. Los fenetistas creen que los descendientes de un antepasado común comparten tal multiplicidad de caracteres que forman automáticamente taxones bien definidos.

Las objeciones más importantes a la fenética numérica son: que se trata de un método muy laborioso que exige el análisis de grandes can-

---

[15] La falta de correlación entre divergencia evolutiva y velocidad de especiación es también responsable de la llamada «curva hueca» (Mayr 1969).

tidades de caracteres (más de 50, y mejor más de 100); que concede la misma importancia a caracteres de diferente importancia taxonómica; que carece de metodología para asignar niveles a los taxones; que con sus métodos se obtienen diferentes clasificaciones cuando se utilizan diferentes conjuntos de caracteres; y que no se puede ir mejorando poco a poco.

Cuando sólo se podían utilizar caracteres morfológicos, la fenética numérica no daba buenos resultados, simplemente porque no había suficientes caracteres a tener en cuenta. La situación cambió considerablemente cuando se pudo disponer de un gran número de caracteres moleculares. La hibridación de ADN es en realidad un método fenético, pero evita muchos de los inconvenientes típicos del análisis fenético gracias al enorme número de caracteres que se tienen en cuenta. Algunos de los métodos «a distancia» de la taxonomía informática son también métodos esencialmente fenéticos. Existe aún mucha controversia acerca de la validez de estos métodos, en comparación con otros (como la parsimonia).

Cladificación

La otra alternativa reciente a la clasificación darviniana es un sistema de ordenación que se basa exclusivamente en la genealogía. En 1950, Willi Hennig publicó en Alemania un método que, según él, permitiría establecer una clasificación genealógica sin ambigüedades. Sus criterios más básicos eran: formar grupos basados exclusivamente en la posesión de «apomorfismos» indiscutibles; es decir, hay que tener en cuenta los caracteres derivados comunes, y no los caracteres ancestrales («plesiomórficos»). Además, cada taxón debía consistir en una rama del árbol filogenético que incluyera la especie tronco de dicha rama y todos sus descendientes, incluyendo todos los «ex grupos», es decir, descendientes drásticamente modificados, como las aves y los mamíferos, que descienden de los reptiles. Así pues, el sistema de referencia de Hennig consiste simplemente en ramas (clados) del árbol filogenético, sin tener en cuenta las similitudes (es decir, la cantidad de cambio evolutivo).

En la evaluación darvinista de la similitud se utiliza el mayor número posible de caracteres, y no sólo los apomorfismos. Se tienen en cuenta, pues, los caracteres ancestrales (plesiomórficos), porque a menudo contribuyen considerablemente al aspecto de un taxón y, por lo tanto, a su posición en la clasificación. También se tienen en cuenta los autapomorfismos para clasificar taxones hermanos. El empleo del mayor número posible de caracteres da a la clasificación darviniana un valor añadido: «Asignar un objeto a una clasificación particular [debería] decirnos lo más posible acerca de dicho objeto. Llevando al extremo este concepto de la ordenación, el ideal sería que la clasificación correcta nos informara de todo lo referente a un objeto» (Dupré 1993:18).

La clasificación darviniana tiene en común con la cladística (pero no con la fenética numérica estricta) la convicción de que hay que tener en cuenta la causa del agrupamiento. En consecuencia, estas dos escuelas de macrotaxonomía insisten en que los taxones que reconocen deben ser monofiléticos. Según la definición tradicional, un taxón es monofilético si todos sus miembros descienden del taxón ancestral común más próximo, y los taxonomistas darvinianos siguen manteniendo esta definición. Hennig, en cambio, propuso un principio totalmente diferente. Para él, un grupo es «monofilético» cuando está compuesto por todos los descendientes de la especie tronco. Como esta definición da lugar a una delimitación de los taxones completamente diferente, Ashlock (1971) propuso el término «holofilético» para el nuevo concepto de Hennig. El término tradicional, «monofilético», es un adjetivo calificativo del taxón, mientras que el concepto de holofiletismo de Hennig se refiere a un método para delimitar taxones. Aunque los taxones delimitados por el método tradicional pueden ser diferentes de los cladones delimitados por el método de Hennig, ambas jerarquías de taxones son estrictamente genealógicas.

Un clado del sistema hennigiano no corresponde a un taxón de la clasificación darviniana, y por lo tanto se le debería dar un nombre técnico diferente, «cladón»[16]. Cada cladón se sigue hacia atrás, hasta llegar (e incluir) a la «especie tronco», es decir, a la especie que presenta el primer carácter apomórfico de esa rama (clado). Dado que el sistema de Hennig se basa en clados y no en clases, se lo podría distinguir de las auténticas clasificaciones llamándolo «cladificación».

El llamado análisis cladístico, metodología consistente en dividir los caracteres en derivados y ancestrales, es un excelente método de análisis filogenético. Resulta muy adecuado para comprobar el monofiletismo de los taxones. Los interesados en los aspectos filogenéticos de los caracteres encontrarán en la cladificación un excelente método para ordenar especies y taxones de acuerdo con su filogenia. Sin embargo, aunque el cladograma resulta muy útil para estudios filogenéticos, viola casi todos los principios de la clasificación tradicional. Entre sus deficiencias figuran las siguientes:

1) Casi todos los clados (o cladones) son muy heterogéneos. Las especies-tronco y otros grupos ancestrales son mucho más similares a las

---

[16] Mayr (1995).

especies-tronco de clados hermanos que a las especies terminales de su propio grupo. En otras palabras, en un cladón se combinan grupos de especies muy poco similares, mientras que especies y grupos muy similares (las especies-tronco) se encuentran separados en cladones diferentes.

2) Muy a menudo, la especie-tronco o todo el grupo-tronco se había incluido tradicionalmente en un taxón ancestral; por ejemplo, los reptiles terápsidos, antepasados de los mamíferos, se incluyeron siempre entre los reptiles; y los dinosaurios, presuntos antepasados de las aves, también se clasificaban entre los reptiles. Al sacar estos grupos ancestrales del taxón en el que siempre habían estado, el taxón se convierte en «parafilético» y, según los principios de la cladística, deja de ser válido como taxón. El resultado es la destrucción de gran parte de los taxones superiores reconocidos hasta ahora, incluyendo todos los taxones fósiles conocidos que han dado origen a taxones derivados.

3) La norma que dice que a los grupos hermanos se les debe asignar el mismo nivel taxonómico no es realista, porque con mucha frecuencia los grupos hermanos difieren en el número de caracteres autapomórficos –es decir, caracteres derivados– exclusivos de esa rama en concreto. En la ordenación original de Hennig, a un grupo hermano que hubiera evolucionado muy poco desde su origen y a otro que hubiera experimentado una transformación evolutiva drástica (por ejemplo, las aves) se les tenía que asignar el mismo nivel categórico.

4) En la metodología de Hennig no existe una teoría válida de la ordenación por niveles. Sus propios seguidores han abandonado los dos únicos criterios de Hennig, el tiempo geológico y la igualdad de categoría de los grupos hermanos, adoptando en su lugar el único criterio que el propio Hennig rechazaba explícitamente: el grado de diferencia; pero sólo aplican criterios subjetivos para su evaluación.

5) Según Hennig, a cada nuevo sinapomorfismo (carácter derivado) de una especie-tronco se le debe asignar un nuevo nivel de categoría. La mayoría de los cladistas hace caso omiso de esta norma, pero algunos de ellos la han aplicado al nivel de especie y han llegado al extremo de exigir que se ascienda a la categoría de especie a toda población que difiera aunque sólo sea en un único carácter (el concepto filogenético de especie). Como es de suponer, semejante pulverización del sistema provocaría el caos taxonómico y haría prácticamente imposible la recuperación de información.

6) Se prescinde de todos los caracteres nonapomórficos. Una de las reglas más antiguas y más frecuentemente confirmadas de la taxonomía dice que cuantos más caracteres se utilicen en una clasificación, más útil y fiable será ésta, en términos generales. Aunque es verdad que para un análisis cladístico sólo se pueden utilizar caracteres derivados, esta res-

tricción no tiene sentido cuando se trata de delimitar taxones en una clasificación. De hecho, muchos taxones se caracterizan por la abundancia de caracteres ancestrales. Además, si no se tienen en cuenta los caracteres autapomórficos, se pierde de vista la asimetría evolutiva de las velocidades de evolución. Resulta evidente que la cladificación hennigiana se parece más a un sistema de identificación que a una clasificación tradicional. De hecho, los cladistas más destacados han insistido en numerosas ocasiones en que su metodología es una búsqueda de caracteres con valor diagnóstico.

7) Los cladones, tal como los delimita un cladista, reflejan el parentesco de un modo equívoco, porque los grupos hermanos quedan excluidos de los cladones, a pesar de tener un parentesco genético más próximo que los descendientes lejanos. Según los principios cladísticos, los actuales descendientes de Carlomagno son parientes más próximos del emperador que sus hermanos y hermanas.

En principio, una clasificación cladística es una clasificación por un solo carácter. El clado o «cladón» se caracteriza por el primer apomorfismo de la especie-tronco[17]. Toda clasificación basada en un solo carácter, aunque se ajuste estrictamente a la filogenia, da como resultado taxones artificiales y heterogéneos. Durante más de cien años, los principales taxonomistas han rechazado las clasificaciones basadas en un solo carácter. Una buena clasificación, han dicho siempre, se debe basar en el mayor número posible de caracteres.

Estos inconvenientes de la cladificación filogenética de Hennig explican que no haya podido sustituir a la clasificación darviniana tradicional. No obstante, si a uno sólo le interesa la información filogenética, le conviene utilizar el método de Hennig. En otras palabras, la cladificación de Hennig es un sistema tan legítimo como la clasificación darviniana tradicional, pero sus aplicaciones y objetivos son muy diferentes[18].

ALMACENAMIENTO Y RECUPERACIÓN DE INFORMACIÓN

En vista de todas estas dificultades, no tiene nada de raro que diferentes autores defiendan diferentes clasificaciones. ¿Cuál deberíamos

---

[17] Por ejemplo, el clado que va desde los pelicosaurios hasta los mamíferos –reconocido por los cladistas– se basa principalmente en una fenestra temporal en posición lateral e inferior. Toda clasificación por un solo carácter, aunque se ajuste estrictamente a la filogenia, da como resultado taxones artificiales y heterogéneos. Por supuesto, los clados adquirirán con el tiempo caracteres adicionales, etcétera.

[18] Mayr (1995b).

elegir? La respuesta es que se debe elegir la más práctica y la que ofrezca más estabilidad en lo referente al almacenamiento y recuperación de información. La estabilidad es uno de los requisitos básicos de todo sistema de comunicación; la utilidad de una clasificación está en relación directa con su estabilidad. El tradicional sistema darviniano de clasificación tiende a ser muy estable y, por lo tanto, resulta ideal desde este punto de vista. Las cladificaciones, en cambio, suelen entrar en conflicto con las clasificaciones tradicionales, y el estudio de nuevos caracteres o la nueva resolución de homoplasias pueden dar como resultado cladificaciones muy modificadas; de ahí su inestabilidad.

En una colección o en una clasificación escrita, la secuencia de taxones tiene que ser necesariamente lineal (unidimensional), pero la ascendencia común es un fenómeno de ramificación tridimensional. Siempre es algo arbitrario el modo de dividir un árbol filogenético en ramas y ramitas para ordenar estas ramitas en una secuencia lineal. Sobre todo cuando el árbol filogenético es un «arbusto» (tamnograma) y no un árbol (dendrograma). Para resolver este problema, se ha adoptado una serie de convenios: 1) Los taxones obviamente derivados se colocan detrás de aquellos de los que derivan; por ejemplo, los trematodos y cestodos se sitúan detrás de los turbelarios. 2) Los taxones especializados se colocan detrás de los más generalizados, que aparentemente son más «primitivos». 3) Si no existen razones de peso, se debe evitar alterar secuencias tradicionalmente aceptadas, porque estas secuencias tradicionales son muy útiles para almacenar y recuperar información, ya que han sido adoptadas en la literatura taxonómica y en las colecciones[19].

Nombres

Los nombres de los taxones superiores son muy útiles como etiquetas, con vistas a recuperar información, y términos como coleópteros o papiliónidos tienen que significar lo mismo para todos los zoólogos del mundo si se quiere que su utilidad sea máxima[20]. Sería imposible referirse a los millones de organismos y almacenar información acerca de ellos si no existiera un sistema de nomenclatura eficiente y de aceptación universal. Por estas razones prácticas, los taxonomistas han adoptado una serie de reglas para la asignación de nombres.

Estas reglas están publicadas en códigos internacionales de nomenclatura zoológica, botánica y microbiológica. Los principales objetivos

---

[19] Mayr y Block (1994).
[20] Mayr (1982:239-243), Mayr y Ashlock (1991:151-156).

del sistema de comunicación de los taxonomistas están bien definidos en el Preámbulo del *Código de nomenclatura zoológica* (1985): «El objetivo del código es favorecer la estabilidad y la universalidad en los nombres científicos de los animales, y garantizar que cada nombre sea exclusivo y distinto. Todas sus estipulaciones están dirigidas a estos fines.» El nombre científico de un animal o una planta se compone de dos partes, la genérica y la específica (la nomenclatura binómica linneana). Por ejemplo, la pelosilla naranja se llama *Hieracium* (nombre genérico) *aurantiacum* (nombre específico). El idioma elegido para los nombres científicos de los organismos es el latín, lengua franca de los científicos en el período posterior a la Edad Media.

Las descripciones originales de nuevas especies suelen ser insuficientes, sobre todo en grupos poco conocidos, y a veces no permiten saber con certeza la especie exacta que tenía delante el autor de la descripción. Por esta razón, cada especie tiene un ejemplar «tipo» único, que siempre se puede examinar para determinar a qué especie pertenece otro ejemplar, aprovechando toda la información adicional adquirida desde la primera descripción. El empleo de la palabra «tipo» para designar ese modelo, basado en la filosofía esencialista del período linneano, es bastante equívoco, porque dicho «tipo» no es particularmente típico de la especie, y las descripciones modernas de las especies no se basan exclusivamente en el tipo. De hecho, dado que todas las especies y todas las poblaciones son variables, la descripción de la especie debe incluir una valoración cuidadosa de dicha variabilidad; en otras palabras, tiene que basarse en un conjunto grande de ejemplares.

El tipo de una especie es un ejemplar; el tipo de un género es una especie (la especie-tipo); y el tipo de una familia es un género. El nombre de una familia se forma a partir de la raíz del nombre del género-tipo. Se llama localidad-tipo a la localidad en la que se encontró el ejemplar-tipo de una especie. Esta información es importante en todas las especies politípicas, es decir, en las especies que constan de varias subespecies geográficas.

Si existen varios nombres para un mismo taxón, se suele aceptar como válido el más antiguo. Sin embargo, ha sucedido en ocasiones, sobre todo en los primeros tiempos de la taxonomía, que se prescindiera del nombre más antiguo o se lo rechazara por diversas razones, adoptándose universalmente un nombre más reciente para designar un taxón. La recuperación de información tropieza con muchas dificultades cuando, por razones de simple prioridad, se reinstaura en un período posterior el nombre antiguo, previamente rechazado. Los códigos modernos estipulan en qué condiciones se puede suprimir un nombre antiguo en aras de la estabilidad de la nomenclatura. En la nomenclatura zoológica, el principio de prioridad sólo se aplica a los nombres de especies, géneros y familias, pero no a los de taxones superiores[21].

EL SISTEMA DE LOS ORGANISMOS

Aproximadamente hasta mediados del siglo XIX, los organismos se clasificaban en animales y vegetales. Todo lo que no fuera claramente un animal se incluía entre los vegetales. Sin embargo, el estudio detallado de los hongos y los microorganismos dejó claro que no tenían mucho que ver con las plantas y que habría que considerarlos como taxones superiores independientes. La reforma más drástica de la clasificación de los organismos se produjo en los años 30, cuando se comprendió que los monera (procariontes), formados por las bacterias y sus parientes, eran completamente diferentes de todos los demás organismos (eucariontes), que tienen células con núcleo.

Desde el origen de la vida (hace unos 3.800 millones de años) hasta hace unos 1.800 millones de años, sólo existieron procariontes. En la actualidad, se los suele dividir en dos reinos, las arquibacterias y las eubacterias, que se diferencian principalmente en sus adaptaciones y en la estructura de sus ribosomas[22]. Hace aproximadamente 1.800 millones de años se formaron los primeros eucariontes unicelulares, caracterizados por la posesión de un núcleo rodeado por una membrana, con cromosomas individuales, y por poseer también diversos orgánulos celulares. Es evidente que estos últimos evolucionaron a partir de la inclusión de procariontes simbióticos. Los detalles exactos del origen de esta simbiosis y, sobre todo, el origen de la existencia del núcleo, son todavía objeto de debate. Los primeros organismos pluricelulares de los que existe cons-

---

[21] Para una explicación detallada de las reglas de la nomenclatura zoológica, véase Mayr y Ashlock (1991:383-406).

[22] Algunos autores reconocen un tercer grupo, los eocitos. Algunos especialistas en bacterias aseguran que las diferencias entre arquibacterias y eubacterias son tan grandes como las que existen entre procariontes y eucariontes. Tal afirmación carece de fundamento. En cualquier texto clásico de microbiología, la caracterización de las bacterias se aplica igual de bien a ambas subdivisiones de los procariontes, a pesar de que entonces aún no se habían caracterizado las arquibacterias. Por muy diferentes que sean las arquibacterias de las eubacterias, y aun admitiendo que el punto de ramificación de los dos grupos de procariontes es muy anterior al de la escisión procariontes-eucariontes, las arquibacterias presentan muchas características comunes con las eubacterias y no se les debería adjudicar el mismo nivel taxonómico que a los eucariontes. Rebautizar a las arquibacterias como *Archaea* no invalida el hecho de que, como las eubacterias, son una de las dos o tres ramas de las bacterias.

tancia en el registro fósil aparecieron en tiempos muy recientes: hace tan sólo 670 millones de años.

Existen varias maneras posibles de clasificar a los eucariontes. Hasta hace poco, por razones de comodidad, se solían combinar todos los eucariontes unicelulares en un solo taxón, los protistas (protista). Aunque todos tenían claro que algunos protistas (los protozoos) se parecían más a los animales, que otros se parecían más a las plantas, y que aún existían otros más parecidos a los hongos, los criterios tradicionales de diagnóstico de animales y plantas (posesión de clorofila, movilidad) no resultaban muy aplicables a este nivel, y existían demasiadas incertidumbres acerca del parentesco como para mantener la cómoda etiqueta de «protistas». Las cosas se han aclarado mucho gracias a nuevas investigaciones, en especial las de Cavalier-Smith, que se fijó en caracteres que antes se habían pasado por alto (por ejemplo, la presencia de ciertas membranas) y en características moleculares.

Aunque todavía puede resultar cómodo llamar protistas a los eucariontes unicelulares, ya no se puede defender el mantenimiento de un taxón oficial llamado protista. Agrupadores y separadores siguen debatiendo si los «protistas» se deben dividir en tres, cinco o siete reinos[23]. Para los no especialistas, lo más conveniente sería, probablemente, un número pequeño. Así pues, el sistema de los organismos se podría dividir en dos imperios, con sus correspondientes reinos:

imperio procariontes (moneras)
    reino eubacterias
    reino arquibacterias
imperio eucariontes
    reino arquizoos
    reino protozoos
    reino cromistas
    reino metafitas (plantas)
    reino fungi (hongos)
    reino metazoos (animales)

---

[23] Para más detalles, véase Cavalier-Smith (1995a, 1995b) y Corliss (1994).

Capítulo 8

El «cómo». La formación de un nuevo individuo

Cada especie consta de miles, millones e incluso miles de millones de individuos. Cada día perecen muchos de ellos, que son sustituidos por otros nuevos. Aunque solemos pensar que la reproducción sexual es el principal mecanismo para generar nuevos individuos, la manera más sencilla de formar un nuevo individuo es la escisión de un individuo anterior en dos. Éste es el modo normal de reproducción de los procariontes, de muchos protistas y hongos, e incluso de algunos *fila* de invertebrados.

Además de la escisión, existen otras modalidades de reproducción sin sexo. Un método frecuente en algunas plantas e invertebrados es la producción de nuevos individuos por gemación. En alguna parte de la pared del cuerpo se forma una yema, que acaba por desprenderse y transformarse en un nuevo individuo. En las plantas también es frecuente la reproducción vegetativa mediante estolones subterráneos. En algunos organismos asexuales, se forman nuevos individuos a partir de huevos que no necesitan fecundación. Este proceso se llama partenogénesis. Los áfidos, ciertos crustáceos planctónicos y algunos otros animales presentan alternancia de generaciones partenogenéticas y sexuales.

En los organismos superiores, casi todos los nuevos individuos se forman exclusivamente por reproducción sexual, que implica muchos procesos complicados, como la producción de óvulos y espermatozoides, el acoplamiento de los dos sexos y el cuidado del embrión en desarrollo. No tiene nada de sorprendente que esto haya dado lugar a una de las más largas controversias de la biología evolutiva: explicar las ventajas selectivas de esta estrategia de reproducción. Aparentemente, una hembra que engendre descendencia por partenogénesis posee el doble de fecundidad que una hembra que desperdicia, por así decirlo, la mitad de su descendencia en machos que no son capaces de reproducirse por sí mismos. El éxito de la reproducción sexual se explica en último término porque aumenta considerablemente la variabilidad genética de la descendencia, y el aumento de la variabilidad presenta múltiples ventajas en la lucha por la supervivencia; una de ellas es la menor vulnerabilidad a las enfermedades.

Con la excepción del funcionamiento del cerebro, ningún otro fenómeno del mundo vivo es tan milagroso y sobrecogedor como el desarrollo de un nuevo adulto a partir de un huevo fecundado. La historia de nuestro conocimiento de este proceso se puede dividir a grandes rasgos en tres períodos. El primer período, que va desde la antigüedad hasta 1830, aproximadamente, se centró en la descripción del desarrollo del embrión. Lo que más interesaba en este período era la contribución relativa del padre y la madre al embrión. El segundo período comenzó con la teoría celular y el descubrimiento de que el huevo de los vertebrados era una célula única, y de que el elemento fecundador del semen, el espermatozoide, era también una célula. Durante este período, lo que más interesaba a los investigadores era la división del óvulo fecundado en células y el destino final de cada una de dichas células; es decir, su contribución a las diferentes estructuras y órganos. Necesariamente, la embriología tuvo que ser muy descriptiva durante estos dos primeros períodos. El objetivo era descubrir *qué* ocurría.

Durante el tercer período ya fue posible investigar *cómo* tiene lugar el desarrollo; es decir, los mecanismos que dan como resultado la formación de estructuras embrionarias. Ya en los primeros años del siglo XX se demostró que el desarrollo está controlado por genes específicos, y también que existen complejas interacciones entre las distintas partes del embrión. Así pues, el comportamiento de las células embrionarias no sólo está determinado por los genes, sino también por el entorno celular en el que se encuentran dichas células en las diferentes fases del desarrollo.

En un principio, el análisis de los genes y de los procesos bioquímicos controlados por genes tenía necesariamente que ser reduccionista, pero pronto se comprendió que los genes interaccionan unos con otros y con el entorno celular, como los músicos de una orquesta. El estudio de esta bien orquestada interacción de genes y células durante la formación de un individuo constituye la frontera actual de la biología del desarrollo. Pero este estudio no pudo comenzar hasta después de siglos de concienzudos trabajos descriptivos. Los descubrimientos fueron angustiosamente lentos.

LOS COMIENZOS DE LA BIOLOGÍA DEL DESARROLLO

La diversidad es la característica más sobresaliente del mundo vivo, y también caracteriza a los procesos de desarrollo. No obstante, los organismos emparentados suelen tener desarrollos similares. Mil años antes de Jesucristo, los egipcios ya eran vagamente conscientes de la similitud entre el desarrollo de un pollo en un huevo incubado y el desarrollo del embrión de los mamíferos, que también son vertebrados. Pero lo poco que se sabía hasta entonces quedó completamente eclipsado por las obras de Aristóteles sobre los animales y su embriología comparada. Aristóteles fundó la biología de la reproducción, comentando la cuestión de la masculinidad y la feminidad, la estructura y función de los órganos reproductores, las diferencias entre viviparismo (el parto de crías vivas) y oviparismo (la reproducción mediante huevos que se incuban fuera del cuerpo), las modalidades de cópula en diferentes tipos de animales, el origen y características del semen, y casi todos los demás aspectos de la reproducción y el desarrollo.

Aristóteles abordó incluso dos grandes problemas de la reproducción que siguieron provocando controversias hasta finales del siglo XIX. Uno es la teoría de la pangénesis (que afirma que cada célula del cuerpo aporta materiales hereditarios a las células germinales), y el otro el debate preformación/epigénesis. Resulta casi increíble que aquel pionero del estudio del desarrollo animal pudiera escribir un tratado tan completo, basado en tantas observaciones comparativas y gobernado por razonamientos tan impecables, que no fue superado hasta el siglo XIX.

No obstante, Aristóteles era humano y cometió algunos errores. Aunque las hembras de todos los grupos de animales que observó producían óvulos, al parecer nunca se le ocurrió que las hembras de los mamíferos tuvieran óvulos también. Sostenía en cambio que el semen masculino provocaba la coagulación de la sangre menstrual de la hembra, y que de ahí se originaba el embrión de los mamíferos[1].

Durante mucho tiempo se creyó que Aristóteles había incurrido en un segundo error al intentar explicar la especificidad del desarrollo, que tanto le impresionaba. El desarrollo de un huevo de rana daba lugar invariablemente a una rana, y no a un pez o un pollo, como si contuviera alguna información que lo guiara hacia su objetivo. Esta especificidad indujo a Aristóteles a postular una «causa última», responsable del infalible desarrollo del huevo hasta el estado adulto. Hasta nuestros tiempos no se comprendió que el *eidos* de Aristóteles, aquel agente aparentemente metafísico, era lo que ahora llamamos programa genético, totalmente explicable por factores fisicoquímicos. El desarrollo de un huevo fecundado está guiado por un programa genético[2].

Aunque la reproducción y el desarrollo de los embriones causaron

---

[1] Se puede encontrar una excelente exposición de las ideas de Aristóteles en Needham (1959).

[2] En la actualidad, diríamos que estos procesos dirigidos por un programa son teleonómicos, pero no teleológicos.

fascinación durante siglos, la disciplina que llamamos biología del desarrollo no experimentó ningún progreso real después de Aristóteles, hasta que Harvey, en el siglo XVII, estudió concienzudamente la incubación de huevos de gallina, a simple vista y con ayuda de una lente simple. Describió claramente el punto de origen del embrión: una estructura de la membrana vitelina del huevo de gallina. Además, demostró que en el útero de los mamíferos no había sangre menstrual coagulada que constituyera la aportación de la hembra al embrión, y postuló la existencia de «huevos» en los mamíferos. Poco después, Stensen y De Graaf descubrieron los folículos del ovario, aunque el auténtico óvulo de los mamíferos no fue descubierto hasta 1827; su descubridor fue Karl Ernst von Baer. Quedó claro que el ovario era el equivalente femenino del testículo del macho.

En los años que siguieron a los descubrimientos de Harvey se descubrieron muchos detalles del desarrollo del huevo de gallina, gracias sobre todo a los primeros microscopios compuestos. Primero fue Malpigio, después Spallanzani, Von Haller y Caspar Friedrich Wolff: todos ellos ampliaron considerablemente nuestros conocimientos sobre el desarrrollo del pollo. Sin embargo, todos estos investigadores seguían empeñados en establecer una correlación entre el desarrollo gradual de los órganos embrionarios y las teorías fisiológicas de Aristóteles. Éste era el marco conceptual en el que intentaban encajar sus observaciones.

En cambio, la embriología del siglo XIX se guió por un espíritu totalmente diferente; casi se podría decir que por un espíritu más auténticamente científico. En todos los campos de la biología funcional, los datos confirmados se convirtieron en la base indispensable para elaborar teorías sólidas. Los tres grandes representantes de la embriología de inicios del siglo XIX, Christian Pander, Heinrich Rathke y Von Baer, comenzaron por describir minuciosamente sus descubrimientos –basados principalmente en el pollo– y sólo entonces se atrevieron a teorizar acerca de los mismos[3]. Descubrieron entre otras cosas el notocordio, el tubo neural y –lo que es aún más importante– las tres capas germinales. Estos embriólogos compararon los procesos descubiertos en el pollo con los de otros vertebrados, y más adelante con los de los cangrejos y otros invertebrados.

Por ser tan fácil de estudiar, el desarrollo del pollo (y el de la rana, bastante similar) ha sido considerado tradicionalmente como el «patrón oro» de la embriología. Pero ambos procesos son característicos sólo del

---

[3] Fue Pander (1817) quien estableció las bases de las nuevas descripciones del desarrollo de los vertebrados, pero Von Baer (1828ff) las amplió y perfeccionó considerablemente.

desarrollo de los vertebrados, y existe un número casi infinito de vías de desarrollo diferentes en los otros *fila* de organismos[4]. Las pautas de segmentación del zigoto, en particular, pueden diferir drásticamente en diferentes grupos. Cuando los embriólogos experimentales del siglo XIX compararon el desarrollo de los vertebrados con el de los tunicados, equinodermos, moluscos, celentéreos y otros *fila* de invertebrados, descubrieron numerosas diferencias. Casi todas las generalizaciones de las páginas siguientes se aplican principalmente a los vertebrados.

EL IMPACTO DE LA TEORÍA CELULAR

Una de las numerosas contribuciones unificadoras de la teoría celular, propuesta poco después de 1830 por Schwann y Schleiden, consistió en dar un nuevo significado a los términos óvulo y semen, que hasta entonces habían sido conceptos bastante inconcretos. Remak (1852) fue el primero en demostrar que el óvulo es una célula. Aunque Leeuwenhoek había descubierto espermatozoides en el semen en 1680, muchos creían que se trataba de meros parásitos del semen. Otros sostenían que eran los portadores de la contribución del padre al embrión, pero no se sabía que cada espermatozoide es una célula, la célula germinal masculina, hasta que Kölliker lo demostró en 1841.

Resulta curioso que hasta 1880, aproximadamente, siguiera existiendo mucha incertidumbre acerca del significado de la fecundación. Para los fisicistas, la fecundación no era más que el impulso o señal que iniciaba la segmentación de la célula huevo. Así interpretaba la fecundación Miescher, el descubridor del ADN, en una fecha tan tardía como 1874. Con el tiempo, citólogos como O. Hertwig y Van Beneden demostraron que el espermatozoide aporta al huevo mucho más que una simple orden de iniciar la primera segmentación; también aporta el núcleo de la célula germinal (gameto) masculina.

Este núcleo, con su dotación haploide de cromosomas masculinos, penetra en el óvulo. Los cromosomas se suman al conjunto haploide de cromosomas femeninos del óvulo, formando el núcleo diploide del zigoto. Así pues, la fecundación no sólo restaura la diploidía, sino que ade-

---

[4] Los huevos con mucho vitelo suelen tener un desarrollo muy distinto del de los huevos con poco vitelo, incluso dentro de un taxón superior. Las mayores diferencias en la trayectoria completa del desarrollo se dan en organismos con diferentes fases larvarias o metamorfosis completa. En los lepidópteros, por ejemplo, y en otros insectos con metamorfosis completa, tiene lugar una reorganización total durante el estado de pupa, y un nuevo desarrollo de las estructuras del adulto a partir de los llamados discos imaginales.

más combina en la descendencia genes del padre y de la madre. Los hibridadores de plantas como Koelreuter habían descubierto esto mucho tiempo antes.

¿Epigénesis o preformación?

Pero ¿cómo es posible que esa masa de material «informe» que es el zigoto se transforme en un pollo, una rana o un pez? Este enigma dio origen a una controversia que se inició en el siglo XVII y duró hasta el XX. Poco a poco se desarrollaron dos hipótesis principales, ambas basadas en buenos argumentos y ambas –ahora lo sabemos– en parte correctas y en parte erróneas: la hipótesis de la preformación y la de la epigénesis.

Los preformacionistas basaban su hipótesis en la observación de que un huevo fecundado produce invariablemente un adulto de la especie que produjo el huevo. Llegaron a la conclusión de que en el momento de la fecundación ya existe en el óvulo o en el espermatozoide una versión en miniatura del futuro organismo, y que todo el desarrrollo consiste simplemente en el despliegue –que ellos llamaban «evolución»– de esa forma original. Esta teoría se apoyaba en unas declaraciones de Malpigio, el primer preformacionista declarado, que aseguraba haber visto en un huevo de gallina fecundado las primeras fases del desarrollo, lo cual le convenció de que la forma del futuro organismo estaba ya preformada en el huevo.

La continuación lógica del concepto de preformación era suponer que no sólo existía un organismo preformado, sino que en este organismo preformado estaban ya presentes todos sus descendientes. A esta ampliación de la teoría de la preformación se la llamó teoría del *emboîtement*. Faltaba por resolver la cuestión de la localización del organismo preformado: ¿estaba en el óvulo, como afirmaban los ovistas, o en el espermatozoide, como sostenían los animalculistas? Numerosas descripciones e ilustraciones de este período mostraban un ser humano en miniatura (el homúnculo) encapsulado en el espermatozoide.

Los experimentos de hibridación de plantas de Koelreuter (1760) refutaron claramente las dos teorías preformacionistas, demostrando que los híbridos estaban determinados a partes iguales por el padre y por la madre. No podía existir un adulto de la especie preformado en la célula germinal de uno solo de los progenitores. Debido, tal vez, a que estos experimentos se realizaron con plantas, esta decisiva refutación no fue tenida en cuenta durante mucho tiempo. Lo mismo ocurrió con los mulos y otros animales híbridos de formas intermedias. Tampoco se prestó atención a los estudios sobre regeneración, que demostraban que cuando se amputaban partes de ciertos organismos, como las hidras y algunos anfibios y reptiles, dichas partes se regeneraban mediante un proceso esencialmente epigenético.

Frente a los preformacionistas se alzaban los epigenesistas, que sostenían que el desarrollo comienza a partir de una masa totalmente informe, que adquiere forma gracias a alguna fuerza exterior, una *vis essentialis,* como la llamaba C. F. Wolff[5]. Pero la teoría de la epigénesis era incapaz de explicar por qué los huevos de gallina dan lugar a pollos de gallina, y los de rana a renacuajos de rana. Tampoco podía explicar la diferenciación de tejidos y estructuras embrionarias durante la ontogenia. Lo que es más: creer en la epigénesis implicaba creer que cada especie poseía su propia *vis essentialis,* en total contraste con las fuerzas universales descritas por los físicos, como la gravitación. Ningún epigenesista sabía explicar qué era la *vis essentialis* y por qué era tan específica.

No obstante, la epigénesis salió triunfadora de la controversia, principalmente porque los avances de las técnicas microscópicas fueron incapaces de hallar el menor rastro de un cuerpo preformado en el huevo recién fecundado. Pero la solución definitiva al enigma no se encontró hasta el siglo XX. El primer paso al respecto se dio en el campo de la genética, que distinguía entre el genotipo (la constitución genética de un individuo) y el fenotipo (la totalidad de los caracteres observables en un individuo), y había demostrado que el genotipo, que contiene los genes necesarios para formar una gallina, podía controlar durante el desarrollo la producción de un fenotipo de gallina. Así pues, el genotipo, que aporta la información necesaria para el desarrollo, es el elemento preformado. Pero al dirigir el desarrollo epigenético de la masa aparentemente informe del huevo, también desempeñaba las funciones de la *vis essentialis* de los epigenesistas.

Por último, la biología molecular despejó la última incógnita al demostrar que esta *vis essentialis* era el programa genético del ADN del zigoto. La introducción del concepto de programa genético puso fin a la antigua controversia. En cierto modo, la respuesta era una síntesis de epigénesis y preformación. El proceso del desarrollo, por el que se forma el fenotipo, es epigenético. Pero el desarrollo es también preformacionista, porque el zigoto contiene un programa genético heredado que determina en gran medida el fenotipo.

---

[5] Esta *vis essentialis* era, por supuesto, un *deus ex machina* metafísico, y el preformacionista Haller tenía mucha razón al preguntar: «¿Por qué el material informe procedente de una gallina siempre da lugar a un pollo de gallina, y el de un pavo real siempre da lugar a un pavo real? No se ofrece ninguna respuesta a estas preguntas.»

Es típico de la biología que la solución definitiva a una larga controversia combine elementos de los dos bandos opuestos. Los bandos enfrentados son como los proverbiales ciegos que tocan diferentes partes de un elefante. Cada uno posee parte de la verdad, pero hacen extrapolaciones erróneas a partir de esas verdades parciales. La respuesta definitiva se obtiene eliminando los errores y combinando las porciones válidas de las diversas teorías contendientes.

Diferenciación: la divergencia de las células en el desarrollo

Uno de los aspectos más maravillosos del desarrollo, que durante mucho tiempo resultó totalmente inexplicable, es la diferenciación gradual de las células descendientes de una misma célula, el zigoto. ¿Cómo llega una neurona a ser tan diferente de las células del conducto intestinal?

El problema de la diferenciación celular se volvió aún más desconcertante entre 1870 y 1890, cuando por fin quedó claro que la determinación genética estaba localizada en el núcleo de la célula, y más concretamente en los cromosomas. Si los núcleos de todas las células contenían los mismos determinantes genéticos, como sostenía Weismann, ¿cómo era posible que las células llegaran a ser tan diferentes en el curso del desarrollo?

La solución más simple consistía en suponer que durante la división mitótica de la célula, cuando los cromosomas se dividen, cada célula hija recibe una combinación ligeramente distinta de cromosomas, con diferentes elementos genéticos, y que la diferenciación celular depende de los elementos genéticos concretos que recibe cada célula. Esta teoría de la división celular desigual fue aceptada mayoritariamente desde 1880 hasta 1900, por lo menos. Pero si esto era cierto, no tendría sentido un proceso tan elaborado como la mitosis, que los citólogos tenían ya bien estudiada. Roux (1883) se preguntaba con mucha razón por qué el núcleo no se dividía simplemente por su plano ecuatorial, convirtiéndose cada medio núcleo en el núcleo de una de las células hijas. ¿Qué sentido tiene un mecanismo tan complicado, que durante la mitosis convierte cada cromosoma en un largo filamento de cromatina? Esto sólo tendría sentido, insistía Roux, si el núcleo estuviera formado por un material muy heterogéneo, tal vez por partículas únicas y diferentes. En tal caso, la distribución equitativa de dichas partículas entre las células hijas sólo sería posible si estas partículas estuvieran encadenadas en un único filamento y este filamento se escindiera longitudinalmente. Así se garantizaría una distribución completamente equitativa del heterogéneo contenido del núcleo entre las dos células hijas.

Ahora sabemos que la teoría de Roux era correcta en lo fundamental, y que fue una brillantísima deducción de sus observaciones de la mitosis. Por desgracia, ciertas observaciones realizadas en los años siguientes parecían refutarla, y el propio Roux acabó descartando su teoría original, que era válida, y adoptando en su lugar la de la división mitótica desigual. Lo que motivó su conversión fueron unos estudios que demostraron que, en algunos organismos, después de las primeras segmentaciones del huevo, las células descendientes estaban ya muy diferenciadas y daban lugar a sistemas de órganos. ¿Cómo era posible que sucediera tal cosa si los elementos genéticos se repartían por igual?

Otros descubrimientos acentuaron el misterio. Los experimentos de Roux, Driesch, Morgan y Wilson demostraron que las células formadas en las primeras segmentaciones de diferentes grupos animales tenían diferentes «potenciales». Las células de una ascidia, si se separaban, producían una línea de células descendientes que tenían las mismas propiedades que si no se hubieran separado; las dos células formadas en la primera división de segmentación producían dos medias larvas de ascidia. Este modo de diferenciación se llamó *en mosaico* o *desarrollo determinado*. Pero cuando se separaban las dos células de la primera división de segmentación de un erizo de mar, cada una de ellas daba origen a una larva casi normal, sólo que de menor tamaño. A este otro modo de diferenciación se lo llamó *desarrollo regulativo*. Para complicar aún más las cosas, se descubrió que en muchos grupos el desarrollo era una cosa intermedia entre estas dos modalidades.

Cuanto más se estudiaban los detalles del desarrollo de diferentes organismos, más difícil resultaba establecer principios claros y generales. Los procesos eran muy diferentes en unos tipos de organismos y en otros. Algunas células embrionarias parecían inmunes a las influencias de su entorno celular; otras podían ser completamente reprogramadas por el entorno. Algunas células permanecían en el tejido en el que se habían formado; otras realizaban migraciones más o menos largas en el embrión. Después de numerosos experimentos, la relación entre el genotipo y la diferenciación de las células del embrión seguía siendo un enigma, y lo siguió siendo durante mucho tiempo[6].

Con el tiempo, y gracias principalmente a las contribuciones de la biología molecular del siglo XX, se supo que todas las células experimentan un proceso de diferenciación, y que, en un momento dado, sólo está activa una pequeña fracción de los genes del núcleo de cada célula.

---

[6] Moore (1993:445-456) ofrece un excelente resumen de estas investigaciones.

Hay mecanismos reguladores que activan o desactivan cada gen, dependiendo de que su producto génico sea o no necesario en esa célula y en ese momento. La sincronización de esta actividad reguladora está en parte programada en el genotipo, y en parte determinada por las células vecinas. Ni siquiera un biólogo tan sagaz como Weismann fue capaz de imaginar que el genotipo tuviera capacidades tan complicadas, y también él optó por la errónea solución de la división nuclear desigual. Y todavía no se sabe bien cómo los genes reguladores «saben» o sienten cuándo deben activar otros genes.

Se descubrió también que en muchos zigotos –sobre todo en los que tienen mucho vitelo– el control de las primeras divisiones celulares corre a cargo exclusivamente de factores maternos del citoplasma. Esto fue lo que confundió a Roux. Sólo después de haber completado las primeras fases del desarrollo entraban en acción los genes nucleares del nuevo zigoto. Sigue siendo un misterio la manera en que el ovario determina qué material hay que situar en las diferentes partes del vitelo, y cómo transfiere este material de la manera precisa.

En el nematodo *Caenorhabditis,* por ejemplo, a las células fundadoras de los diferentes linajes celulares se les asigna un sector específico del citoplasma del huevo, que se supone que contiene factores reguladores de origen materno. En cambio, en los taxones con desarrollo regulativo, como los vertebrados, no existen linajes celulares fijos en una fase tan temprana, y se producen numerosas migraciones de células; la especificidad de las células está determinada en gran medida por la inducción (la influencia de los tejidos ya existentes en el desarrollo de otros tejidos). Se pueden observar enormes diferencias en las rutas de diferenciación, no sólo entre nematodos y vertebrados, sino incluso entre especies de *fila* con parentesco más próximo: por ejemplo, entre los cordados (que incluyen a los vertebrados) y los equinodermos. Existe una gran variedad de pautas de desarrollo; algunas son independientes de toda influencia ambiental, mientras que en otras el entorno influye decisivamente.

Formación de las capas germinales

En el siglo XVIII, los investigadores del desarrollo, que trabajaban con una metodología primitiva, creían que la primera estructura que aparecía en la ontogenia era el corazón, y que los otros órganos iban apareciendo a medida que sus funciones eran necesarias para el embrión en desarrollo. Pero C. F. Wolff, Pander y Von Baer demostraron que no es así.

De hecho, en las ocho a doce primeras divisiones de segmentación de un huevo de rana se forma una bola de células, la llamada blástula. Parte de la capa externa de células se «invagina» en el interior hueco de esta blástula, y se forma una gástrula de doble pared. Por último, mediante varios procesos diferentes, se desarrolla una capa intermedia llamada mesodermo. Las células que formarán las tres capas germinales están todas en el exterior de la blástula; las que se convertirán en el ectodermo están en el hemisferio superior; las de la región ecuatorial formarán el mesodermo; y casi todo el hemisferio ventral se convertirá en endodermo. Pander (1817) fue el primero en demostrar la existencia de estas tres capas celulares en el embrión de pollo; y pocos años después, Von Baer (1828) demostró que la formación de tres capas germinales caracterizaba el desarrollo de todas las clases de vertebrados. Cada capa germinal daba origen a un conjunto concreto de sistemas de órganos: del ectodermo derivaban la piel y el sistema nervioso; del endodermo, el sistema intestinal; y del mesodermo, los músculos, los tejidos conectivos y el sistema sanguíneo.

A partir de 1830, la aplicación de la teoría celular permitió a los investigadores aumentar sus conocimientos sobre el desarrollo de las capas germinales. No se tardó en comprobar que el ectodermo y el endodermo existen también en todos los grupos de invertebrados, y en particular en los celentéreos. Además, la formación de las capas germinales era igual en todos los grupos de organismos: una invaginación de la blástula daba como resultado la formación de la gástrula, con su ectodermo y su endodermo[7].

A finales de la década de 1870 habían surgido considerables dudas acerca de si las mismas capas germinales daban origen a las mismas estructuras en todos los organismos y, sobre todo, acerca de la relación entre el mesodermo y las otras dos capas germinales. Los experimentos de regeneración, el tratamiento con sustancias químicas y el análisis de patologías indicaban que las capas germinales podían adoptar papeles diferentes del que tenían en condiciones normales.

El estudio del potencial de las capas germinales inició una nueva era con la aplicación de métodos quirúrgicos a la embriología experimental, y en particular con los experimentos de trasplante, que demostraron que cuando se trasplantaban fragmentos de una capa germinal a una nueva

---

[7] No se tardó en sugerir una conexión entre la ontogenia y la filogenia: la fase de gástrula correspondería al tipo celentéreo, y las fases posteriores del desarrollo representarían los «tipos» de organismos «superiores». Haeckel, más que ningún otro, insistió en este aspecto recapitulatorio del desarrollo y propuso la teoría de la gastrea para la evolución de los invertebrados.

posición en el embrión, o se cultivaban en un cultivo de tejidos, el desarrollo resultante era muy diferente del que se producía en la posición normal. Por ejemplo, el ectodermo aislado en un cultivo no daba lugar a un tejido nervioso diferenciado: privado de la influencia de las células de otras capas, sólo formaba epidermis. Si se implantaban tejidos embrionarios de anfibio en la cavidad abdominal del embrión, los tejidos ectodérmicos y endodérmicos formaban estructuras que normalmente derivan de las otras capas germinales. La consecuencia de todos estos experimentos fue que resultaba imposible seguir sosteniendo la doctrina de la especificidad absoluta de las capas germinales, de gran aceptación durante el siglo pasado. Las capas germinales parecían tener un potencial normal cuando mantenían su relación normal con otras capas germinales o complejos celulares, pero revelaban potenciales adicionales cuando se alteraban las relaciones normales.

Se descubrió, además, que las capas germinales no mantienen su integridad durante el desarrollo. Por el contrario, muchas células embrionarias realizan largos desplazamientos. El mesodermo, por ejemplo, se puede formar a partir de células que han migrado desde el ectodermo o desde el endodermo. Las células pigmentarias y las neuronas de los embriones de vertebrados emprenden largas migraciones desde su lugar de origen en la cresta neural. En algunos casos, las células migratorias son atraídas por estímulos químicos que emanan de la zona de destino, en un proceso llamado inducción.

Inducción

Hacia 1900, la distinción establecida por Roux entre tejidos o estructuras que parecen desarrollarse siguiendo estrictamente un programa genético fijo (desarrollo determinado) y los que se ven afectados por los tejidos o estructuras adyacentes (desarrollo regulativo) dio lugar a un nuevo concepto de la embriología experimental, llamado «inducción». Este término se aplica a todos los casos en los que un tejido afecta al desarrollo posterior de otro.

El primero que demostró sin lugar a dudas este fenómeno fue Spemann (1901), con el ojo del embrión de rana. El cristalino se forma a partir del ectodermo, pero no se desarrolla si se destruye o extirpa el tejido mesodérmico de debajo (el primordio ocular). Spemann puso a prueba sus descubrimientos, trasplantando el primordio ocular a otras partes del embrión, para ver si el ectodermo de otras partes del cuerpo poseía la misma capacidad de formación del cristalino; y efectivamente, la tenía. Por último, extirpó el ectodermo local de la región ocular y lo sustituyó por ectodermo de otras partes del embrión; de nuevo se formó un cristalino. Posteriormente, otros autores obtuvieron resultados diferentes, sobre todo si utilizaban otras especies de ranas. En algunos casos se desarrollaba un «cristalino libre» incluso después de extirpar el primordio ocular. Spemann acabó llegando a la conclusión de que gran parte del ectodermo de la cabeza tenía predisposición a la formación del cristalino.

En otra serie de experimentos de trasplante, Spemann demostró que una porción del labio dorsal del blastóporo inducía la formación del tejido del tubo neural en lo alto del intestino primitivo. Sugirió la existencia de un «organizador» responsable de este efecto, publicando en 1924 un artículo –escrito en colaboración con Hilde Mangold, que había realizado casi todo el trabajo técnico– que causó gran sensación y desencadenó una actividad casi febril entre los embriólogos experimentales. Con el tiempo se demostró que, en ocasiones, incluso los organizadores «muertos» y ciertas sustancias inorgánicas son capaces de inducir la formación del tubo neural.

El propio Spemann y muchos otros investigadores dejaron de trabajar en este campo o se dedicaron a otros problemas; sin embargo, ahora está claro que iba por buen camino. Hace poco se aisló una proteína que parece poseer la capacidad de inducir el tejido nervioso. El estudio de todos los experimentos realizados en este campo impulsó a Spemann a considerar la inducción como una compleja interacción entre el tejido inductor y el inducido[8].

Independientemente de la clase de señal química enviada por el tejido inductor al inducido, está demostrado que la inducción desempeña un papel importante en el desarrollo de los organismos con desarrollo regulativo (como los vertebrados). El estudio de las interacciones entre células y tejidos durante la ontogenia –y, en particular, el comportamiento de las células según su posición– se ha convertido en una rama independiente de la biología (la topobiología), que analiza por separado las propiedades de las membranas celulares. Ha quedado perfectamente demostrado que la interacción de células y tejidos desempeña importante papel en el desarrollo de casi todos los organismos, exceptuando tal vez unos pocos con desarrollo estrictamente determinado.

Recapitulación

Desde los tiempos de Meckel-Serrès y Von Baer, los naturalistas han estado interesados en las implicaciones evolutivas del desarrollo.

---

[8] Saha (1991:106).

Hacia 1825, Rathke descubrió las hendiduras y bolsas branquiales de los embriones de aves y mamíferos, una observación que encajaba a la perfección con la idea entonces dominante de la «gran cadena de seres» *(scala naturae)*. Si los organismos adultos se podían ordenar en una serie de perfección cada vez mayor, ¿por qué no podían sus embriones recorrer una serie equivalente de etapas, que reflejaran los arquetipos anteriores, de perfección menos avanzada? Sin duda, las hendiduras branquiales eran un reflejo de una etapa pisciforme, y las fases embrionarias anteriores representaban recapitulaciones de tipos aún más primitivos.

Así nació la teoría de la recapitulación, también conocida como ley de Meckel-Serrès: los organismos recapitulan durante su ontogenia las etapas filogenéticas por las que pasaron sus antepasados. En el período predarvinista, el pensamiento evolutivo era aún bastante confuso, pero la recapitulación encajaba con la idea, muy extendida, de que los organismos «superiores» de la escala repasaban durante su ontogenia las etapas filogenéticas del pasado.

Von Baer, aunque confirmó la similitud entre algunas fases de la ontogenia y las formas de tipos «inferiores», rechazó categóricamente la interpretación evolutiva. Para él, lo único que ocurría era que las primeras fases eran más simples y homogéneas, y las fases avanzadas eran más especializadas y heterogéneas; toda la ontogenia era un avance desde lo simple a lo complejo (a esto se lo llamó «ley de von Baer»). Para Von Baer, las interpretaciones teleológicas eran perfectamente aceptables, pero no aceptaba nada parecido a la teoría darvinista de la ascendencia común.

Muy diferente era la posición de Ernst Haeckel. Más que ningún otro, Haeckel insistió en el aspecto recapitulatorio del desarrollo, sugiriendo que la fase de gástrula correspondía a la evolución de los invertebrados, y que las fases posteriores del desarrollo correspondían a la evolución de «tipos» de organismos «superiores». Poco después de la publicación de *El origen de las especies,* de Darwin, Haeckel proclamó la «ley biogenética fundamental»: la ontogenia es una recapitulación de la filogenia. Al instante, esto despertó un enorme interés por la embriología comparada, y los estudiosos de la ontogenia creyeron encontrar en todas partes confirmaciones de la teoría de Haeckel. Durante unos cuantos años, a finales del siglo XIX, la embriología se centró en la búsqueda de antepasados comunes, basándose en las evidencias de recapitulación.

Pero, en general, los embriólogos han tendido a rechazar la teoría de la recapitulación, sobre todo en sus versiones más extremistas, en favor de la ley de Von Baer. Las razones de esta elección son principalmente teóricas. No se les ocurría ninguna causa convincente que hiciera pasar al embrión por todas sus fases ancestrales, y se sentían más a gusto con una progresión de lo simple a lo complejo, como postulaba Von Baer. De hecho, los embriones suelen ser más simples y menos diferenciados que los adultos resultantes. Sin embargo, los partidarios de Von Baer pasaban por alto el hecho de que los arcos branquiales y otras manifestaciones de la recapitulación no son nunca más simples que las estructuras posteriores. La ley de Von Baer se limitaba a barrer la recapitulación debajo de la alfombra; no la explicaba.

GENÉTICA DEL DESARROLLO

En el último cuarto del siglo XIX, el desarrollo era estudiado también por otra rama de la biología, que con el tiempo acabó llamándose genética. Pero este nuevo campo no era homogéneo. Los estudiosos de la herencia no tardaron en darse cuenta de que su campo estaba dividido en dos ramas: lo que más adelante se llamó genética de la transmisión, y la genética del desarrollo o fisiológica. La genética mendeliana, que se ocupaba del modo de transmisión de los factores genéticos de una generación a otra, era pura genética de la transmisión. En cambio, la genética del desarrollo estudiaba la actividad de dichos factores en los organismos durante la ontogenia. La incapacidad de algunos biólogos –entre ellos, Weismann– para separar estos dos aspectos de la genética fue responsable de gran parte de los malentendidos de la época. El gran acierto de T. H. Morgan consistió en separarlos y dedicarse exclusivamente al estudio de la genética de transmisión.

En esa misma época, otros autores se concentraron en la genética del desarrollo, y el primer texto importante en este campo lo escribió Richard Goldschmidt (1938). Gran parte de lo que se creía saber sobre el tema en esta época era pura especulación, y la genética del desarrollo no empezó a madurar hasta el auge de la biología molecular. No obstante, en publicaciones anteriores, como las de Waddington y Schmalhausen, se habían esbozado ya casi todos los problemas que son objeto de las investigaciones modernas.

La nueva era de la genética del desarrollo comenzó cuando Avery (1944) demostró que el ADN era el portador de la información genética. El ADN controla la producción de las proteínas que componen un organismo. El desarrollo, pues, es la elaboración de diferentes tipos de proteínas durante la ontogenia, y la combinación específica de las proteínas características de los diferentes sistemas de órganos. Aunque los fundadores de la genética moderna eran plenamente conscientes de la relación entre los genes y el desarrollo, no consiguieron –de hecho, ni siquiera lo intentaron en serio– elaborar una síntesis de la genética y el desarrollo.

El principal interés de la genética clásica eran los genes individuales. Pero en aquella época, la contribución de un gen particular al desarrollo sólo se podía determinar mediante el estudio de mutaciones, en especial las mutaciones deletéreas e incluso letales. No había manera de estudiar la contribución al desarrollo de un gen normal (o, como se le llamaba entonces, del «tipo silvestre»). De hecho, el estudio de genes deletéreos fue el método favorito de la genética del desarrollo a partir de los años 30. Los resultados fueron modestos; a menudo, se limitaban a identificar el tejido concreto o la capa germinal afectada por la mutación. Los análisis demostraron también que casi todas las mutaciones consistían en la incapacidad de producir un producto génico necesario, pero no sirvieron para determinar la naturaleza bioquímica de la deficiencia.

Aunque se desconocía la naturaleza química del producto génico, estos estudios demostraron sin lugar a dudas que, durante el desarrollo, un gen particular suele estar activo sólo en ciertos tejidos y en ciertas fases concretas del desarrollo. Basándose en este descubrimiento, se podría describir el desarrollo como una secuencia ordenada de manifestaciones génicas.

El impacto de la biología molecular

El descubrimiento, aportado por la biología molecular, de que el gen no es una proteína y no constituye por sí mismo una de las unidades estructurales del embrión en desarrollo, sino que el genotipo es simplemente el conjunto de instrucciones necesarias para la construcción del embrión, ejerció un tremendo impacto en la metodología y conceptualización de la genética del desarrollo. Cuando se empezaron a dilucidar los detalles de la acción génica, en los años 60 y 70, quedó en claro por qué nuestros anteriores esquemas explicatorios habían resultado de corto alcance.

No sólo se descubrió que los genes son unidades compuestas, formadas por exones que se transcriben e intrones que se extirpan antes de la síntesis de proteínas, sino que además de los genes estructurales que producen enzimas, existen genes reguladores y secuencias flanqueantes. Por fin quedó en claro –como se había sugerido cautamente desde 1880– que un gen se puede activar y desactivar, según se necesite o no su producto. Por añadidura, la revolución molecular nos ayudó a apreciar el hecho de que las células se caracterizan por las proteínas que producen[9].

Todo el sistema, desde el ADN del núcleo y el ARN mensajero hasta los polipéptidos y proteínas, más la continua interacción de todo este aparato con su entorno celular, resultó ser mucho más complejo de lo que se había pensado hasta entonces. El logro ideal de la biología del desarrollo consistiría en descubrir hasta el último de los genes que intervienen en el desarrollo, determinar la contribución exacta de cada gen, incluyendo la naturaleza química del producto génico correspondiente y la función que desempeña esta molécula en el desarrollo, y analizar la maquinaria reguladora que controla la entrada en acción de cada gen en el momento preciso. Sorprendentemente, los especialistas en desarrollo han avanzado mucho hacia este objetivo en ciertos organismos.

Los mayores progresos se han logrado con organismos de desarrollo rígidamente determinado, como los nematodos y la mosca *Drosophila*. En el nematodo *Caenorhabditis elegans,* por ejemplo, se dispone ya del mapa de más de 100 genes con más de 1.000 mutaciones. Y lo que es más: se ha descifrado la secuencia del ADN de muchos de estos genes, determinando la secuencia exacta de los pares de bases. El nematodo adulto tiene un número fijo de células no gonadales, 810, y gracias al estudio de los linajes celulares se ha podido determinar qué órganos derivan de determinadas células de las primeras divisiones de segmentación.

La mosca de la fruta, *Drosophila,* otro organismo con desarrollo determinado, presenta algunos inconvenientes para el estudio, como el número mucho mayor de genes, pero esto queda compensado con creces por sus ventajas genéticas y morfológicas. Para empezar, cuando comenzaron los estudios modernos sobre el desarrollo se disponía ya de un amplio catálogo de mutaciones en la *Drosophila*. Además, se había determinado ya su posición en los cromosomas. Y por si fuera poco, los cromosomas gigantes de las glándulas salivares de la *Drosophila* permiten con frecuencia identificar la naturaleza de las mutaciones.

Pero lo más importante es que la *Drosophila* es un organismno metamérico, y el análisis genético permite determinar qué genes contribuyen al desarrollo de cada segmento. Tiene cinco segmentos cefálicos, tres segmentos torácicos y de ocho a once segmentos abdominales; se

---

[9] No sólo los genes son unidades compuestas, formadas por exones que se transcriben e intrones que se extirpan antes de la síntesis de proteínas, sino que además de los genes estructurales que producen enzimas, existen genes reguladores y secuencias flanqueantes. Toda esta maquinaria es demasiado compleja para ser descrita al detalle en este libro, y no tengo más remedio que recomendar la lectura de obras como *La biología molecular del gen* (Alberts y otros 1983).

conocen ya muchos genes que influyen en segmentos concretos (o grupos de segmentos). Se ha descubierto mucho de lo que hace cada uno de estos genes. Resulta especialmente interesante la comparación de los efectos de diferentes alelos (versiones de un mismo gen) del mismo locus génico.

Se ha avanzado mucho menos en el análisis genético de organismos con desarrollo regulativo, como los vertebrados. En estas especies, las células no tienen decidido su destino hasta la fase de 16 o 32 células. Posiblemente, la mayor contribución al conocimiento del desarrollo humano ha sido la aportada por el estudio de las enfermedades genéticas humanas; es decir, el estudio de mutaciones que provocan cambios deletéreos en el fenotipo. Esto ha permitido a los investigadores asignar un elevado porcentaje de dichas mutaciones a cromosomas concretos. Sin duda, gracias al Proyecto Genoma Humano, acabarán por localizarse todas las mutaciones. Pero teniendo en cuenta el carácter regulativo del desarrollo, la abundancia de inducción y las considerables migraciones de ciertos complejos celulares, en muchos casos resultará difícil establecer una relación inequívoca entre genes concretos y ciertos aspectos del desarrollo fenotípico. Los sistemas de desarrollo de los organismos con desarrollo regulativo son mucho más complejos que los de las especies con desarrollo determinado. Es posible que tengamos que conformarnos con conclusiones generalizadas.

Uno de los avances más apasionantes de la embriología molecular ha sido el descubrimiento de que ciertos conjuntos de genes están ampliamente distribuidos en grupos animales con parentesco muy lejano. Los llamados genes *Hox* se descubrieron en la *Drosophila,* pero, gracias al análisis de secuencias, se han encontrado también en el ratón, en un anfibio, en un nematodo y en otros animales. En los vertebrados, por ejemplo, existen cuatro conjuntos homólogos de genes *Hox*. Estos grupos de genes no codifican estructuras concretas, sino su posición relativa en el organismo. También se han encontrado genes *Hox* homólogos en casi todos los *fila* de invertebrados, desde los celentéreos y platelmintos a los artrópodos, moluscos y equinodermos. Algunos de los grupos de genes *Hox,* junto con otros genes que controlan el desarrollo, están tan ampliamente distribuidos en los *fila* animales que Slack y otros (1993:491) han sugerido que este conjunto de genes (al que ellos llaman «zootipo») refleja parte del genotipo del metazoo ancestral. Sin duda alguna, este conjunto de genes tiene gran antigüedad filogenética. Todavía no se sabe cuáles de estos genes están presentes también en los antepasados protistas de los animales.

BIOLOGÍA DEL DESARROLLO Y EVOLUTIVA

Durante algún tiempo, cuando la mayoría de los genetistas pensaba que la evolución consistía simplemente en un cambio en las frecuencias génicas, se subestimó la importancia del desarrollo en los cambios macroevolutivos. En tiempos más recientes, sobre todo después de que los biólogos del desarrollo aceptaran de mala gana el darvinismo, se ha vuelto a insistir, y con buenas razones, en este interesantísimo aspecto del desarrollo.

El individuo, sobre el que actuará la selección, es el producto de la interacción, durante el desarrollo, de todos sus genes, unos con otros y con el ambiente, y esta interacción impone estrechos límites a los cambios evolutivos permisibles. Lo demuestra la uniformidad fenotípica de la mayoría de las especies. Cualquier desviación del morfotipo normal de la especie es eliminada por la selección estabilizadora o normalizadora (véase Capítulo 9)[10]. El estudio de estas limitaciones que el desarrollo impone a la evolución se ha convertido en uno de los campos más interesantes de la moderna biología del desarrollo.

Los diferentes genes y conjuntos de genes se activan en diferentes fases del desarrollo del zigoto. Durante mucho tiempo, los biólogos del desarrollo han creído que los genes que se activan hacia el final del desarrollo son los que se adquirieron más tarde durante la filogenia; y a la inversa: que los genes que antes se activan durante el desarrollo son los más «antiguos» que posee el organismo. Se creía que una mutación en un gen reciente sólo provocaría un cambio menor en el fenotipo (por ejemplo, alterar el grado de dimorfismo sexual o afectar a un componente de conducta de un mecanismo de aislamiento), mientras que la mutación de un gen antiguo alteraría de manera radical todo el proceso de desarrollo y, por lo tanto, tendría muchas más posibilidades de ser deletérea.

Se han planteado muchas objeciones a la interpretación literal de este concepto; y sin embargo, numerosas observaciones parecen indicar que tal vez sea válido en principio. De ser así, explicaría muchos fenómenos evolutivos, como la exuberante producción de nuevos tipos estructurales en el Precámbrico y principios del Cámbrico, cuando el genotipo de los metazoos aún era joven, en contraste con la relativa estabilidad de los tipos estructurales observada desde entonces. También explicaría, por ejemplo, por qué tantas innovaciones evolutivas se deben a un cambio de función de una estructura que se adquirió gradualmente,

---

[10] Los que más han insistido en este aspecto han sido Severtsov y su escuela (Schmalhausen).

paso a paso, para una función diferente. Estos cambios de función tienen la ventaja de que sólo requieren una mínima reestructuración del genotipo.

Este concepto, que considera a todo individuo como un sistema de desarrollo que reacciona a la selección más o menos como un sistema integrado, explica también dos fenómenos evolutivos que durante mucho tiempo desconcertaron a los especialistas en desarrollo. El primero es la existencia de estructuras vestigiales. Casi todos los genes y grupos de genes tienen efectos muy amplios, y aunque la selección natural deje de favorecer una de sus manifestaciones fenotípicas (por ejemplo, la presencia de un dedo vestigial), este carácter vestigial no se perderá mientras los genes controladores sigan teniendo otras funciones (por ejemplo, el mantenimiento de los demás dedos). En este caso, la selección natural lo mantendrá.

El segundo fenómeno evolutivo es la recapitulación.

Reconsiderando la recapitulación

Para explicar la recapitulación en términos aceptables para un biólogo moderno, hay que partir de una nueva base. El principio de Meckel-Serrès se postuló en una época de predominio de la morfología idealista. Haeckel y otros paladines de la recapitulación sabían perfectamente que ningún ave o mamífero pasa por una fase embrionaria que sea exactamente como un pez. No decían –aunque sus adversarios les acusaban de hacerlo– que las fases embrionarias de los mamíferos o las aves fueran exactamente iguales que las fases «adultas» de los anfibios o los peces. Lo que decían era que las fases embrionarias se parecían a las fases «permanentes» de sus antepasados. Lo que querían decir con «permanente» era que las primeras fases ontogénicas representaban los arquetipos precedentes[11]. De hecho, aquellos recapitulacionistas hicieron notar que, en muchos casos, las primeras fases de la ontogenia habían avanzado evolutivamente más que las fases adultas. Esto es particularmente cierto en organismos en los que las fases larvarias se han adaptado a modos especiales de vida, como sucede por ejemplo con las larvas de algunos organismos marinos y las de ciertos parásitos.

Para evaluar la teoría de la recapitulación, hay que distinguir dos conjuntos de preguntas: 1) ¿Hay casos en los que las fases ontogénicas se parecen a las de los tipos ancestrales? Es decir, ¿se dan, efectivamen-

---

[11] En los escritos de Haeckel y otros queda bien de manifiesto que sabían perfectamente que los embriones no reflejaban las fases adultas de los antepasados.

te, casos de «recapitulación»? 2) De ser así, ¿por qué ocurre? ¿A qué se debe la permanencia de las fases ontogénicas ancestrales? La respuesta a la primera pregunta es «sí». Pero en el caso de la segunda pregunta, estaría justificado preguntar: ¿por qué los mamíferos no desarrollan directamente la región del cuello, en lugar de hacer un rodeo por la fase de arcos branquiales? La respuesta es que el desarrollo del fenotipo no está controlado estricta, exclusiva y directamente por genes, sino por la interacción entre el genotipo de las células embrionarias y su entorno celular. En cualquier fase de la ontogenia, el siguiente paso del desarrollo no sólo está controlado por el programa genético del genotipo, sino también por un «programa somático» de esa fase del embrión. Aplicado, por ejemplo, al problema del arco branquial, esto significa que el sistema del arco branquial es el programa somático para el posterior desarrollo de la región del cuello de aves y mamíferos (Mayr 1994).

Aunque el término «programa somático» es nuevo, esta interpretación tiene más de cien años de antigüedad. Durante mucho tiempo, una de las ideas fundamentales de la biología del desarrollo ha sido que toda fase del desarrollo está controlada en parte por las fases anteriores. Así pues, la recapitulación no tiene nada de misterioso, salvo que se debe desligar del pensamiento tipológico de la morfología idealista.

A pesar de las numerosas complejidades y de las variaciones entre grupos de organismos, las primeras fases del desarrollo de los animales –la formación y desarrollo de las capas germinales (gastrulación)– presentan grandes similitudes en todos los *fila*. Me cuesta no pensar que esta fase puede representar la recapitulación de una condición ancestral. Las extravagantes teorías de Haeckel son las culpables de que esta idea esté mal vista, pero, por muy escépticamente que contemple los hechos, no encuentro una interpretación diferente y mejor.

Cómo se producen los avances evolutivos

El sistema de desarrollo está tan entretejido que los biólogos hablan a veces de la «cohesión» del genotipo. Para los evolucionistas, el problema es cómo se desarrolló esta cohesión y cómo se descompone para permitir nuevos y grandes avances evolutivos.

Según un modelo que yo propuse en 1954, la evolución avanza lentamente en las especies con poblaciones muy grandes, y los cambios evolutivos más rápidos se dan en poblaciones pequeñas y aisladas periféricamente (fundadoras)[12]. Expresado en términos de desarrollo, esto

---

[12] Mayr (1954).

parece indicar que las especies con poblaciones grandes son estables, y que las poblaciones fundadoras pequeñas pueden carecer de esta estabilidad, lo que les permite cambiar rápidamente su fenotipo mediante una rápida reestructuración genética. Eldredge y Gould (1972), que introdujeron el concepto de «equilibrio puntuado», aceptaron este modelo y propusieron que el estatismo de las especies populosas puede mantenerse durante millones de años. Posteriores investigaciones han demostrado que esto sucede, efectivamente, en muchas especies. Este modelo recalca claramente la importancia del desarrollo en la macroevolución. Sin embargo, no explica por qué los genotipos de ciertas especies son muy estables, mientras que los de otras especies pueden experimentar rápidos cambios evolutivos. Aún no se ha conseguido explicar esta diferencia.

Este modelo es casi exactamente lo contrario del modelo propuesto por Fisher y Haldane a inicios de los años 30. En su opinión, la velocidad del cambio evolutivo es proporcional a la cantidad de variación genética de una población o especie, y, por lo tanto, cuanto más grande y populosa sea una especie, más rápidamente evoluciona. Todas las investigaciones posteriores han refutado sin lugar a dudas la hipótesis de Fisher-Haldane. Mi interpretación, contraria a la suya, es que cuanto más populosa sea una especie, más interacciones epistáticas se dan en ella, y más tiempo se tardará en que una nueva mutación o recombinación se extienda a toda la especie; por lo tanto, su evolución será más lenta. Una población fundadora, en la que el menor número de individuos impide que las variaciones permanezcan ocultas, puede cambiar con más facilidad de genotipo, o, hablando en metáfora, pasarse a otro pico adaptativo. Al cambio en la velocidad evolutiva de poblaciones y especies, provocado por mutación o por recombinación genética, se lo llama «heterocronía».

Ahora se sabe que existe una considerable variación genética en todas las fases de la jerarquía de procesos del desarrollo. Milkman (1961) demostró a la perfección la gran cantidad de variación genética críptica que puede existir en una población natural tras la manifestación de un solo carácter fenotípico. Dicha variación permite que la selección natural afecte a los procesos de desarrollo. Es evidente que muchas propiedades morfológicas están estrechamente relacionadas con procesos fisiológicos. La presión selectiva sobre estos procesos fisiológicos pleiotrópicos es, en muchos casos, responsable de cambios morfológicos que de otro modo serían inexplicables.

Comparando las variaciones en los procesos de desarrollo de diferentes razas geográficas y especies muy próximas, los biólogos del desarrollo deberían poder demostrar qué tipo de cambios del desarrollo son posibles en parientes cercanos y qué tipos no lo son. Por desgracia para esta clase de estudios, la metodología tradicional de los biólogos del desarrollo ha permitido, cuando no favorecido, el pensamiento tipológico. Unos pocos, como Waddington, han tenido en cuenta la existencia de variación, pero la aceptación gradual del pensamiento poblacionista por parte de los biólogos del desarrollo ha sido un proceso muy lento. En el pasado, los biólogos del desarrollo han tendido a utilizar para sus análisis sistemas clásicos de laboratorio –el pollo, la rana, la *Drosophila*– y han pasado directamente del fenotipo al nivel génico. Hasta hace muy poco han sido incapaces de sacarle partido al hecho auténticamente responsable de la mayoría de los sucesos macroevoluivos: la variación geográfica.

Sin embargo, en ninguna otra rama de la biología se representan los diferentes aspectos explicativos de las ciencias de la vida de modo tan ejemplar como en la biología del desarrollo. Esta disciplina es muy analítica (a menudo se la tacha erróneamente de reduccionista), siendo su objetivo determinar la contribución de cada gen al proceso de desarrollo. Al mismo tiempo es claramente holística, ya que el desarrollo viable depende de la influencia del conjunto del organismo, reflejada en la interacción entre genes y tejidos. El desciframiento del programa genético representa la causa próxima de los procesos ontogénicos, y el contenido del programa genético es el resultado de las causas remotas (evolutivas). En esta riqueza de factores y causaciones radica la fascinación y belleza del mundo vivo[13].

---

[13] Para los interesados en estudios más detallados del desarrollo, recomiendo Davidson (1986), Edelman (1988), Gilbert (1991), Hall (1992), Horder y otros (1986), McKinney y otros (1991), Moore (1993), Needham (1959), Russell (1916), Slack y otros (1993) y Walbot y otros (1987).

Capítulo 9

El «por qué». La evolución de los organismos

En la Edad Media y casi hasta los tiempos de Darwin, se creía que el mundo era constante y que existía desde hacía poco tiempo. Pero la credibilidad de esta visión cristiana del mundo se había debilitado ya en algunos campos, debido a una serie de avances científicos. El primero fue la revolución copernicana, que sacó a la Tierra y sus habitantes humanos del centro del universo, demostrando de paso que no se debía interpretar al pie de la letra todo lo que dice la Biblia. El segundo fueron las investigaciones de los geólogos, que revelaron la gran edad de la Tierra. Y el tercero, el descubrimiento de fósiles de animales extinguidos, que refutó la teoría de que la vida sobre la Tierra no había cambiado desde la Creación.

A pesar de estas evidencias y de otras muchas que desmentían la teoría de un mundo constante y de corta duración (y a pesar de que las dudas se habían manifestado en los escritos de Buffon, Blumenbach, Kant, Hutton y Lyell, por no hablar de la teoría lamarckiana del cambio gradual), el concepto más o menos bíblico siguió predominando hasta 1859. No sólo era aceptado por la gente común, sino también por la mayoría de los naturalistas y filósofos. Se necesitó una larga serie de avances para que el evolucionismo –con su imagen de un mundo en constante cambio y de larga duración– quedara plenamente establecido. En la actualidad puede parecernos extraño, pero el concepto de evolución era ajeno al mundo occidental.

LOS MÚLTIPLES SIGNIFICADOS DE «EVOLUCIÓN»

El introductor de la palabra «evolución» en la ciencia fue Charles Bonnet, en su teoría preformacionista del desarrollo embrionario (véase Capítulo 8), pero la biología del desarrollo ya no utiliza la palabra en ese sentido. También se ha utilizado la palabra «evolución» para tres conceptos de la historia de la vida sobre la Tierra, y aún se la sigue utilizando para uno de ellos.

El término *evolución transmutativa* (o transmutacionismo) se aplica a la aparición repentina de un nuevo tipo de individuo, debido a una mutación importante o saltación. Dicho individuo se convierte en progenitor de una nueva especie, formada por sus descendientes. Las ideas saltacionistas habían estado presentes desde los griegos hasta Maupertuis (1750), aunque no en el contexto de la evolución. Incluso después de la publicación de *El origen de las especies,* de Darwin, muchos evolucionistas que se resistían a aceptar el concepto de selección natural adoptaron teorías saltacionistas, incluyendo a un amigo de Darwin, T. H. Huxley.

En cambio, el término *evolución transformativa* se refiere al cambio gradual de un objeto; por ejemplo, el desarrollo de un huevo fecundado hasta transformarse en adulto. Todas las estrellas experimentan una evolución transformativa, de amarilla a roja. En el mundo inanimado, casi todo cambia: el alzamiento de una cordillera debido a las fuerzas tectónicas y su posterior destrucción por la erosión son fenómenos de este tipo, siempre que tengan una dirección. En cuanto al mundo animado, la teoría evolutiva de Lamarck, que precedió a la de Darwin, era transformativa. Según Lamarck, la evolución consiste en el origen por generación espontánea de un organismo nuevo y simple, un infusorio, y su gradual transformación en una especie superior y más perfecta. La teoría lamarckiana de la evolución transformativa, presentada en su *Philosophie zoologique* (1809), tuvo mucha aceptación en su momento pero fue desplazada en casi todo el mundo por la teoría de Darwin.

La *evolución variativa* es el concepto representado por la teoría darvinista de la evolución por selección natural. Según esta teoría, en cada generación se produce una enorme cantidad de variación genética, pero, entre los numerosísimos descendientes, sólo unos pocos supervivientes logran reproducirse. Los individuos mejor adaptados al ambiente tienen más posibilidades de sobrevivir y engendrar la siguiente generación. Debido a: 1) la constante selección (o supervivencia diferencial) de los genotipos más capaces de adaptarse a los cambios del ambiente; 2) la competencia entre los nuevos genotipos de la población; y 3) los procesos estocásticos (al azar) que afectan a las frecuencias génicas, la composición de cada población va cambiando continuamente, y a este cambio se lo llama evolución. Dado que todos los cambios tienen lugar en poblaciones formadas por individuos genéticamente únicos, la evolución es necesariamente gradual y continua, y las poblaciones se van reestructurando genéticamente.

En sus primeros escritos (los *Cuadernos de notas),* Darwin ya era perfectamente consciente de la existencia de dos dimensiones evolutivas: el tiempo y el espacio. La transformación en el tiempo (evolución filética) consiste en cambios adaptativos, como la adquisición de nuevas características por una especie. Pero este concepto no puede explicar por sí solo la extraordinaria diversificación de la vida orgánica, porque no permite que aumente el número de especies. La transformación en el espacio (especiación y multiplicación de linajes) consiste en la formación de múltiples poblaciones nuevas, fuera del territorio de la población parental, y su transformación en nuevas especies y, con el tiempo, en taxones superiores. A esta multiplicación de las especies se la llama especiación.

Lamarck no había tenido absolutamente nada que decir acerca del aspecto geográfico (especiativo) de la evolución; de hecho, siendo como era transformacionista y habiendo aceptado la generación espontánea, no parece que fuera consciente de la necesidad de responder a la pregunta «¿cómo se multiplican las especies?». El propio Darwin prestó poca atención al tema en sus escritos posteriores. Los paleontólogos, tanto en tiempos de Darwin como décadas después, continuaron aferrándose a la idea de que la única clase de evolución que importaba era la evolución filética. Hasta los años 30 y 40 del siglo XX no se insistió, en las obras de Dobzhansky y Mayr, en que la evolución no sólo es una transformación en el tiempo, sino también en el espacio, y que el origen de la diversidad orgánica por especiación era tan importante para la biología evolutiva como los cambios adaptativos dentro de un linaje.

El origen de las especies, de Darwin, estableció cinco importantes teorías acerca de los diferentes aspectos de la evolución variativa: 1) que los organismos evolucionan constantemente a lo largo del tiempo (lo que podríamos llamar teoría de la evolución propiamente dicha); 2) que diferentes tipos de organismos descienden de un antepasado común (la teoría de la ascendencia común); 3) que las especies se multiplican con el tiempo (teoría de la multiplicación de las especies, o especiación); 4) que la evolución se produce por cambio gradual de las poblaciones (teoría del gradualismo); y 5) que el mecanismo de la evolución es la competencia entre un gran número de individuos –todos con características únicas– por unos recursos limitados, lo que da lugar a diferencias en la supervivencia y reproducción (teoría de la selección natural).

LA TEORÍA DARVINISTA DE LA EVOLUCIÓN PROPIAMENTE DICHA

En el *Origen,* Darwin presentó gran cantidad de evidencias en apoyo de la teoría de que los animales evolucionan con el tiempo. En las décadas siguientes, los biólogos buscaron y encontraron abundantes pruebas a favor –y ninguna en contra– de que, efectivamente, se había producido una evolución. Más de un siglo y cuarto después de Darwin, esta evidencia es tan abrumadora que ningún biólogo habla ya de la evolución como una teoría; la consideran un hecho tan bien demostrado como que la Tierra gira alrededor del Sol, y que es redonda y no plana. Tal como dijo Dobzhansky: «En biología nada tiene sentido si no es a la luz de la evolución.» Considerando que la evolución es un hecho demostrado, ningún evolucionista pierde ya tiempo buscando nuevas pruebas. Sólo para refutar a los creacionistas se molesta uno en presentar la contundente evidencia a favor de la evolución acumulada en los últimos ciento treinta años.

El origen de la vida

Una de las objeciones que pusieron los primeros adversarios de Darwin a la teoría de la evolución fue que, aunque había explicado que unos organismos derivan de otros, no había explicado el origen de la vida misma a partir de la materia inanimada. Las investigaciones de Louis Pasteur y otros, que demostraban la imposibilidad de la generación espontánea en una atmósfera rica en oxígeno, parecían un argumento de peso a favor de la idea de que la vida no puede surgir por causas naturales y, por lo tanto, precisa un origen sobrenatural, un Creador.

Desde entonces se ha descubierto que, a diferencia de la situación actual, en la atmósfera primitiva de la Tierra, cuando se originó la vida, no existía oxígeno libre (o sólo lo había en cantidades vestigiales)[1]. Los experimentos de Stanley Miller (1953) demostraron que haciendo pasar descargas eléctricas a través de una mezcla gaseosa de metano, amoníaco, hidrógeno y vapor de agua, se formaban aminoácidos, urea y otras moléculas orgánicas. Dichas moléculas orgánicas pudieron irse acumulando cuando nuestra atmósfera carecía de oxígeno; y, de hecho, se han encontrado moléculas similares en meteoritos y en el espacio interestelar.

Existen en la actualidad numerosas hipótesis que intentan explicar cómo pudo surgir la vida –en especial, las proteínas y el ARN– a partir de una combinación de esas moléculas orgánicas. Varias de estas hipótesis prebióticas son bastante convincentes, pero al no existir fósiles

---

[1] El origen de la vida es un proceso químico, en el que intervienen la autocatálisis y algún factor que impone dirección. Tal como ha demostrado Eigen, cualquier teoría sobre el origen de la vida debe incluir un proceso de selección prebiológica. Para más detalles, véase Shapiro (1986) y Eigen (1992).

químicos de las fases intermedias, es muy posible que nunca podamos demostrar cuál de ellas es la correcta. Seguramente, los primeros organismos eran heterótrofos; es decir, utilizaban los compuestos orgánicos de formación prebiótica que encontraban en el ambiente. Aquellos organismos tenían que construir las macromoléculas más grandes, como las proteínas y los ácidos nucleicos, pero no tenían que sintetizar *de novo* los aminoácidos, purinas, pirimidinas y azúcares. Los compuestos orgánicos simples, formados espontáneamente, reaccionaron para formar polímeros y, con el tiempo, compuestos de complejidad cada vez mayor.

El tema del origen de la vida es muy complicado, pero ya no es el misterio que era en el período inmediatamente posterior a Darwin. De hecho, ya no existe ninguna dificultad fundamental para explicar, basándose en leyes físicas y químicas, el origen de la vida a partir de la materia inanimada.

La teoría darvinista de la ascendencia común

Al regresar de su viaje en el *Beagle*, en 1836, Darwin ya había llegado a la conclusión de que las tres especies de sinsontes de las islas Galápagos tenían que descender de una misma especie de sinsonte del continente suramericano. Así pues, una especie podía engendrar múltiples especies descendientes. De ahí a postular que todos los sinsontes descendían de un antepasado común sólo había un paso; y se podía seguir afirmando lo mismo de todas las aves paseriformes, de todas las aves, de todos los vertebrados, de todos los animales y, por último, de todas las formas vivientes. Todo grupo de organismos descendía de una especie ancestral común. Lo que tenía de nuevo la teoría de Darwin era que proponía un árbol filogenético ramificado, en lugar de la escala lineal –o *scala naturae*– que tanta aceptación había tenido en el siglo XVIII.

La teoría de Darwin resultaba convincente porque proporcionaba una explicación a numerosos fenómenos biológicos que hasta entonces habían quedado registrados simplemente como curiosidades de la naturaleza o como una muestra de la planificación del Creador. En primer lugar, la teoría darvinista de la ascendencia común aportó una explicación a los descubrimientos de la anatomía comparada, en especial los de Cuvier y Owen, que habían comprobado que los organismos se dividen en grupos bien definidos que se construyen siguiendo un bauplan común (un tipo estructural o morfotipo), que permite la reconstrucción de un arquetipo definido para cada grupo. La teoría evolutiva de la ascendencia común explicó también el origen de la jerarquía linneana; y también explicó muy convincentemente la pauta de distribución geográfica de los biotas, debida a la expansión gradual de los organismos por todos los continentes y a su radiación adaptativa en las zonas recién colonizadas.

Desde la publicación del *Origen,* la ascendencia común se ha convertido en la columna vertebral teórica del pensamiento evolutivo darvinista; y no es de extrañar, dada su extraordinaria potencia explicativa. De hecho, las manifestaciones de la ascendencia común, reveladas por la anatomía comparada, la embriología comparada, la sistemática y la biogeografía, eran tan convincentes que la mayoría de los biólogos aceptaron la evolución por ascendencia común en menos de diez años después de publicarse el *Origen.*

En un principio hubo controversias acerca de hasta dónde se podía extender la ascendencia común, a pesar de que el propio Darwin había sugerido que «todas nuestras plantas y animales [descienden] de alguna forma única, en la que latió por primera vez la vida». Y, efectivamente, no se tardó en descubrir protistas que combinaban características animales y vegetales, hasta el punto de que aún se sigue debatiendo cómo deben clasificarse estas formas intermedias. La pieza culminante de la teoría de la ascendencia común la colocaron en este siglo los biólogos moleculares, que descubrieron que incluso las bacterias, que carecen de núcleo, poseen no obstante el mismo código genético que los protistas, los hongos, los animales y las plantas.

La teoría de la ascendencia común ejerció una influencia tremendamente estimulante en la taxonomía (véase Capítulo 7). Daba a entender que había que intentar encontrar el pariente más próximo de cada grupo de organismos, en especial de los más aislados, y reconstruir su antepasado común. Esto resultaba más interesante en el caso de los animales que en el de las plantas y, efectivamente, la reconstrucción de la filogenia fue la preocupación favorita de los zoólogos durante el período inmediatamente posdarviniano. En particular, estimuló las investigaciones comparativas, en las que se estudiaba la posibilidad de que cada estructura y cada órgano tuvieran una estructura homóloga correspondiente en un organismo emparentado o presuntamente ancestral. Se consideraba que dos estructuras de otros tantos organismos eran homólogas si ambas descendían filogenéticamente de una misma estructura o característica del presunto antepasado común inmediato. Cuando se demostraba por este método el parentesco de dos grupos, como por ejemplo en el caso de los reptiles y las aves, los investigadores intentaban predecir el aspecto del antepasado común. Se celebraba con alborozo cada vez que se descubría en el registro fósil uno de estos «eslabones perdidos», como ocurrió en 1861 con el *Archaeopteryx,* un fósil que era en parte ave y en parte reptil. Esto no quería decir que el *Archaeopteryx* fuera necesariamente un antepasado directo, pero indicaba las etapas por la que podía haber discurrido la transición.

Estas investigaciones se extendieron al estudio comparativo de embriones, y pronto se descubrió que –como había insistido, sobre todo, Ernst Haeckel– el curso del desarrollo individual (ontogénico) pasaba con frecuencia por fases similares a las fases corespondientes de un grupo ancestral. Por ejemplo, todos los tetrápodos terrestres pasan durante su ontogenia por una fase de arcos branquiales, que constituye, por así decirlo, una recapitulación del desarrollo de las branquias en sus antepasados pisciformes. Era una versión suavizada de la teoría de la recapitulación que resultaba bastante válida, aunque no es cierto que los animales recapitulen en su ontogenia los estados adultos de sus antepasados (véase Capítulo 8).

Con el tiempo, fue posible reconstruir un árbol filogenético verosímil de los animales; y los botánicos, con ayuda de las evidencias moleculares, han avanzado mucho por este mismo camino. Llegará un momento en el que se pueda aplicar también este método a los procariontes, que, según demostró Woese, se dividen en dos ramas principales: las eubacterias y las arquibacterias. Estos descubrimientos han permitido proponer una nueva clasificación de los organismos (véase Capítulo 7).

El origen de la especie humana

Posiblemente, la consecuencia más importante de la teoría de la ascendencia común fue el cambio en la posición de la especie humana. Para los teólogos y los filósofos, el hombre era una criatura aparte del resto de los seres vivos. Aristóteles, Descartes y Kant estaban de acuerdo en esto, por mucho que disintieran en otros aspectos de sus filosofías. En el *Origen,* Darwin se había limitado a un cauto y críptico comentario: «Esto arrojará luz sobre el origen del hombre y su historia.» Pero Haeckel (1866), Huxley (1863) y el propio Darwin en 1871 demostraron de manera concluyente que la especie humana tenía que haber evolucionado a partir de un antepasado simiesco, colocando así a nuestra especie en el árbol filogenético del reino animal. De este modo se puso fin a la tradición antropocéntrica sostenida por la Biblia y por la mayoría de los filósofos.

La teoría darvinista de la multiplicación de las especies

Según el concepto biológico de especie, las especies se definen como agregados de poblaciones, aislados reproductivamente unos de otros. Este aislamiento reproductivo se debe a ciertas características de la especie, incluyendo barreras a la fecundidad e incompatibilidades de conducta, que se conocen tradicionalmente como mecanismos de aislamiento. Los mecanismos de aislamiento impiden los cruzamientos entre individuos de diferentes especies en zonas donde coinciden los territorios de ambas. El problema de la especiación consiste en explicar el modo en que las poblaciones adquieren dichos mecanismos de aislamiento, y cómo pueden evolucionar gradualmente[2]. Casi todos los especialistas están de acuerdo en que el proceso de especiación predominante es la especiación geográfica o alopátrida: la divergencia genética de poblaciones aisladas geográficamente. Presenta dos modalidades: la especiación dicopátrida y la especiación peripátrida.

En la especiación dicopátrida, una serie continua de poblaciones ve trastornada su continuidad por una barrera de reciente aparición (una cadena montañosa, un brazo de mar o una discontinuidad de vegetación). Bien por puro azar, como en el caso de las incompatibilidades cromosómicas, bien por un cambio de comportamiento como consecuencia de la selección sexual (véase más adelante), o bien como efecto secundario de una deriva ecológica, las dos poblaciones separadas se van diferenciando genéticamente cada vez más; y a medida que se diferencian, van adquiriendo mecanismos de aislamiento que les hacen comportarse como especies diferentes cuando, mucho tiempo después, vuelven a entrar en contacto una con otra. Es casi seguro que casi todos los mecanismos de aislamiento evolucionan antes de que las neoespecies reanuden el contacto. El aislamiento puede perfeccionarse aún más después de establecer el contacto secundario, pero el factor aislante básico se origina antes del contacto.

En la especiación peripátrida, una población fundadora se establece más allá de la periferia del territorio de la especie anterior. Esta población, fundada por una sola hembra fecundada o por unos pocos individuos, contiene sólo un pequeño porcentaje –y a menudo, en una combinación poco habitual– de los genes de la especie parental. Al mismo

---

[2] Alfred Russel Wallace opinaba que los mecanismos de aislamiento surgían por selección natural, pero Darwin se oponía enérgicamente a esta idea. Desde entonces hasta nuestros días, esta cuestión ha dividido a los biólogos en dos bandos, los seguidores de Wallace y los de Darwin. Dobzhansky era partidario de Wallace, mientras que H. J. Muller y Mayr se ponían de parte de Darwin.

tiempo, se ve expuesta a un nuevo conjunto de presiones selectivas, a menudo muy fuertes, debido al nuevo entorno físico y biótico. Esta población fundadora puede experimentar una drástica modificación genética, transformándose rápidamente en una nueva especie. Además, dicha población fundadora, debido a su limitada base genética y a la drástica reestructuración de ésta, se encuentra en una posición especialmente favorable para iniciar nuevas rutas evolutivas, incluyendo algunas que pueden conducir a procesos macroevolutivos.

Además de estas dos modalidades de especiación alopátrida, se han sugerido otros procesos, y es posible que algunos de ellos se den en la realidad. El más probable de dichos procesos es la especiación simpátrida: el origen de una nueva especie debido a la especialización ecológica, dentro de la zona de distribución de la especie parental. Mucho menos probable es la llamada especiación parapátrida: la formación de una frontera entre dos especies, a lo largo de una escarpadura ecológica en la zona de distribución de una especie.

LA TEORÍA DARVINISTA DEL GRADUALISMO

Durante toda su vida, Darwin insistió en el carácter gradual de los cambios evolutivos. La gradualidad no sólo era una consecuencia necesaria del uniformismo de Lyell; a Darwin le parecía, además, que aceptar el origen repentino de nuevas especies era hacer demasiadas concesiones al creacionismo. Era cierto que dentro de una zona determinada cada especie estaba perfectamente demarcada de las demás, pero cuando se comparaban poblaciones, variedades o especies geográficamente representativas, Darwin veía por todas partes evidencias de gradualidad.

Con el tiempo –seguramente los demás tardamos más que Darwin en percatarnos– se hizo evidente que la evolución afecta a las poblaciones, y que las poblaciones sexuales sólo pueden cambiar gradualmente, nunca por saltaciones rápidas. Existen algunas excepciones, como la poliploidía, pero nunca han desempeñado un papel importante en la macroevolución.

Una de las objeciones que con más frecuencia se planteaban al gradualismo de Darwin era que no podía explicar el origen de órganos o estructuras completamente nuevos, de capacidades fisiológicas nuevas o de nuevos patrones de conducta. Por ejemplo: ¿cómo podía un ala rudimentaria agrandarse por selección natural hasta ser capaz de realizar las funciones del vuelo? Darwin sugirió dos procesos por los que se podría adquirir una novedad evolutiva semejante. Uno de ellos era lo que Severtsoff (1931) ha llamado «intensificación de la función». Consideremos, por ejemplo, el origen de los ojos. ¿Cómo pudo crearse por selección natural un órgano tan complejo? Con el tiempo, se demostró que los órganos fotorreceptores más primitivos eran simples manchas en la epidermis, sensibles a la luz, y que los pigmentos, el espesamiento de la epidermis en forma de lente, y todas las demás propiedades accesorias de los ojos se fueron incorporando gradualmente en el curso de la evolución. Muchas de las etapas intermedias siguen existiendo en distintos tipos de invertebrados. Esta intensificación de la función explica las diversas modificaciones de las extremidades anteriores de los mamíferos, tal como se observan en topos, ballenas y murciélagos, por mencionar sólo otro ejemplo.

Sin embargo, otra manera de adquirir novedades evolutivas, totalmente diferente y mucho más espectacular, es mediante un cambio en la función de una estructura. En estos casos, una estructura ya existente –por ejemplo, las antenas de la *Daphnia*– adquiere la función adicional de remo para nadar y, bajo la nueva presión selectiva, se va modificando y haciendo más grande. Lo más probable es que las plumas de las aves se originaran a partir de escamas reptilianas modificadas para la regulación del calor, pero adquirieron una nueva función, relacionada con el vuelo, en las extremidades anteriores y en las colas de las aves.

Cuando se produce un cambio de funciones, una estructura pasa siempre por una fase en la que puede realizar simultáneamente ambas tareas. Las antenas de la *Daphnia* son órganos sensoriales y a la vez sirven para nadar. Algunos de los ejemplos más interesantes de cambio de función están relacionados con patrones de conducta, como ocurre con algunos patos que han incorporado el acicalamiento de las plumas a sus rituales de galanteo. Probablemente, muchos patrones de conducta animal que sirven como mecanismos de aislamiento se originaron por selección sexual en poblaciones aisladas, y no asumieron su nueva función hasta después de que la especie estableciera contacto con una especie afín.

Extinciones masivas

El descubrimiento de las extinciones masivas fue la segunda objeción presentada contra la teoría darvinista del gradualismo. Antes de Darwin, los catastrofistas, con Cuvier a la cabeza, insistían en que se habían producido varias extinciones masivas en las que los biotas dominantes quedaron diezmados, si no totalmente exterminados, para ser sustituidos por nuevos biotas. El registro fósil parecía indicar un número considerable de cambios drásticos de este tipo, como los de las transiciones Pérmico-Triásico y Cretácico-Terciario. El principal objetivo de los *Principios de geología* de Lyell era refutar el catastrofismo y apoyar la tesis de Hutton sobre el cambio gradual en la historia de la Tierra. El gradualismo de Darwin era un reflejo de las opiniones de Lyell. Por lo tanto, muchos se sorprendieron cuando se demostró sin lugar a dudas que sí se habían producido extinciones masivas, exactamente en los períodos indicados por los catastrofistas.

Las extinciones masivas son acontecimientos cataclísmicos raros, que se superponen al ciclo darviniano normal de variación y selección, que produce cambios graduales. Darwin era plenamente consciente de que la extinción de especies individuales y su sustitución por nuevas especies es un proceso continuo en la historia de la vida. Pero además de estas extinciones «de fondo», había períodos concretos –que se han utilizado como líneas de demarcación entre las eras geológicas– en los que se extinguió simultáneamente gran parte de la flora y la fauna. La más drástica de estas extinciones masivas ocurrió a finales del Pérmico, cuando se extinguieron por completo más del 95 por 100 de las especies existentes.

La causa de las extinciones masivas sigue siendo tema de debate. La de finales del Cretácico, que acabó con los dinosaurios, se debió casi con seguridad al impacto de un asteroide y a los cambios climáticos y ambientales que ello provocó. El primero en proponer esta hipótesis fue el físico Walter Álvarez en 1980, pero desde entonces se han descubierto muchas evidencias que la apoyan. De hecho, incluso se ha identificado el cráter del impacto, cerca del extremo de la península de Yucatán. Los intentos de atribuir también las otras extinciones masivas a impactos de asteroides han resultado infructuosos. La mayoría de ellas parece, más bien, relacionada con movimientos de las placas tectónicas, que afectaron al tamaño de las plataformas continentales de los mares y a la circulación de corrientes oceánicas, o con otros cambios climáticos. Existe una cierta regularidad en la secuencia de estas extinciones, y algunos autores han postulado causas extraterrestres, como fluctuaciones de la radiación solar (una teoría plausible). Sin embargo, la mayoría de las evidencias aportadas a favor de las explicaciones extraterrestres no ha resistido el análisis crítico.

Las especies que han tenido la suerte de sobrevivir a una catástrofe que provocó una extinción masiva son como los miembros de una población fundadora. Se encuentran con un ambiente biótico completamente nuevo y pueden emprender nuevas rutas evolutivas. El ejemplo más espectacular de esta posibilidad lo encontramos a principios del Terciario, cuando tuvo lugar la explosiva radiación de los mamíferos, que antes de que se extinguieran los dinosaurios llevaban existiendo en la Tierra más de cien millones de años.

LA TEORÍA DARVINISTA DE LA SELECCIÓN NATURAL

Durante mucho tiempo después de la aceptación general de la teoría compuesta de Darwin sobre la evolución gradual de especies a partir de un antepasado común, varias teorías alternativas intentaron explicar de otros modos el mecanismo del cambio evolutivo. Los defensores de estas teorías discutieron unos con otros durante más de ochenta años, hasta que la teoría sintética de la evolución (véase más adelante) refutó todas las explicaciones no darvinistas tan rotundamente que sólo quedó en pie la teoría darvinista de la selección natural.

Otras teorías sobre el cambio evolutivo

Las tres principales teorías no darvinistas –o antidarvinistas– fueron el saltacionismo, las teorías teleológicas y las variantes del lamarckismo.

El saltacionismo –consecuencia del pensamiento tipológico predominante en el período predarviniano– fue defendido por T. H. Huxley y Kölliker entre los contemporáneos de Darwin; por los mendelistas (Bateson, De Vries, Johannsen), y por algunos otros (Goldschmidt, Willis, Schindewolf), hasta que se elaboró la síntesis evolutiva. Por fin quedó descartado cuando el pensamiento poblacionista ganó aceptación, y sin que se hubiera encontrado ninguna prueba de la existencia de semejante proceso de especiación. En los organismos con reproducción sexual, la única posibilidad de que surjan nuevas especies por saltación es por poliploidía y otras formas de reestructuración cromosómica, y estos casos de especiación son relativamente raros.

Las teorías teleológicas sostienen que existe un principio intrínseco de la naturaleza que dirige a todos los linajes evolutivos hacia una perfección cada vez mayor. Las llamadas teorías ortogenéticas, como la nomogénesis de Berg, la aristogénesis de Osborn y el principio omega de Teilhard de Chardin, son ejemplos de teorías teleológicas. Poco a poco fueron perdiendo partidarios cuando se demostró el carácter azaroso de los cambios evolutivos (incluyendo numerosas reversiones) y no se pudo encontrar ningún mecanismo que pudiera provocar cambios progresivos consistentes.

Según las teorías lamarckistas y neolamarckistas, los organismos se van transformando lentamente gracias a la herencia de caracteres adquiridos. Se creía que estas nuevas características eran consecuencia del uso y el desuso o, más directamente, inducidas por fuerzas del ambiente. Dado que el lamarckismo explicaba la evolución gradual mucho mejor que el saltacionismo de los mendelistas, gozó de bastante aceptación antes de la síntesis evolutiva. De hecho, hasta los años 30 había, probablemente, más lamarckistas que darvinistas.

Las teorías lamarckistas perdieron aceptación cuando los genetistas demostraron que la herencia de caracteres adquiridos («herencia blanda») era imposible, ya que las características adquiridas por el fenotipo no se pueden transmitir a la siguiente generación. La caída definitiva de la herencia blanda en el siglo XX la provocó la biología molecular, al demostrar que la información contenida en las proteínas (fenotipo) no se puede transmitir a los ácidos nucleicos (genotipo). El llamado dogma central de la biología molecular privó a los lamarckistas de sus últimos restos de credibilidad. Existe una cierta posibilidad de que algunos microorganismos (puede que incluso protistas) tengan la capacidad de mutar en respuesta a condiciones externas, pero incluso si se confirmara, nunca podría ocurrir en organismos complejos, donde el ADN del genotipo está muy separado del fenotipo.

Selección natural

En la actualidad, casi todos los biólogos del mundo aceptan la selección natural darviniana como mecanismo responsable del cambio evolutivo. La mejor forma de visualizarlo es como un fenómeno en dos partes: la variación y la selección propiamente dicha.

El primer paso es la producción de una gran variación genética en cada generación, debida a la recombinación génica, al flujo génico, a factores aleatorios y a las mutaciones. Evidentemente, la variación era el punto más débil del pensamiento de Darwin. A pesar de sus muchos estudios e hipótesis, nunca llegó a saber cuál era la causa de la variación. Se le ocurrieron algunas ideas erróneas acerca de la naturaleza de la variación, errores que fueron corregidos posteriormente por Weismann y los genetistas posteriores a 1900. Ahora sabemos que la variación genética es «dura» y no «blanda», como Darwin creía. También sabemos que la herencia mendeliana se basa en partículas discretas: las contribuciones genéticas de los dos progenitores no se mezclan cuando el óvulo es fecundado, sino que se mantienen diferenciadas y constantes. Por último, desde 1944 sabemos que el material genético (formado por ácidos nucleicos) no se transforma directamente en el fenotipo, sino que simplemente contiene la información genética (el programa) que se traduce en proteínas y otras moléculas del fenotipo.

La producción de variación resultó ser un proceso complejo. Los ácidos nucleicos pueden mutar (por cambios en su composición de pares de bases) y lo hacen con frecuencia. Además, durante la formación de los gametos (meiosis) en los organismos con reproducción sexual tiene lugar un proceso en el que los cromosomas parentales se fragmentan y reorganizan. El resultado es una enorme cantidad de recombinación genética de los genotipos parentales, que garantiza que cada descendiente sea único. Durante este proceso de recombinación, lo mismo que en la mutación, el azar es la fuerza suprema. En la meiosis hay toda una serie de pasos consecutivos en los que la reordenación de genes se produce al azar, lo cual introduce un importante componente aleatorio en el proceso de selección natural.

El segundo paso de la selección natural es la selección propiamente dicha. Es decir, la supervivencia y reproducción diferencial de los nuevos individuos (zigotos). En casi todas las especies de organismos, de cada generación sólo sobrevive un pequeño porcentaje de los individuos; y ciertos individuos, debido a su constitución genética, tienen más probabilidades que otros de sobrevivir y reproducirse en las circunstancias imperantes. Incluso en especies en las que dos progenitores engendran durante su fase reproductiva millones de descendientes, como sucede con las ostras y otros organismos marinos, por lo general sólo se necesitan dos de ellos para mantener la población en su estado estacionario; e incluso si el factor azar influye de manera importante en la supervivencia de estos pocos progenitores de la siguiente generación, el estado de adaptación de la población se mantiene de generación en generación, y la población es capaz de amoldarse a los cambios ambientales porque ciertos genotipos se ven favorecidos entre la enorme variabilidad de la descendencia.

¿Azar o necesidad?

Desde la Grecia clásica hasta el siglo XIX existió una gran controversia acerca de si los cambios en el mundo se deben al azar o a la necesidad. Fue Darwin quien encontró una brillante solución a este antiguo dilema: se deben a las dos cosas. En la producción de variación predomina el azar, pero la selección propiamente dicha funciona en gran medida por necesidad. No obstante, Darwin no estuvo muy atinado al elegir la palabra «selección», ya que ésta parece indicar que existe en la naturaleza algún agente que selecciona deliberadamente. En realidad, los individuos «seleccionados» son simplemente los que quedan vivos después de que se hayan eliminado de la población todos los individuos peor adaptados o menos afortunados. Por eso se ha propuesto sustituir la palabra selección por la frase «eliminación no aleatoria». Incluso los que siguen utilizando la palabra selección –que, seguramente, son la mayoría de los evolucionistas– no deben olvidar nunca que en realidad significa eliminación no aleatoria, y que no existen en la naturaleza fuerzas selectivas. Usamos esta palabra para designar el conjunto de circunstancias adversas responsables de la eliminación de algunos individuos. Y, por supuesto, dicha «fuerza selectiva» es un conglomerado de factores ambientales y propensiones fenotípicas. Los darvinistas tienen muy claro todo esto, pero sus adversarios atacan con frecuencia la interpretación literal de estos términos.

Hasta tiempos muy recientes, ni los propios evolucionistas se daban perfecta cuenta de lo radicalmente diferente que era la teoría de Darwin sobre la evolución por selección natural de las anteriores teorías esencialistas o teleológicas. Cuando Darwin publicó el *Origen,* no tenía ninguna prueba de la existencia de la selección natural; elaboró su teoría sólo por inferencia. La teoría de Darwin se basaba en cinco hechos y tres inferencias (véase esquema). Los tres primeros hechos eran: la posibilidad de crecimiento exponencial de las poblaciones; la estabilidad observada en dichas poblaciones; y la limitación de recursos. De esto infirió que debía de existir competencia (lucha por la existencia) entre los individuos. Otros dos hechos, la constitución genética única de cada individuo y la heredabilidad de gran parte de la variación individual, conducían a la segunda inferencia, la supervivencia diferencial (es decir, la selección natural), y también a la tercera: que la continuación de este proceso a lo largo de muchas generaciones da como resultado la evolución.

Darwin quedó entusiasmado cuando Bates (1862) demostró la gran semejanza y la distribución geográfica paralela de las mariposas comestibles miméticas y sus modelos tóxicos o de sabor nauseabundo. Este mimetismo batesiano fue la primera prueba clara de la selección natural. Ahora disponemos de cientos o miles de pruebas bien demostradas, incluyendo casos tan conocidos como la resistencia de las plagas agrícolas a los insecticidas, la resistencia de las bacterias a los antibióticos, el melanismo industrial, la atenuación del virus de la mixomatosis en Australia, y la relación entre el gen de la anemia falciforme (y otros genes relacionados con la sangre) y la malaria, por mencionar sólo los más espectaculares.

El principio de la selección natural es tan lógico y tan obvio que en la actualidad ya no se puede poner en tela de juicio. Lo que sí se puede

Esquema de Darwin para explicar la evolución por selección natural

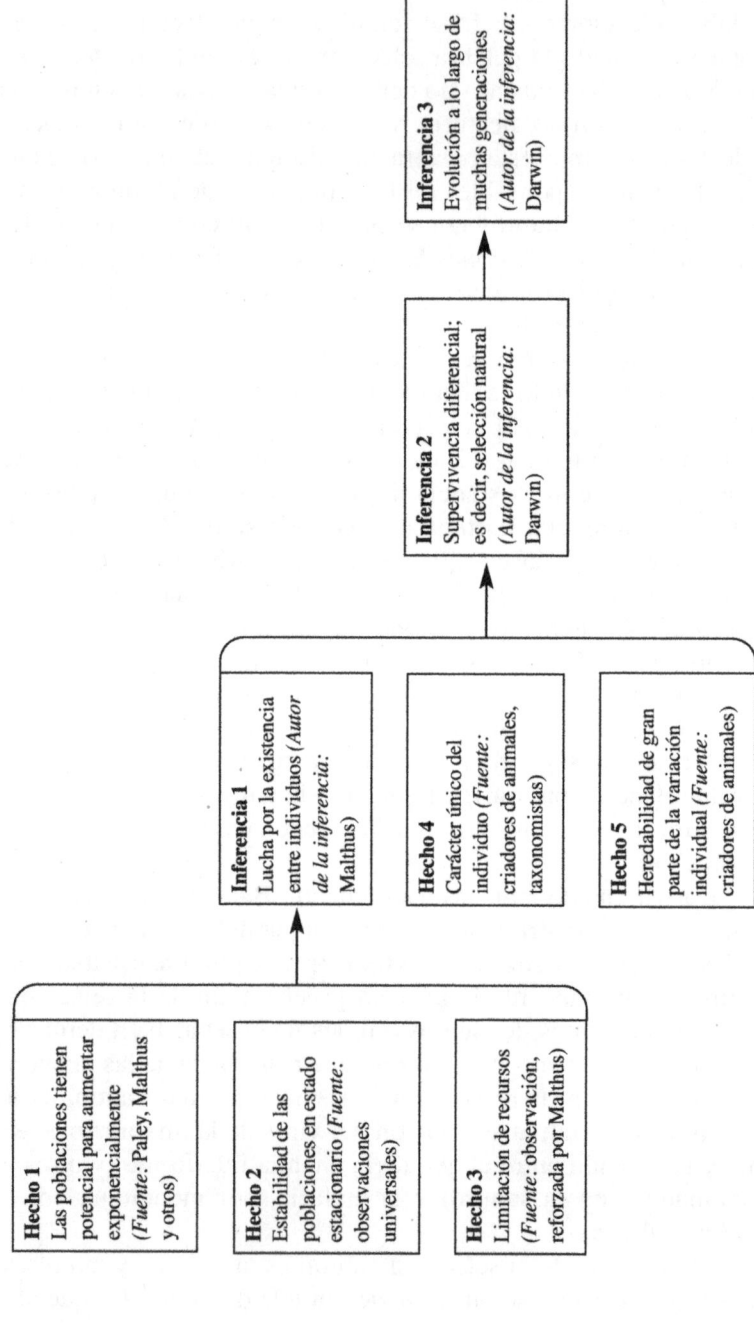

Hecho 1
Las poblaciones tienen potencial para aumentar exponencialmente (*Fuente*: Paley, Malthus y otros)

Hecho 2
Estabilidad de las poblaciones en estado estacionario (*Fuente*: observaciones universales)

Hecho 3
Limitación de recursos (*Fuente*: observación, reforzada por Malthus)

Inferencia 1
Lucha por la existencia entre individuos (*Autor de la inferencia*: Malthus)

Hecho 4
Carácter único del individuo (*Fuente*: criadores de animales, taxonomistas)

Hecho 5
Heredabilidad de gran parte de la variación individual (*Fuente*: criadores de animales)

Inferencia 2
Supervivencia diferencial; es decir, selección natural (*Autor de la inferencia*: Darwin)

Inferencia 3
Evolución a lo largo de muchas generaciones (*Autor de la inferencia*: Darwin)

y se debe comprobar en cada caso concreto es el grado de contribución de la selección natural a las características de un componente particular del fenotipo. Para cada carácter hay que plantearse las siguientes preguntas: la selección natural, ¿favoreció la emergencia evolutiva de este carácter?; ¿qué valor de supervivencia tiene dicho carácter para haber sido favorecido por la selección natural? A esto se lo llama programa adaptativo.

Selección sexual

Entre los caracteres que facilitan la supervivencia figuran la tolerancia de condiciones climáticas adversas (frío, calor, sequía), el mejor aprovechamiento de los recursos alimenticios; la mayor capacidad competitiva; la mayor resistencia a los patógenos; y la mayor habilidad para escapar de los enemigos. Sin embargo, la supervivencia por sí sola no garantiza la contribución genética de un individuo a la siguiente generación. Desde el punto de vista evolutivo, un individuo puede tener más éxito sin poseer mayores capacidades de supervivencia; basta con que sea más prolífico en su reproducción. Darwin llamó «selección sexual» al proceso que favorece a ciertos individuos por sus atributos reproductivos.

Le impresionaron en especial los caracteres sexuales secundarios masculinos, como las vistosas plumas de las aves del paraíso y las imponentes astas de los ciervos machos. Ahora sabemos que la tendencia de las hembras a elegir pareja basándose en características de ese tipo (un proceso llamado «elección femenina») es un importante componente de la selección sexual, posiblemente más importante que la capacidad de los machos para competir con sus rivales por el acceso a las hembras. La selección natural y la sexual no son necesariamente independientes por completo, ya que parece que las hembras son a veces capaces de seleccionar machos que contribuirán mejor a la capacidad de supervivencia de los descendientes.

Además, existen otros fenómenos de la vida, como la rivalidad entre hermanos y la inversión parental, que influyen más en el éxito reproductivo que en la supervivencia. Así pues, la selección por el éxito reproductivo parece constituir una categoría superior a lo que da a entender la expresión «selección sexual». Casi todo lo que estudian los sociobiólogos son aspectos de la selección por el éxito reproductivo[3].

---

[3] Véase Alexander (1987), Trivers (1985), Wilson (1975).

LA SÍNTESIS EVOLUTIVA Y SUS CONSECUENCIAS

Durante ochenta años, desde que Darwin publicó el *Origen*, la controversia entre darvinistas y no darvinistas fue encarnizada. Se podría haber pensado que el redescubrimiento de las reglas genéticas de Mendel en 1900 conduciría al consenso, debido a la luz que arrojaba sobre el tema de la variación, pero lo cierto es que hizo aumentar las discrepancias. Los primeros mendelistas (Bateson, De Vries y Johannsen) eran incapaces de pensar en términos de poblaciones, y rechazaban la evolución gradual y la selección natural. Los naturalistas y biometristas que se enfrentaban a ellos no estaban mejor preparados: aceptaban la herencia mixta, frente a la herencia particulada que Mendel había demostrado, y no se decidían entre la selección natural y la herencia de caracteres adquiridos. Todavía en 1930, varios observadores llegaron a la conclusión de que no existían esperanzas de consenso en el futuro próximo.

Sin embargo, los cimientos del consenso estaban ya echados. Genetistas y naturalistas habían avanzado mucho, cada uno por su lado, en la comprensión del origen de la adaptatividad y la biodiversidad, aunque ninguno de los dos campos sabía gran cosa de los logros del otro. De hecho, ambos tenían ideas completamente erróneas acerca de la otra mitad de la biología evolutiva. Se necesitaba un puente, y este puente fue construido en 1937 con la publicación de *Genética y el origen de las especies* de Theodosius Dobzhansky. Dobzhansky era a la vez genetista y naturalista. En su juventud en Rusia había sido taxonomista de insectos y se había familiarizado con la abundante literatura continental sobre las especies y la especiación, absorbiendo por completo el pensamiento poblacionista. A partir de 1927, cuando llegó a Estados Unidos para trabajar en el laboratorio de T. H. Morgan, se fue familiarizando con los logros y el pensamiento de los genetistas. En consecuencia, en su libro fue capaz de hacer justicia por igual a las dos grandes ramas de la biología evolutiva: el mantenimiento (o mejora) del estado adaptativo por la recombinación de genes en el fondo genético, y los cambios en las poblaciones que dan lugar a nueva biodiversidad y, en particular, a nuevas especies. El esbozo de Dobzhansky se completó con detalles aportados por Mayr (especies y especiación, 1942), Simpson (taxones superiores, macroevolución, 1944), Huxley (1942), Rensch (1947) y Stebbins (plantas, 1950). Simultáneamente, se inició una síntesis paralela en Alemania, dirigida por Timofeeff-Ressovsky, discípulo de Chetverikov.

Hasta que llegó la síntesis evolutiva, el estudio de la macroevolución –la evolución por encima del nivel de especie– estaba básicamente en manos de los paleontólogos, que no tenían conexiones eficaces ni con la genética ni con los estudios de especiación. Casi ningún paleontólogo era darvinista estricto; la mayoría creía en el saltacionismo o en alguna otra forma de autogénesis finalista. Por lo general, consideraban que los procesos y causaciones macroevolutivas pertenecían a una clase especial, muy diferente de los fenómenos de poblaciones estudiados por los genetistas y los estudiosos de la especiación. Esto parecía confirmado por la abundancia de discontinuidades entre los taxones superiores; sus datos parecían contradecir por completo el principio darvinista del cambio gradual. En la macroevolución, todo parecía diferente de lo que se observaba en la microevolución.

Casi todos los estudiosos de la macroevolución seguían pensando en términos de evolución transformativa; es decir, un cambio gradual de los linajes evolutivos, dirigido a una mayor especialización o adaptación. Sin embargo, el principio de Darwin planteaba un dilema, ya que el registro fósil no apoyaba en absoluto este concepto. Por el contrario, los cambios graduales, continuos y prolongados de los linajes filéticos eran raros, si es que existía alguno. En el registro fósil, las nuevas especies y taxones superiores surgían invariablemente muy de repente, y casi todos los linajes se extinguían tarde o temprano. Claro que se podía alegar que el registro fósil era muy incompleto, pero esto equivalía a barrer bajo la alfombra una objeción válida, y por eso muchos paleontólogos aceptaban el saltacionismo y se alegraron cuando genetistas como De Vries y Goldschmidt postularon la evolución por macromutaciones («monstruos prometedores»).

Simpson (1944:206) probó otra solución, que él llamó evolución cuántica, «el cambio relativamente rápido de una población biótica en desequilibrio, que pasa a un equilibrio claramente distinto de la condición ancestral». Pensó que esto explicaba el conocido fenómeno de que «las grandes transiciones tienen lugar con relativa rapidez, en períodos de tiempo relativamente cortos, y en circunstancias especiales». De sus escritos se deduce que Simpson pensaba en una gran aceleración del cambio evolutivo dentro de una línea filética. Este tipo de solución le parecía necesario, dado que su concepto de especie era estrictamente filético. La evolución cuántica fue criticada como un retorno al saltacionismo, y Simpson abandonó más o menos su hipótesis en años posteriores (1953).

Cómo explicar la macroevolución

Con la síntesis evolutiva, que refutó el saltacionismo, las teorías autogenéticas y la herencia blanda, cada vez era mayor la necesidad de explicar la macroevolución como un fenómeno de poblaciones; es decir, como un fenómeno que pudiera derivar directamente de los sucesos y procesos que ocurren durante la microevolución[4]. Era especialmente necesario en el caso de las aparentes saltaciones encontradas en el registro fósil. Los paleontólogos no disponían ni de la información ni del equipamiento conceptual necesarios para resolver este problema.

En 1954, yo propuse una solución: que en las poblaciones fundadoras, durante el proceso de especiación, tiene lugar una reestructuración genética, y que algunos de los huecos del registro fósil se deben a que las poblaciones fundadoras en proceso de especiación están muy restringidas en el espacio y en el tiempo, y por lo tanto es muy improbable que lleguen a aparecer nunca en el registro fósil. Sin embargo, son precisamente estas poblaciones periféricas y aisladas en proceso de especiación las que más interés tienen para los estudiosos de los grandes cambios evolutivos.

A mí me parecía que muchos fenómenos desconcertantes, y en especial los que interesan a los paleontólogos, podían quedar resueltos si aceptábamos la existencia de estas poblaciones fundadoras perdidas: entre dichos fenómenos se incluían las desigualdades en la velocidad de evolución (en especial, las más rápidas), los huecos en las secuencias evolutivas y las aparentes saltaciones, y por último, el origen de nuevos «tipos». La reorganización genética de las poblaciones periféricas aisladas permite cambios evolutivos muchísimo más rápidos que los cambios en poblaciones que forman parte de un sistema continuo. Aquí teníamos, por lo tanto, un mecanismo que permitiría la rápida emergencia de novedades macroevolutivas sin entrar en conflicto con los hechos observados por la genética[5].

Esta sugerencia fue aceptada en 1971 por Eldredge y en 1972 por Eldredge y Gould, que denominaron «equilibrio puntuado» a este tipo de evolución especiativa. Además, llegaron a la conclusión de que si una nueva especie, originada por este proceso, tenía éxito, podía entrar en una fase estática y permanecer prácticamente inalterada durante muchos millones de años, hasta que por fin se extinguía. Así pues, la macroevolución no es una forma de evolución transformativa, sino una evolución variativa, tan darwiniana como la evolución dentro de una especie. Se da una producción continua de nuevas poblaciones, la mayoría de las cua-

---

[4] De esto se encargaron Rensch (1939, 1943) y Simpson (1944), que demostraron que los fenómenos macroevolutivos se podían considerar consistentes con los descubrimientos de la genética. En particular, era posible explicar todas las llamadas leyes evolutivas, como la ley de Cope o la ley de Dollo, en términos de variación y selección.

[5] Mayr (1954:206-207). Véase también pág. 189.

les se extinguen tarde o temprano. Unas cuantas llegan a alcanzar el nivel de especie, casi siempre sin adquirir ninguna innovación evolutiva digna de mención, pero también acaban por extinguirse. Sólo muy de vez en cuando una de las nuevas especies adquiere, durante el período de reestructuración genética y el posterior período de fuerte selección natural, un genotipo que permite que la neoespecie prospere, se difunda mucho y llegue a formar parte del registro fósil.

Gracias a la publicación de Eldredge y Gould, los paleontólogos comprendieron por fin el fenómeno de la evolución especiativa y comenzaron a entender por qué existen tantos huecos en el registro fósil. Pero, posiblemente, la contribución más importante que hizo la teoría del equilibrio puntuado consistió en llamar la atención hacia la frecuencia de períodos estáticos. Algunos genetistas se empeñan en explicarlo como una consecuencia de la selección normalizadora, pero, por supuesto, esto no constituye una explicación. Toda población está constantemente sometida a selección normalizadora. Sin embargo, algunas poblaciones y especies evolucionan rápidamente a pesar de la selección normalizadora, mientras que otras permanecen fenotípicamente inalteradas durante muchos millones de años. La conclusión obligada es que un fenotipo tan estable es el producto de un genotipo particularmente bien equilibrado y con mucha cohesión interna.

Lo cierto es que en la historia de la vida existen muchos fenómenos que parecen indicar la existencia de dicha cohesión interna. ¿De qué otro modo se podría explicar la auténtica explosión de tipos estructurales diferentes a finales del Precámbrico y principios del Cámbrico? A pesar de lo incompleto que es el registro fósil, se pueden distinguir en ese período de 60 a 80 morfotipos diferentes, mientras que en la actualidad existen sólo unos 30 *fila* de animales. Da la impresión de que, en un principio, el genotipo del nuevo reino animal era suficientemente flexible como para producir –casi podríamos decir que experimentalmente– un gran número de nuevos tipos, algunos de los cuales no tuvieron éxito y se extinguieron, mientras los restantes –representados por los modernos cordados, equinodermos, artrópodos, etc.– se fueron volviendo cada vez más inflexibles. No ha surgido ni un solo bauplan nuevo e importante desde principios del Paleozoico. Es como si los existentes se hubieran «congelado»; es decir, como si hubieran adquirido una cohesión interna tan firme que ya no son capaces de experimentar con la producción de tipos estructurales completamente nuevos.

En los primeros tiempos de la genética, se comprobó que la mayoría de los genes son pleiotrópicos; es decir, que tienen efectos sobre varios aspectos diferentes del fenotipo. De manera similar, se descubrió que casi todos los componentes del fenotipo son caracteres poligénicos; es decir, afectados por múltiples genes. Estas interacciones entre genes tienen una importancia decisiva en lo referente a la adaptabilidad de los individuos y los efectos de la selección, pero resultan muy difíciles de analizar. Casi todos los genetistas de poblaciones siguen limitándose al estudio de fenómenos génicos aditivos y al análisis de *loci* de un solo gen. Esto resulta comprensible, porque el estudio de fenómenos como el estatismo evolutivo y la constancia de los tipos estructurales es muy refractario al análisis genético. Adquirir un mayor conocimiento de la cohesión del genotipo y su papel en la evolución es uno de los problemas más difíciles de la biología evolutiva.

¿Progresa la evolución?

Casi todos los darvinistas han percibido un elemento progresivo en la historia de la vida sobre la Tierra, que se refleja en el progreso desde los procariontes, que dominaron el mundo vivo durante más de dos mil millones de años, a los eucariontes, con su núcleo bien organizado, sus cromosomas y sus orgánulos citoplasmáticos; desde los eucariontes unicelulares (protistas) a las plantas y animales con estricta división de funciones entre sus sistemas de órganos especializados; dentro de los animales, desde los ectotermos, que están a merced del clima, a los endotermos de sangre caliente; y dentro de los endotermos, desde los tipos con cerebro pequeño y poca organización social a los que poseen un sistema nervioso central muy grande, cuidan a sus crías y son capaces de transmitir información de una generación a otra.

¿Es correcto llamar progreso a estos cambios en la historia de la vida? Eso depende del concepto de progreso que tenga cada uno, y de cómo lo defina. No obstante, estos cambios son casi una necesidad si aceptamos el concepto de selección natural, porque las fuerzas combinadas de la competencia y la selección natural no dejan más alternativas que la extinción o el progreso evolutivo.

Este cambio en la historia de la vida es análogo a ciertos cambios del desarrollo industrial. ¿Por qué los automóviles modernos son mucho mejores que los de hace setenta y cinco años? No es porque los automóviles posean una tendencia interna a mejorar, sino porque los fabricantes experimentan constantemente con diversas innovaciones y porque la competencia por ganar clientes provoca una enorme presión selectiva. Ni en la industria del automóvil ni en el mundo vivo actúan fuerzas finalistas o determinismos mecánicos. El progreso evolutivo es, simplemente, el resultado inevitable del sencillo principio darvinista de variación y selección, que carece por completo del componente ideológico que se aprecia en el progresivismo de los teleólogos (como Spencer) y los ortogenesistas.

Resulta curioso que a tanta gente le resulte difícil entender una vía de progreso puramente mecanicista, como la representada por la evolución darviniana, en la que los avances son diferentes en cada linaje filético. Algunos linajes, como los procariontes, apenas han cambiado en miles de millones de años. Otros se han especializado muchísimo sin mostrar indicios de progreso; y otros, como la mayoría de los parásitos y los habitantes de nichos especiales, parecen haber experimentado una evolución retrógrada. En la historia de la vida no se se encuentra nada que indique una tendencia universal al progreso evolutivo, o una capacidad universal para dicho progreso. Cuando se observa un aparente progreso, éste es simplemente un subproducto de los cambios impuestos por la selección natural.

¿Por qué los organismos no son perfectos?

La selección natural no provoca necesariamente un progreso evolutivo, y tampoco conduce a la perfección, como bien indicó Darwin. La universalidad de la extinción deja bien claros los límites de la eficacia de la selección natural: más del 99,9 por 100 de las líneas evolutivas que han existido en la Tierra se han extinguido. Las extinciones masivas nos recuerdan que la evolución no es un ascenso constante hacia una perfección cada vez mayor, como suponía la teoría de la evolución transformativa, sino un proceso impredecible en el que «los mejores» pueden ser bruscamente exterminados por una catástrofe, permitiendo que la continuidad evolutiva quede a cargo de linajes filéticos que antes de la catástrofe no parecían tener demasiado futuro.

Si bien, como decía Darwin, «la selección natural está escrutando día a día, hora a hora y en todo el mundo todas las variaciones, incluso las más ligeras», lo cierto es que existen numerosos límites o restricciones a su poder de provocar cambios.

Para empezar, puede que no se disponga de la variación genética necesaria para perfeccionar un carácter. En segundo lugar, durante la evolución, la adopción de una solución entre varias posibles ante una nueva oportunidad ambiental puede restringir considerablemente las posibilidades de evolución posterior, algo que ya había indicado Cuvier. Por ejemplo, cuando los antepasados de los vertebrados y los de los artrópodos encontraron ventaja selectiva en desarrollar un esqueleto, los antepasados de los artrópodos disponían de los prerrequisitos para desarrollar un esqueleto externo, y los de los vertebrados disponían de los prerrequisitos para desarrollar un esqueleto interno. Toda la historia posterior de estos dos grandes grupos de organismos quedó afectada por las diferentes rutas emprendidas por sus remotos antepasados. Los vertebrados pudieron generar animales tan enormes como los dinosaurios, elefantes y ballenas, mientras que la forma de mayor tamaño que los artrópodos pudieron lograr fue un cangrejo grande.

Otra limitación de la selección natural es la interacción en el desarrollo. Los diferentes componentes del fenotipo no son independientes unos de otros, y ninguno de ellos responde a la selección sin interferir con los otros. Toda la maquinaria del desarrollo es un único sistema interactivo. Los que estudiaban morfología lo sabían desde los tiempos de Geoffroy St. Hilaire (1818), que lo formuló en su *Loi de balancement*. Los organismos son compromisos impuestos por factores que compiten entre sí. La capacidad de respuesta de una estructura u órgano a las fuerzas selectivas depende en gran medida de la resistencia ofrecida por otras estructuras y por otros componentes del genotipo. Roux hablaba de la lucha entre las partes de un organismo, refiriéndose a las interacciones competitivas del desarrollo.

La estructura del genotipo mismo impone límites al poder de la selección natural. La metáfora clásica del genotipo era la sarta de cuentas, en la que los genes estaban alineados como las perlas de un collar. Según esta imagen, cada gen era más o menos independiente de los demás. Pero queda muy poco de esta imagen, antes tan aceptada. Ahora sabemos que existen varias clases funcionales de genes: unos se encargan de producir material, otros de regularlo, y todavía hay otros que al parecer no tienen ninguna función. Hay genes codificadores aislados, ADN medianamente repetitivo, ADN muy repetitivo, transposones, exones e intrones, y muchas otras clases de ADN. Los genetistas todavía no saben muy bien cómo interactúan todas ellas y, sobre todo, qué controla las interacciones epistáticas entre diferentes *loci* génicos.

Otra limitación a la selección natural es la capacidad de modificación no genética. Cuanto más plástico sea el fenotipo (debido a la flexibilidad del desarrollo), más se reduce la fuerza de las presiones selectivas adversas. Las plantas, y más aún los microorganismos, tienen más capacidad de modificación fenotípica (una norma de reacción más amplia) que los animales. Por supuesto, la selección natural influye también en este fenómeno, ya que la capacidad de adaptación no genética está bajo estricto control genético. Cuando una población se traslada a un nuevo ambiente especializado, durante las siguientes generaciones se seleccionan genes que refuercen la capacidad de adaptación no genética, y que con el tiempo pueden llegar a sustituirla.

Por último, gran parte de la supervivencia y reproducción diferenciales en una población es consecuencia del azar, y también esto limita el poder de la selección natural. El azar influye en todos los niveles del proceso de reproducción, desde el sobrecruzamiento de los cromosomas parentales durante la meiosis hasta la supervivencia de los zigotos recién formados. Es más: con frecuencia, algunas combinaciones génicas potencialmente favorables son destruidas por fuerzas ambientales indiscriminadas, como tormentas, inundaciones, terremotos o erupciones volcánicas, sin que la selección natural tenga ocasión de favorecer a esos genotipos. No obstante, dado el tiempo suficiente, la adaptación relativa siempre es un factor importante en la supervivencia de los pocos individuos que se convertirán en progenitores de las siguientes generaciones.

CONTROVERSIAS ACTUALES

La síntesis evolutiva confirmó plenamente el principio básico de Darwin, según el cual la evolución se debe a la variación genética y la selección natural. Sin embargo, dentro de este marco darvinista básico todavía queda espacio para grandes discrepancias.

Durante muchos años ha habido una controversia encarnizada acerca de cuál era la «unidad de selección». Los primeros que adoptaron el término «unidad» no explicaron con exactitud por qué lo hacían; en física y tecnología, una unidad especifica la cuantificación de las fuerzas. En la teoría de la selección, la palabra «unidad» tiene un significado muy diferente y, lo que es peor, en casi todas las discusiones se utiliza para designar dos fenómenos muy distintos. El primero es la «selección de», que se refiere al gen, al individuo o al grupo que es objeto de selección; el segundo es la «selección para», que se refiere a un carácter o propiedad especial, como el pelaje espeso, favorecido por la selección (y que a veces depende de un solo gen).

El término unidad resulta inadecuado cuando la cuestión es si el gen, el individuo, la especie, o lo que sea, es objeto de selección. Para casi todos los propósitos del evolucionista que desea indicar que algo es seleccionado (un gen, un individuo, una especie), la palabra «blanco» resulta muchísimo más adecuada. Sin embargo, este término no incluye todo lo que se supone que abarca la expresión «unidad de selección». Éste es, evidentemente, un campo que necesita más claridad conceptual y precisión terminológica.

Casi todos los genetistas, por comodidad de cálculo, han considerado que el blanco de la selección es el gen, y han tendido a considerar la evolución como un cambio de las frecuencias génicas. Los naturalistas han seguido insistiendo con firmeza en que el principal blanco de la selección es el individuo en conjunto, y que la evolución debe ser considerada como dos procesos parelelos: el cambio adaptativo y el origen de la diversidad. Dado que ningún gen está directamente expuesto a la selección, sino sólo en el contexto del genotipo completo, y dado que un gen puede tener diferentes valores selectivos en diferentes genotipos, no parece nada adecuado considerarlo el blanco de la selección.

Los que creen en la «evolución neutra» son los más fervientes partidarios del gen como blanco de la selección. El estudio de las alozimas por el método de electroforesis en los años 60 reveló que existe mucha más variabilidad genética que la que se había pensado. Partiendo de este hecho y de otras observaciones, Kimura, y también King y Jukes, llegaron a la conclusión de que gran parte de la variación genética debe de ser «neutra». Esto significa que el alelo recién mutado no altera el valor selectivo del fenotipo. Se ha discutido mucho sobre si la frecuencia de mutaciones neutras es, efectivamente, tan grande como asegura Kimura (1983). Pero aún es más discutible el significado evolutivo de la sustitución de alelos neutros. Los neutralistas, que consideran que el blanco de la evolución es el gen, consideran que la evolución neutra es un fenómeno muy importante. En cambio, los naturalistas insisten en que el blanco de la selección es el individuo en conjunto, y que sólo puede haber evolución si cambian las propiedades del individuo. Para ellos, la sustitución de genes neutros es simple «ruido» evolutivo, irrelevante para la evolución fenotípica. Si un individuo es favorecido por la selección debido a las cualidades generales de su genotipo, es irrelevante cuántos genes neutros pueda llevar como «polizones». Para el naturalista, la llamada evolución neutra no contradice en absoluto la teoría de Darwin.

Selección de grupo

En la literatura reciente se aprecia gran incertidumbre acerca de si, además de los individuos, también las poblaciones enteras e incluso las especies pueden ser blanco de la selección. Gran parte de esta controversia se desarrolló bajo el encabezado «selección de grupo». La cuestión era si un grupo entero podía ser objeto de selección, independientemente de los valores selectivos de los individuos que lo componen. Para abordar adecuadamente esta cuestión, hay que establecer una distinción entre selección de grupo «blanda» y «dura».

La selección de grupo blanda se da cuando un grupo tiene más (o menos) éxito reproductivo que otro grupo, simplemente porque este éxito se debe por completo al valor selectivo medio de los individuos que componen el grupo. Puesto que todo individuo de una especie con reproducción sexual pertenece a una comunidad reproductiva, se puede decir que cada caso de selección individual es también un caso de selección de grupo blanda, pero no se gana nada prefiriendo el término «selección de grupo blanda» al tradicional y más claro «selección individual».

La selección de grupo dura se da cuando el grupo, en su conjunto, posee ciertas características adaptativas de grupo que no equivalen a la simple suma de las contribuciones adaptativas de los individuos. La ventaja selectiva de un grupo así es mayor que la media aritmética de los valores selectivos de los miembros individuales. Esta selección de grupo dura sólo se da cuando existe comunicación social entre los miembros del grupo o, en el caso de la especie humana, cuando el grupo tiene una cultura que añade o resta algo al valor adaptativo medio de los miembros del grupo cultural. En los animales, esta selección de grupo dura se produce cuando existe división del trabajo o cooperación mutua entre los miembros del grupo. Por ejemplo, un grupo que coloque centinelas para avisar si llegan depredadores puede ganar seguridad; otro grupo puede aumentar sus posibilidades de supervivencia cooperando en la búsqueda de alimento, encontrando lugares más seguros para anidar, o mediante otros aspectos cooperativos de la vida comunal. En estos casos de selección dura, está justificada la aplicación del término «selección de grupo».

También ha habido mucha controversia acerca de la llamada selección de especies. Muy a menudo, la aparición de una nueva especie parece contribuir a la extinción de otra especie. El éxito de ciertas especies nuevas se ha designado como selección de especie. El término tiene alguna justificación, ya que, teniendo en cuenta su éxito, la nueva especie parece tener una capacidad de supervivencia mayor que la de la especie vieja. Sin embargo, dado que el mecanismo por el que se lleva a cabo la sustitución de especies es la selección individual, habría menos confusiones si se evitara la utilización dual de la palabra selección. Por esta razón, prefiero la expresión «sustitución de especies». Independientemente de los términos que uno utilice, no cabe duda de que éste es un aspecto llamativo del cambio evolutivo, de gran importancia en macroevolución. Y tiene lugar siguiendo estrictamente los principios darvinistas.

Sociobiología

La publicación en 1975 del libro de E. O. Wilson *Sociobiología: la nueva síntesis* provocó una acalorada controversia acerca del papel desempeñado por la evolución en la conducta social. Wilson, uno de los más eminentes especialistas en el comportamiento de los insectos sociales, llegó a la conclusión de que la conducta social merecía mucha más atención de la que había recibido hasta entonces; incluso que su estudio merecía ser la materia de una disciplina biológica especial que él bautizó sociobiología y definió como «el estudio sistemático de la base biológica de la conducta social». Ruse, en su libro *Sociobiology: Sense or nonsense* (1979a), la definió como «el estudio de la naturaleza y las bases biológicas del comportamiento animal; y más concretamente, del comportamiento social de los animales».

La obra de Wilson provocó tantas controversias por dos razones. En primer lugar, incluyó en su tratado el comportamiento humano y aplicó con frecuencia a la especie humana los descubrimientos que había realizado en otros animales. La otra razón fue que tanto él como Ruse habían empleado la expresión «base biológica» de un modo algo equívoco. Para Wilson, la base biológica de la conducta significaba que una disposición genética contribuye al comportamiento del fenotipo. Pero para sus adversarios con motivaciones políticas, base biológica equivalía a «determinado genéticamente». Por supuesto, los seres humanos seríamos meros autómatas genéticos si todos nuestros actos estuvieran estricta y exclusivamente controlados por los genes. Todo el mundo (incluido Wilson) sabe que no es así; y sin embargo, también sabemos –sobre todo gracias a los estudios de gemelos idénticos e hijos adoptados– que nuestra herencia genética contribuye de manera importante a nuestras actitudes, cualidades y propensiones. El biólogo moderno sabe ya demasiado para querer revivir la vieja y polarizada controversia herencia-crianza, porque sabe que casi todos los caracteres humanos están influidos por la interacción de la herencia con el ambiente cultural. El argumento más importante de Wilson era que, en muchos aspectos, en los estudios del comportamiento humano surgen los mismos problemas que en los estudios del comportamiento animal. De manera similar, muchas de las respuestas que han demostrado ser correctas para el comportamiento animal se pueden aplicar también al estudio del comportamiento humano.

Según las definiciones de sociobiología ofrecidas por Wilson y Ruse, se podría pensar que este campo abarca todos los actos e interacciones sociales observados en los animales. Esto incluiría, por ejemplo, las migraciones sociales, como las de los ungulados africanos, las aves migratorias, los cangrejos cacerola y otros invertebrados y vertebrados (como las ballenas grises). Sin embargo, ni Wilson ni Ruse se ocuparon de éstos y otros muchos fenómenos sociales. Según Ruse, las materias de estudio de la sociobiología son la agresión, el sexo y la selección sexual, la inversión parental, las estrategias reproductivas de las hembras, el altruismo, la selección de parentesco, la manipulación parental y el altruismo recíproco.

Casi todas ellas se refieren a la interacción de dos individuos, y tienen que ver directa o indirectamente con el éxito reproductivo. Todas son actividades que, en último término, aumentan o reducen el éxito reproductivo; y, en términos generales, están relacionadas con la selección sexual.

Así circunscrita, la sociobiología es evidentemente un segmento muy especial del campo de la conducta social; y como tal, plantea toda clase de preguntas: ¿qué tipo de interacciones entre dos individuos pueden considerarse conducta social? ¿Puede considerarse conducta social la competencia por los recursos? Si la rivalidad entre hermanos, que es una competencia por recursos, se considera conducta social, ¿cuándo no se debe considerar conducta social la competencia?

Casi todos los ataques a la sociobiología se dirigían contra su aplicación a la especie humana. En el tratado de Ruse se dedicaban a la conducta social humana casi tantas páginas como a la de los animales (en proporción 2/3). Ésta es la principal razón de las controversias que provoca la sociobiología, y a ella se debe que la mayoría de las personas que trabajan en los problemas que Wilson y Ruse consideran sociobiología no utilicen esta palabra para designar su trabajo ni se llamen a sí mismas sociobiólogos.

Biología molecular

Por último, en tiempos recientes se ha dedicado mucha energía a la cuestión de si los nuevos descubrimientos de la biología molecular hacen necesaria una revisión de la teoría evolutiva actual. Se ha dicho a veces que los descubrimientos de la biología molecular obligan a modificar la teoría darvinista. Pero no es así. Los descubrimientos de la biología molecular que tienen que ver con la evolución se refieren a la naturaleza, el origen y la cantidad de variación genética. Algunos de dichos descubrimientos, como la existencia de trasposones, resultan sorprendentes, pero toda la variación producida por estos fenómenos moleculares recién descubiertos queda sometida a la selección natural y, por lo tanto, forma parte del proceso darviniano.

Los descubrimientos moleculares de mayor importancia evolutiva son los siguientes: 1) El programa genético (ADN) no proporciona por sí mismo el material para construir un nuevo organismo, sino que sólo es un plan (información) para construir el fenotipo. 2) La ruta que va de los ácidos nucleicos a las proteínas es de dirección única. La información que puedan adquirir las proteínas no se traduce de regreso a los ácidos nucleicos: no existe la «herencia blanda». 3) Casi todos los mecanismos moleculares básicos, y no sólo el código genético, son iguales en todos los organismos, desde los procariontes más primitivos hasta los mamíferos.

Múltiples causas, múltiples soluciones

Muchas de las controversias biológicas que han surgido desde los tiempos de Darwin se han resuelto gracias a dos importantes modificaciones en la manera de pensar de los evolucionistas. La primera consistió en reconocer la importancia de múltiples causas simultáneas. Una y otra vez, un problema evolutivo parecía contradictorio cuando sólo se consideraba la causa próxima o la causa evolutiva, cuando en realidad lo que se observaba era el resultado de la concurrencia simultánea de causas próximas y remotas. De manera similar, otras controversias sólo se pudieron resolver cuando se comprendió que el azar y la selección pueden actuar simultáneamente, o que en el proceso de especiación influyen a la vez la geografía y los cambios genéticos de las poblaciones.

Además de tener múltiples causas, casi todos los problemas evolutivos tienen múltiples soluciones, y el reconocimiento de esta posibilidad ha resuelto muchas disputas. Durante la especiación, por ejemplo, en algunos grupos de organismos aparecen primero mecanismos de aislamiento anteriores al apareamiento, mientras que en otros grupos aparecen mecanismos posteriores al apareamiento. Algunas veces, las razas geográficas son tan distintas fenotípicamente como si fueran especies diferentes, y sin embargo no están aisladas reproductivamente; en otros casos, especies indistinguibles por su fenotipo (especies hermanas) están aisladas reproductivamente. La poliploidía o la reproducción asexual son importantes en algunos grupos de organismos, pero nunca se dan en otros. En algunos grupos, la reconstrucción cromosómica parece un componente importante de la especiación; en otros no ocurre nunca. Hay grupos en los que la especiación es muy frecuente; en otros, la especiación parece ser un acontecimiento raro. El flujo génico es frenético en algunas especies y muy reducido en otras. Un linaje filético puede evolucionar muy deprisa, mientras que otros, con parentesco muy cercano, pueden permanecer estáticos durante muchos millones de años.

En resumen: para muchos problemas evolutivos existen múltiples soluciones posibles, aunque todas ellas son compatibles con el paradigma darviniano. La lección que nos enseña este pluralismo es que, en biología evolutiva, las generalizaciones casi nunca son correctas. Incluso cuando algo ocurre «por lo general», esto no quiere decir que tenga que ocurrir siempre.

Capítulo 10

¿Qué preguntas se plantea la ecología?

Entre todas las disciplinas biológicas, la ecología es la más heterogénea y la que más abarca. Casi todo el mundo está de acuerdo en que estudia las interacciones entre los organismos y su ambiente, tanto el vivo como el no vivo, pero esta definición permite una enorme gama de posibles inclusiones. ¿Cuál es, entonces, la materia de estudio de la ecología?[1]

La palabra «ecología» fue introducida por Haeckel en 1866 para designar «la economía doméstica de la naturaleza». En 1869 propuso una definición más completa: «Por ecología entendemos el cuerpo de conocimiento referente a la economía de la naturaleza: la investigación de todas las relaciones de los animales con su ambiente orgánico y su ambiente inorgánico, incluyendo sobre todo las relaciones amistosas y de enemistad con los animales y plantas con los que tales ambientes entran en contacto directo o indirecto. En pocas palabras: la ecología es el estudio de todas las complejas interrelaciones que Darwin consideraba como condiciones de la lucha por la existencia.»

---

[1] Hace mucho que se reconoce la heterogeneidad de las materias agrupadas bajo el encabezado de ecología. Por eso existen en la actualidad textos separados de ecología evolutiva, ecología del comportamiento, biología de poblaciones, limnología, ecología marina y paleoecología. Además de esta diversidad, existen enormes diferencias en las ecologías de diferentes grupos de animales, plantas y microorganismos, y en las de diferentes ambientes. La ecología terrestre es muy diferente de la ecología de agua dulce (limnología) y de la ecología marina. La ecología del plancton, fundada por V. Hensen, se ha convertido en una ciencia floreciente, de gran importancia para la industria pesquera. Quien pretenda ser un ecólogo completo tendrá que familiarizarse con una enorme variedad de temas. Esta diversidad explica en parte las numerosas dificultades que presenta el estudio de la ecología, tal como veremos en las siguientes secciones. Se han realizado muchas investigaciones sobre los conocimientos de ecología o historia natural en ciertos períodos, entre ellas las de Cittadino (1990) y Egerton (1968, 1975).

En este campo es cierto, como se dice a menudo, que todo interacciona con todo. El conjunto, lo que ahora llamamos ecología, «se mantiene unido por la adopción de un nombre y por la cohesión de las sociedades profesionales, más que por la unidad filosófica o de propósitos. Así pues, la ecología plantea dificultades especiales para el historiador» (Ricklefs 1985:799). Existen muchas definiciones sencillas de la ecología, como por ejemplo «las relaciones de los organismos con su ambiente», pero esto permite una enorme gama de posibles inclusiones. Todas las estructuras de un organismo, todas sus propiedades fisiológicas,

A pesar de este bautismo oficiado por Haeckel, la ecología no se convirtió en un campo verdaderamente activo hasta después de 1920. Aún más reciente es la fundación de sociedades ecológicas y de revistas profesionales dedicadas a la ecología. Pero mirándolo desde otro punto de vista, la ecología no es más que «la historia natural consciente de sí misma», como dijo un ecólogo, y el interés por la historia natural se remonta al hombre primitivo[2]. Todo lo que interesa al naturalista –la historia de la vida, el comportamiento reproductivo, el parasitismo, las defensas contra los enemigos, etc.– tiene automáticamente el mismo interés para un ecólogo.

BREVE HISTORIA DE LA ECOLOGÍA

Desde Aristóteles hasta Linneo y Buffon, la historia natural fue principalmente descriptiva, pero no sólo eso. Además de sus observaciones, los naturalistas también hacían comparaciones y sugerían teorías explicativas, que, por lo general, reflejaban el *Zeitgeist* predominante. La gran época de la historia natural fue el siglo XVIII y la primera mitad del XIX, y la ideología dominante en esa época era la teología natural.

Según esta visión del mundo, toda la naturaleza está en armonía, ya que Dios no habría permitido otra cosa. La lucha por la existencia era benigna, programada para mantener el equilibrio de la naturaleza. Aunque

---

todo su comportamiento y, en definitiva, casi todos los componentes de su fenotipo y su genotipo han evolucionado para lograr una relación óptima del organismo con su ambiente.

En consecuencia, existen amplias zonas de solapamiento entre la ecología y otras disciplinas biológicas, como la biología evolutiva, la genética, la biología del comportamiento y la fisiología. Por ejemplo, Ricklefs (1990) dedica seis capítulos completos de su extenso texto sobre ecología a cuestiones evolutivas; dichos capítulos podrían formar parte, con igual justificación, de un texto de biología evolutiva. En los últimos tiempos se han publicado muchos textos que se titulan simplemente «Ecología evolutiva», y que tratan de cuestiones como la extinción, la adaptación, la historia de la vida, el sexo, la conducta social y la coevolución. Ricklefs considera, con razón, que la ecología debe estudiar todas las adaptaciones fisiológicas de los organismos a su modo especializado de vida o al ambiente especializado en el que viven. Y también todas las adaptaciones que permiten a los organismos adaptarse a condiciones climáticas extremas, como los ciclos diarios y estacionales, las migraciones y otras adaptaciones de conducta. Existen numerosos mecanismos fisiológicos al servicio de adaptaciones ambientales, sobre todo en ambientes extremos, como los desiertos o el Ártico (Schmidt-Nielsen 1990). En las plantas, la adaptación a las condiciones locales queda de manifiesto por el desarrollo de ecotipos.

[2] Glacken (1967) nos ofrece una detallada documentación de los conceptos de ambiente, desde la antigüedad hasta finales del siglo XVIII. Egerton (1968, 1975) ha investigado los conocimientos de ecología o historia natural en ciertos períodos.

cada pareja de progenitores engendraba un número excesivo de descendientes, éste se reducía a la cantidad precisa para mantener una población en estado estacionario. Los factores responsables de esta reducción en cada generación eran causas climáticas, depredadores, enfermedades, fallos de reproducción, etc. Para los teólogos naturales, la naturaleza funcionaba como una máquina bien programada. En último término, todo podía atribuirse a la benevolencia del Creador. Este punto de vista aparece reflejado en los escritos de Linneo, William Paley y William Kirby.

Gilbert White, vicario de Selborne, es posiblemente el naturalista del siglo XVIII más conocido en el mundo de habla inglesa; pero la historia natural floreció también en el continente[3]. Sin embargo, con el ocaso de la teología natural a mediados del siglo XIX y, más en general, con el consistente fortalecimiento del cientificismo, la historia natural básicamente descriptiva ya no resultaba adecuada. Tenía que convertirse en explicativa. La historia natural siguió haciendo lo que siempre había hecho –observar y describir–, pero al aplicar otros métodos científicos a las observaciones (comparación, experimento, conjeturas, comprobación de teorías explicativas) se convirtió en ecología.

En el posterior desarrollo de la ecología intervinieron dos influencias principales: el fisicismo y el evolucionismo. El gran prestigio de la física como ciencia explicativa inspiró intentos de reducir los fenómenos ecológicos a factores puramente físicos. Esto comenzó con la geografía vegetal ecológica de Alexander von Humboldt (1805), en la que se insistía en la abrumadora importancia de la temperatura como factor que controlaba la composición altitudinal y latitudinal de la vegetación (véase más adelante). Este trabajo pionero fue ampliado por C. Hart Merriam (1894) en su intento de explicar las zonas de vegetación del monte San Francisco, en el norte de Arizona, como resultado de la temperatura. Los geógrafos vegetales europeos insistieron igualmente en la importancia de los factores físicos, en especial la temperatura y la humedad.

La segunda gran influencia en la ecología fue la publicación de *El origen de las especies,* de Darwin. Darwin refutó por completo la teología natural y explicó los fenómenos de la naturaleza mediante conceptos como la competencia, la exclusión de nichos, la depredación, la fecundidad, la adaptación, la coevolución, etc. Al mismo tiempo rechazó la teleología, reconociendo la influencia del azar en el destino de poblaciones y especies. Para Darwin y los ecólogos modernos, la naturaleza es algo muy diferente del mundo controlado por Dios en el que creían los teólogos naturales.

---

[3] Véase Stresemann (1975).

Después de Darwin, todas las adaptaciones fisiológicas y de conducta de los organismos –a su modo de vida especializado o al ambiente especializado en el que viven– se consideraron objeto de estudio de la ecología. Algunas de las preguntas básicas que los ecólogos empezaron a plantearse eran: ¿por qué existen tantas especies? ¿Cómo se reparten estas especies los recursos del ambiente? ¿Por qué casi todos los ambientes son relativamente estables durante la mayor parte del tiempo? ¿De qué tipo de factores depende más el bienestar y la densidad de población de una especie: de los factores físicos o de los bióticos (las demás especies con las que convive)? ¿Qué propiedades fisiológicas, de conducta y morfológicas permiten a una especie sobrevivir en su ambiente?

La ecología en la actualidad

La ecología moderna –y sus correspondientes controversias– puede ser subdividida en tres categorías: la ecología del individuo, la ecología de la especie (autecología y biología de poblaciones) y la ecología de las comunidades (sinecología y ecología de ecosistemas). Tradicionalmente, los zoólogos se han concentrado en problemas de autecología y los botánicos en problemas de sinecología. Harper (1977) fue uno de los primeros botánicos, si no el primero, que estudió en las plantas los mismos problemas autecológicos que habían interesado a los zoólogos. Pero la ecología vegetal, en conjunto, sigue siendo hoy día un campo bastante diferente de la ecología animal. Y prácticamente no existe una ecología de los hongos y procariontes, al menos con ese nombre[4].

LA ECOLOGÍA DEL INDIVIDUO

En la segunda mitad del siglo XIX, como prolongación de las actividades de los naturalistas, los ecólogos investigaron los requisitos am-

---

[4] En 1949 se publicó la obra *Principios de ecología animal,* escrita por varios autores de la escuela de Chicago (AEPPS), y desde entonces ha aparecido una larga serie de nuevos textos de ecología. En un mismo número de la revista *Science* (Orians 1973) aparecían reseñados nada menos que seis de dichos textos. Entre todos ellos destacan *Fundamentos de ecología* de Eugene Odum, publicado en 1953 y que tuvo gran aceptación hasta los años 70, y *Ecología* de Robert Ricklefs (1973), que seguramente es el texto más consultado en Estados Unidos. Buena muestra del crecimiento de este campo es que la primera edición del libro de Odum tuviera 384 páginas, mientras que la tercera edición del de Ricklefs (1990) tiene 896. Es evidente que en este breve repaso sólo podemos abordar una pequeña fracción de los aspectos y problemas de la ecología.

bientales exactos de los individuos de una especie particular: tolerancia climática, ciclo vital, recursos necesarios y factores de control de la supervivencia (enemigos, competidores, enfermedades). Estudiaron las adaptaciones que un individuo de una especie debe poseer para vivir con éxito en el ambiente específico de su especie, y que incluyen la hibernación, la migración, la actividad nocturna y otros muchos mecanismos fisiológicos y de conducta que permiten a los organismos sobrevivir y reproducirse en condiciones que pueden llegar a ser extremas, como sucede en el Ártico y los desiertos[5].

Desde el punto de vista de la ecología del individuo, la principal función del ambiente consiste en ejercer una continua selección estabilizadora, que elimina a todos los individuos que transgreden la variación aceptable en torno a la situación óptima. Esto es exactamente lo que esperaría un darvinista. El ambiente, tanto el biótico como el físico, desempeña un papel fundamental en la selección natural. Toda estructura de un organismo, cada una de sus propiedades fisiológicas, todas sus pautas de conducta y, en general, casi todos los componentes de su fenotipo y su genotipo han evolucionado para lograr una relación óptima del organismo con su ambiente.

LA ECOLOGÍA DE LA ESPECIE

Después de la ecología del individuo, el siguiente paso es la ecología de la especie, también llamada biología de poblaciones. El principal objeto de interés en esta rama de la ecología es la población local, que está en contacto con las poblaciones de otras especies. Lo que estudia el ecólogo o biólogo de poblaciones es la densidad de la población (el número de individuos por unidad de superficie), la tasa de crecimiento (o

---

[5] La rebelión contra el enfoque puramente descriptivo de la sistemática y la morfología, representada por la proliferación de investigaciones experimentales en fisiología y embriología *(Enwicklungsmechanik),* tuvo su equivalente en la historia natural y se reflejó en la insistencia en las relaciones de organismos vivos completos. En Alemania, se llamaba *Biologie* a todo lo que tuviera que ver con el organismo vivo, dándole a la palabra un significado muy distinto del que tradicionalmente tenía en la literatura en inglés, donde «biología» era la combinación de zoología y botánica. El volumen dedicado a la vida animal (escrito por Doflein) de la famosa colección Hesse-Doflein, que era un espléndido resumen de los conocimientos sobre animales y plantas vivos, estaba muy influido por el pensamiento darvinista. Esta *Biologie* se consideraba a sí misma como una alternativa y un complemento de la morfología, el estudio de «estructuras muertas». Su materia de estudio era más o menos lo que en los textos modernos aparece bajo los encabezados de ecología del comportamiento y ecología evolutiva. Esta biología se ocupaba casi exclusivamente de los animales.

de disminución) de dicha población en diversas condiciones y, cuando se trata de poblaciones de una misma especie, todos los parámetros que controlan el tamaño de una población, como la tasa de natalidad, la expectativa de vida, la mortalidad, etcétera.

Este campo se puede remontar a una escuela de demógrafos matemáticos interesados en el crecimiento de las poblaciones y en los factores que lo controlan. Los principales nombres de este movimiento son R. Pearl, V. Volterra y A. J. Lotka[6]. Mucho más importante para el ecólogo practicante fue la publicación en 1927 de la *Ecología animal* de Charles Elton, «la sociología y economía de los animales». A partir de dicha fecha, la biología de poblaciones quedó claramente reconocida como una subdisciplina de la ecología[7].

El concepto de población adoptado por casi todos los ecólogos de poblaciones de orientación matemática era básicamente tipológico, ya que no tenía en cuenta la variación genética entre los individuos de la población. Sus «poblaciones» no eran poblaciones en el sentido genético o evolutivo; eran más bien lo que los matemáticos llaman conjuntos. En cambio, en la biología evolutiva, el aspecto fundamental del concepto de población es el carácter genéticamente único de los individuos que la componen. Este tipo de «pensamiento poblacionista» es muy diferente del pensamiento tipológico del esencialismo. En ecología no se suele tener en cuenta el carácter genéticamente único de los individuos de una población.

Nicho

Una característica fundamental de las especies es que cada una ocupa una subdivisión concreta del ambiente, que satisface todas sus necesidades. Los ecólogos lo llaman el nicho de la especie. En el concepto clásico de nicho, formulado por Joseph Grinnell, se consideraba que la naturaleza consta de numerosos nichos, cada uno de ellos adecuado para una especie en particular. Charles Elton tenía una idea similar: el nicho es una propiedad del ambiente.

Evelyn Hutchinson introdujo un concepto diferente de nicho. Aunque lo definió como un espacio de recursos multidimensional, su escue-

---

[6] Véase Kingsland (1985).

[7] Históricamente, la biología de poblaciones se consideró durante mucho tiempo como una rama independiente de la biología, pero ahora está claro que se trata de una rama de la ecología, y en ello se insistió de manera especial en el Simposio de Cold Spring Harbor de 1957.

la –si es que he entendido sus publicaciones– considera el nicho más o menos como una propiedad de la especie. Si en una zona no existe una especie determinada, eso significa que tampoco existe su nicho. Pero cualquier naturalista que estudie una localidad concreta puede descubrir recursos insuficientemente aprovechados o nichos aparentemente vacíos. Un buen ejemplo es la total ausencia de pájaros carpinteros en los bosques de Nueva Guinea, cuya estructura general y composición botánica son muy similares a las de los bosques de Borneo y Sumatra, donde viven, respectivamente, 28 y 29 especies de pájaros carpinteros. Además, el nicho típico del pájaro carpintero no parece haber sido ocupado por ninguna otra ave en la zona de Nueva Guinea. La existencia de nichos sin ocupar queda también de manifiesto en los casos en que una especie invasora no parece ejercer impacto en el tamaño de las poblaciones de los miembros anteriores de la comunidad.

Cuando uno de los requisitos de una especie no se satisface adecuadamente –por ejemplo, cuando en el suelo falta una sustancia química, o cuando hace un calor excesivo–, este «recurso limitante» o «factor limitante» puede impedir la existencia de la especie en esa zona. Los límites de la distribución de una especie (cuando no están determinados por barreras geográficas) suelen estar controlados por factores limitantes como la temperatura, la lluvia, la química del suelo y la presencia de depredadores. En los continentes, como bien sabía Darwin, los límites de las especies suelen estar determinados por la competencia con otras especies.

Competencia

Cuando varios individuos de la misma especie o de varias especies diferentes dependen del mismo recurso limitado, surge una situación que llamamos competencia. Los naturalistas conocen desde hace mucho la existencia de la competencia; sus efectos fueron descritos con gran detalle por Darwin. La competencia entre individuos de la misma especie (competencia intraespecífica) es uno de los principales mecanismos de la selección natural, y de su estudio se ocupa la biología evolutiva. La competencia entre individuos de distintas especies (competencia interespecífica) es una de las principales materias de estudio de la ecología. Es uno de los factores que controlan el tamaño de las poblaciones competidoras, y en casos extremos puede conducir a la extinción de una de las especies competidoras. Darwin lo explicó en el *Origen,* refiriéndose a especies de animales y plantas nativas de Nueva Zelanda, que se extinguieron cuando se introdujeron competidores europeos.

Cuando el principal recurso necesario es superabundante no tiene lugar una competencia seria, como se observa en los múltiples casos de coexistencia de herbívoros. Además, casi ninguna especie depende exclusivamente de un solo recurso, y si el principal recurso escasea se suelen buscar recursos alternativos; y en el caso de especies competidoras, cada una suele encontrar una alternativa diferente. Por lo general, la competencia es más fuerte entre parientes cercanos, con necesidades similares, pero también puede darse entre formas no emparentadas que compiten por el mismo recurso, como los roedores y las hormigas que se alimentan de semillas. Los efectos de esta competencia quedan demostrados muy gráficamente cuando se inicia una competencia entre faunas o floras enteras, como sucedió a finales del Plioceno, cuando América del Norte y América del Sur quedaron conectadas por el istmo de Panamá. El resultado fue el exterminio de gran parte de los mamíferos suramericanos, que al parecer fueron incapaces de resistir la competencia de las especies invasoras del norte, aunque el aumento de los depredadores fue también un factor importante.

En qué medida la competencia determina la composición de una comunidad y la densidad de especies concretas es una cuestión que ha provocado fuertes controversias. El problema es que, normalmente, la competencia no se puede observar, sino que hay que inferirla a partir de la difusión o proliferación de una especie y la concurrente disminución o desaparición de otra. El biólogo ruso Gause realizó en su laboratorio numerosos experimentos con pares de especies, en los que una de las especies se extinguía cuando sólo se disponía de un recurso homogéneo. Basándose en estos experimentos y en observaciones de campo, se formuló la llamada ley de la exclusión competitiva, según la cual dos especies no pueden ocupar el mismo nicho. Desde entonces se han encontrado numerosas excepciones aparentes de esta «ley», pero por lo general se pueden explicar revelando que las dos especies, si bien compiten por un mismo recurso importante, no ocupan exactamente el mismo nicho.

La competencia entre especies tiene enorme importancia evolutiva. Ejerce una presión selectiva centrífuga sobre las especies coexistentes, que da como resultado una divergencia morfológica de las especies simpátridas y una tendencia a extender sus nichos por zonas no coincidentes. Darwin llamó a esto «principio de divergencia». Cuando la competencia conduce a la extinción de una de las especies, se la ha llamado «selección de especies». Sin embargo, sería más exacto llamarla sustitución de especies, porque las presiones selectivas actúan sobre los individuos de las especies competidoras, aunque afectan al bienestar o a la existencia misma de toda la especie. La «selección de especies» es, en realidad, una consecuencia de la selección individual.

Se puede dar competencia por cualquier recurso necesario. En el caso de los animales, suele ser el alimento; en el caso de las plantas de bosque, puede ser la luz; en el caso de los habitantes del sustrato puede ser el espacio, como sucede con muchos organismos marinos bentónicos de aguas poco profundas. Se puede competir por cualquiera de los factores físicos o bióticos que son esenciales para los organismos. La competencia suele ser más fuerte cuanto más densa es la población. Junto con la depredación, es el más importante de los factores dependientes de la densidad que regulan el crecimiento de las poblaciones.

Estrategias reproductivas y densidad de las poblaciones

Los biólogos de poblaciones han descubierto que casi todas las especies se pueden clasificar en dos categorías, según el tamaño de sus poblaciones y sus estrategias reproductivas. Por un lado están las especies con poblaciones de tamaño muy variable, a menudo sometidas a catástrofes, con poca competencia intraespecífica. Estas especies tienden a tener una enorme fecundidad; es decir, han adoptado una estrategia de selección-r. Otras especies tienen una población casi constante año tras año, cercana a la capacidad máxima de mantenimiento, y están sometidas a fuerte competencia intra e interespecífica. Tienden a tener una vida más larga y en ellas se selecciona el desarrollo lento, la reproducción espaciada y el nacimiento de pocas crías. A esto se le llama estrategia de selección-K.

Aun teniendo en cuenta estas diferencias en la estrategia reproductiva, la fecundidad de todas las especies es tan alta que si se llegaran a reproducir todos los descendientes de una pareja, el tamaño de la población se iría acercando al infinito. Sin embargo, se sabe desde la antigüedad que sólo una fracción de los individuos engendrados en cada generación sobrevive para engendrar la siguiente. Entre los factores responsables de esta reducción en cada generación figuran la competencia por recursos limitados, las variaciones climáticas, la depredación, las enfermedades y el fracaso reproductivo. El resultado es que las poblaciones de casi todas las especies alcanzan un estado estacionario, a pesar de la variación, de las fluctuaciones y de las continuas muertes de individuos. Cómo se alcanza este equilibrio es otra cuestión que ha dado origen a numerosas controversias en la literatura ecológica.

Los ecólogos se dieron cuenta muy pronto (gracias a las convincentes pruebas aportadas por David Lack) de que gran parte de la mortalidad en las poblaciones naturales depende de la densidad. Esto significa que cuando aumenta la densidad de una población, los factores adversos como la depredación, la competencia, las enfermedades, la escasez de alimentos y de escondrijos, ejercen más impacto y provocan una mortalidad mayor, frenando así el crecimiento de la población. Este descubrimiento hizo pensar que las poblaciones tienen una capacidad de autorregulación[8], que se ejerce a través de mecanismos limitadores del crecimiento de la población, tales como el establecimiento de territorios, la reducción del volumen de la puesta en el caso de las aves, el aumento de la dispersión en el caso de algunas plantas, y muchos otros. Sin embargo, para que pudiera funcionar esta capacidad de autorregulación habría que aceptar la existencia de la selección de grupo (véase Capítulo 8), un proceso que, tras un período inicial de aceptación, se demostró que no actúa más que en las especies sociales. Lack, G. C. Williams y otros demostraron que la selección natural que actúa sobre los individuos, en combinación con la selección de parentesco (véase Capítulo 12), bastan para explicar la territorialidad, la baja tasa reproductiva, la dispersión y todos los demás fenómenos conocidos que en otro tiempo se atribuyeron a la autorregulación. Ya nadie considera en serio la teoría de la autorregulación.

Andrewartha y Birch sostenían que el clima podía dominar sobre todos los factores adversos relacionados con la densidad, y controlar él solo el tamaño de la población independientemente de la densidad. De hecho, todo el mundo sabe que ciertos factores climáticos, como los inviernos rigurosos, los veranos tórridos, las sequías y las precipitaciones excesivas, pueden tener efectos catastróficos sobre las poblaciones, en especial las de insectos y otros invertebrados. Un concienzudo análisis de las variaciones de población no influidas por la densidad ha demostrado que el efecto de la densidad se superpone a las fluctuaciones inducidas por el clima. Evidentemente, el tamaño de las poblaciones está controlado a la vez por factores físicos y biológicos.

Depredadores, presas y coevolución

Mientras que algunas especies tienen poblaciones que apenas varían de tamaño de un año para otro, otras se caracterizan por las fluctuaciones irregulares o cíclicas de sus poblaciones. Elton (1924) demostró que estas fluctuaciones en poblaciones de herbívoros pequeños (ratones, liebres, lemmings) provocaban fluctuaciones similares en las poblaciones de sus depredadores, como el zorro ártico. Los pequeños roedores árticos suelen presentar ciclos de tres o cuatro años, y lo mismo les ocurre

---

[8] V. C. Wynne-Edwards (1962, 1986).

a sus depredadores. Las liebres, que son más grandes, suelen tener ciclos de nueve o diez años, y sus depredadores también. Ahora sabemos que los ciclos de los herbívoros determinan los ciclos de los depredadores, y no al revés.

En respuesta a la presión de los depredadores, las presas suelen desarrollar ciertas conductas adaptativas (por ejemplo, buscar refugios) o adquirir mejores protecciones (caparazones más duros, por ejemplo), sabor nauseabundo, etc. A su vez, los depredadores van desarrollando por selección medios para superar estas defensas. El resultado es una escalada o «carrera de armamentos» entre el depredador y la presa. Muchas plantas han adquirido todo un arsenal de defensas químicas, sobre todo alcaloides, que las hacen poco apetitosas para la mayoría de los herbívoros, pero siempre existen unos pocos taxones de herbívoros capaces de adaptarse a estas defensas químicas.

Cuando una planta adquiere nuevas sustancias químicas para defenderse de los herbívoros, y los insectos herbívoros desarrollan a su vez nuevos mecanismos de desintoxicación, podemos hablar de «coevolución» de las especies implicadas. La coevolución puede también adoptar la forma de mutualismo o simbiosis. Un ejemplo bien conocido es la polilla de la yuca, cuyas larvas destruyen algunas semillas de yuca para alimentarse, polinizando a cambio las flores, y garantizando así el bienestar de sus larvas y la producción de suficientes semillas para mantener la población de yuca.

En algunos casos, los depredadores, sobre todo si se trataba de especies introducidas en nuevas zonas, han ejercido un efecto devastador sobre ciertas especies de presas. Se han dado incluso casos en los que un depredador ha exterminado por completo a la especie que le servía de presa, como ocurrió con la polilla de los cactos *(Cactoblastis)*, que prácticamente acabó con las poblaciones de *Opuntia* en Queensland (Australia). Normalmente, siempre sobreviven algunos individuos, y la población de presas se recupera después de que haya disminuido la población de depredadores. Las múltiples interacciones entre depredadores y presas constituyen uno de los campos de investigación más activos de la ecología, de especial importancia para el control biológico de plagas agrícolas.

La cadena alimentaria y la pirámide de números

Elton hizo notar que los miembros de una comunidad forman una cadena alimentaria, cuyo primer eslabón son las plantas fotosintéticas; el siguiente son los herbívoros, el siguiente los carnívoros, y el último los descomponedores (microbios y hongos). A las plantas fotosintéticas se las llama productores, y consumidores a todos los demás miembros de la cadena alimentaria. Los carnívoros, a su vez, pueden clasificarse según su tamaño; por lo general, los más grandes no sólo se alimentan de herbívoros, sino también de carnívoros pequeños.

Por término medio, el tamaño aumenta a medida que se asciende en la cadena alimentaria. Entre los herbívoros hay miríadas de insectos (y sus larvas), mientras que los carnívoros suelen ser más grandes y mucho menos numerosos. Sin embargo, ejemplos como el elefante y los grandes ungulados demuestran que también los herbívoros pueden alcanzar gran tamaño. De hecho, los herbívoros más grandes (los elefantes y algunos dinosaurios) suelen ser mayores que los carnívoros más grandes que coexisten con ellos.

Las plantas fotosintéticas aportan, con gran diferencia, la mayor contribución a la biomasa de la Tierra; los herbívoros contribuyen menos, y los carnívoros mucho menos aún. El número de carnívoros es muy reducido, en comparación con los herbívoros que consumen, y esto da lugar a una «pirámide de números», que refleja el hecho de que los organismos situados en lo alto de la cadena alimentaria son relativamente escasos. Un gato que se alimente de ratones o una ballena que consume krill *(Euphausia)* por millones son ejemplos de esta reducción del número en los niveles superiores de la pirámide alimentaria.

Modo de vida e investigación taxonómica

Todos los estudios comparativos sobre especies raras, extensión de la distribución de una especie, interacciones depredador-presa y otros muchos campos de investigación sobre biología de poblaciones se basan en el conocimiento de las especies taxonómicas existentes y su modo de vida. Casi todos los naturalistas tradicionales, en especial los botánicos, entomólogos y especialistas en organismos acuáticos, eran también taxonomistas. De hecho, sus estudios sobre el modo de vida de los organismos les sirvieron de gran ayuda en sus discriminaciones taxonómicas. Esta dualidad de especialidades se volvió mucho más rara después de que la ecología se emancipara de la historia natural, pero todos los buenos taxonomistas siguieron siendo buenos naturalistas[9].

Evidentemente, el estudio del modo de vida de los animales y

---

[9] Lo que queda de la estrecha relación entre taxonomía y ecología se ha tratado en numerosas publicaciones; por ejemplo, Heywood (1973).

plantas ha interesado siempre a los ecólogos. En el caso de las plantas, la división clásica en anuales y perennes se basa en un criterio de modo de vida, y también la clasificación en hierbas, arbustos y árboles se basa en un criterio ecológico. En el caso de los animales, casi todos los aspectos de su vida –longevidad, fecundidad, sedentarismo, naturaleza del nicho, ciclos estacionales, frecuencia de reproducción, sistemas de apareamiento, etc.– influyen en el éxito reproductivo y en el tamaño de la población y, por lo tanto, tienen interés para el biólogo de poblaciones.

Sin embargo, tras varios siglos de afanoso trabajo por parte de los taxonomistas, todavía no sabemos con exactitud cúantas especies existen, y mucho menos sabemos cómo vive cada una. Si existen 10 millones de especies de animales (un cálculo muy moderado) y se ha descrito un millón y medio, esto quiere decir que conocemos aproximadamente un 15 por 100. Si el número de especies ascendiera a 30 millones (un cálculo nada desorbitado), conocemos sólo el 5 por 100.

Por añadidura, el nivel de conocimientos que poseemos sobre los diferentes grupos es muy desigual. Existen unas 9.300 especies de aves, y casi todas las adiciones recientes a dicho número no se han debido a nuevos descubrimientos, sino al ascenso de poblaciones aisladas a la categoría de especie. El número de nuevas especies de aves descubiertas en los últimos 10 años no llega al 0,3 por 100 del número total. En otras palabras, ya se ha descubierto y descrito por lo menos un 99 por 100 de las especies de aves. En cambio, en muchos grupos de insectos, arácnidos e invertebrados inferiores, el número de especies conocidas no llega al 10 por 100 del número de especies que existen en realidad, y lo mismo sucede con los hongos, los protistas y los procariontes. Los estudios sobre diversidad de especies en los bosques tropicales y en ciertos ambientes marinos son lamentablemente insuficientes. Ésta es una de las razones de que los ecólogos suscriban con entusiasmo las peticiones de apoyo a las investigaciones taxonómicas.

La ecología de las comunidades

A finales del siglo XIX, a medida que la ecología iba creciendo y convirtiéndose en una ciencia independiente nacida de la historia natural y la geografía vegetal, empezó a desarrollarse un tipo de ecología completamente diferente de las ecologías de los individuos y las poblaciones. El principal interés de esta nueva «ecología de las comunidades» o «sinecología» era la composición y estructura de las comunidades formadas por especies diferentes[10].

Los inicios de este modo de contemplar la naturaleza se pueden encontrar ya en las obras de Buffon. Pero el verdadero fundador de la ecología de comunidades fue Alexander von Humboldt, con sus análisis de los tipos de vegetación: tipos de vegetación creados por climas similares, independientemente de la relación taxonómica de las especies componentes. Entre los tipos de vegetación figuran la pradera, el bosque templado caducifolio, la selva lluviosa tropical, la tundra y las sabanas; y dado que éstos eran los ejemplos más conspicuos de comunidades, la sinecología se concentró en el estudio de comunidades vegetales y tenía un componente geográfico muy importante.

Una selva tropical, tanto en la zona de Australia como en la Amazonia, tiene un aspecto característico; lo mismo ocurre con los desiertos, independientemente del continente. En el aspecto taxonómico, como hizo notar Darwin, las plantas de un tipo concreto de vegetación –por ejemplo, los desiertos– no suelen estar emparentadas con las de otros desiertos, sino más bien con las plantas de otros tipos de vegetación del mismo continente. Los ecólogos vegetales, desde Humboldt en adelante, pero sobre todo a partir de la segunda mitad del siglo XIX, han intentado caracterizar los diversos tipos de vegetación y sus causas.

El producto más célebre de esta tradición fue la *Ecología de las plantas* de Eugene Warming, a quien algunos han llamado «el padre de la ecología». Todos los miembros de su escuela eran bastante fisicistas en sus explicaciones, e insistían en la importancia de la temperatura, el agua, la luz, el nitrógeno, el fósforo, la sal y otras sustancias químicas que influyen en la distribución de los tipos de vegetación. Pero para Warming, en contraste con lo que pensaban muchos de sus predecesores, el principal determinante eran las precipitaciones, y no la temperatura. Llegó a esta conclusión gracias a sus investigaciones en los trópicos. En términos estrictos, este tipo de ecología acabó denominándose «ecología geográfica de las plantas»[11].

---

[10] En ocasiones, los ecólogos aplican el término «población» a conjuntos de varias especies en un ecosistema. Pueden referirse a la «población de plancton» de un lago, o a la «población de herbívoros» de una sabana. En la mayoría de los casos, este empleo de la palabra población para designar porciones de un ecosistema con múltiples especies induce a equívocos.

[11] Hubo un interés similar, aunque menos intenso, por los animales, que se reflejó en obras como *Tiergeographie auf Ökologischer Grundlage* de R. Hesse (1924). A pesar de su título, no era un tratado de geografía animal que estudiara la distribución de los animales y las causas de dicha distribución, sino más bien una ecología animal basada en factores geográficos. En algunos aspectos, fue la sucesora de la morfología ecológica de Semper (1881). Con el tiempo, la ecología de las comunidades dio origen a la ecología de los ecosistemas (véase más adelante).

Sucesión y clímax

A principios del siglo XX, el ecólogo estadounidense Frederic Clements hizo notar por primera vez que, después de una perturbación –que puede ser una erupción volcánica, una fuerte riada, una tormenta de viento o un incendio forestal–, se desarrolla una sucesión de comunidades vegetales. Un campo abandonado, por ejemplo, será invadido sucesivamente por plantas herbáceas, arbustos y árboles, hasta acabar transformándose en un bosque. Las especies que necesitan más luz son siempre los primeros invasores; las que toleran la sombra aparecen más adelante en la sucesión.

Clements y otros ecólogos de su época creyeron observar una regularidad casi con carácter de ley en el orden de sucesión, pero esto no se ha demostrado suficientemente. Uno de los estudios mejor documentados sobre la sucesión se llevó a cabo durante la repoblación de la isla de Krakatoa, que quedó completamente arrasada por una erupción volcánica en 1883 (Thornton 1995). En ésta y en otras sucesiones se puede reconocer una tendencia general, pero los detalles suelen ser impredecibles. Un prado abandonado de Nueva Inglaterra puede ser ocupado por pinos blancos y abedules, otro prado cercano puede ser invadido por cedros, cerezos silvestres y arces. En la sucesión influyen muchos factores: el tipo de suelo, la exposición al sol y al viento, la regularidad de las precipitaciones, las colonizaciones casuales y otros muchos procesos aleatorios. Uno de los primeros en estudiar las sucesiones fue el naturalista y poeta estadounidense Henry David Thoreau (1993).

La fase final de una sucesión, que Clements y los primeros ecólogos llamaron clímax, tampoco es predecible ni tiene una composición uniforme. Incluso en las comunidades maduras suele haber mucha sustitución de especies, y en el clímax influyen los mismos factores que influyeron en la sucesión. No obstante, los ambientes naturales maduros suelen estar en equilibrio y cambian relativamente poco con el tiempo, a menos que cambie el entorno mismo.

Para Clements, el clímax era un «superorganismo», una entidad orgánica[12]. Incluso algunos autores que aceptaban el concepto de clímax rechazaron su caracterización como superorganismo, que, efectivamente, es una metáfora equívoca. A una colonia de hormigas se la puede llamar superorganismo legítimamente, porque su sistema de comunicación está tan organizado que toda la colonia funciona siempre como un conjunto, adaptándose a las circunstancias; pero no hay evidencias de que

---

[12] «La formación del clímax es el organismo adulto, la comunidad plenamente desarrollada.»

exista una red similar de comunicación interactiva en una comunidad vegetal en estado de clímax. Muchos autores prefieren el término «asociación», para insistir en el carácter ligero de la interacción.

Aún menos afortunada fue la extensión de esta manera de pensar para incluir a los animales, y no sólo a las plantas. De ahí surgió el «bioma», una combinación de la flora y la fauna que coexisten en una zona. Aunque es cierto que muchos animales están estrictamente asociados con ciertas plantas, hablar por ejemplo del «bioma abeto-alce» induce a confusión, ya que no existe cohesión interna en su asociación como la que existe en un organismo. A la comunidad de abetos no le afecta ni la presencia ni la ausencia de alces. De hecho, existen enormes zonas de bosque de abetos sin alces. La descripción de las comunidades vegetales como superorganismos siempre ha tenido connotaciones algo místicas.

La oposición a las ideas de Clements sobre ecología vegetal la inició Herbert Gleason (1926), a quien pronto se unieron otros ecólogos. Su principal argumento era que la distribución de una cierta especie estaba controlada por los requisitos de nicho de dicha especie y que, por lo tanto, los tipos de vegetación eran una simple consecuencia de las ecologías de las especies individuales de plantas.

Ecosistema

Dadas las críticas que, por una razón u otra, recibían los términos clímax, bioma, superorganismo y otras expresiones técnicas aplicadas a la asociación de plantas y animales en una localidad, la palabra ecosistema fue ganando cada vez más aceptación. Este término, propuesto por el ecólogo vegetal inglés A. G. Tansley (1935), designa a todo el sistema de organismos asociados, junto con los factores físicos de su entorno.

Algún tiempo después, R. Lindeman (1942) insistió en la función transformadora de energía de dicho sistema. Otro ecólogo la describió acertadamente de la siguiente forma: «Un ecosistema implica la circulación, transformación y acumulación de energía y materia a través del medio formado por los seres vivos y sus actividades.» La fotosíntesis, la descomposición, el herbivorismo, la depredación, el parasitismo y otras actividades simbióticas son algunos de los principales procesos biológicos responsables del transporte y almacenamiento de materiales y energía. Así pues, lo que más le interesa al ecólogo son «las cantidades de materia y energía que circulan a través de un ecosistema dado, y la velocidad a la que lo hacen» (Evans 1956). La principal misión del Programa Biológico Internacional (IBP) consistía en obtener estos datos cuantitativos.

Por desgracia, parece que este enfoque fisicista no representó una gran mejora con respecto a sus predecesores. Aunque el concepto de ecosistema tuvo mucha aceptación en los años 50 y 60, debido sobre todo al entusiasmo de Eugene y Howard Odum, ya no es el paradigma dominante. Los argumentos de Gleason en contra del clímax y el bioma son también válidos, en gran medida, contra el ecosistema. Además, el número de interacciones es tan grande que resultan muy difíciles de analizar, incluso con la ayuda de potentes ordenadores.

Por último, casi todos los ecólogos jóvenes consideran más interesantes los problemas ecológicos referentes a las adaptaciones de conducta y modo de vida que la medición de constantes físicas. No obstante, se sigue hablando de ecosistemas para referirse a asociaciones locales de plantas y animales, por lo general sin prestar mucha atención a los aspectos energéticos. Un ecosistema no posee el carácter unitario e integrado que cabría esperar de un auténtico sistema.

Diversidad

Entonces, ¿qué factores controlan el número de especies que coexisten en un lugar determinado? La generalización más obvia que podemos hacer es que cuanto más severo sea el entorno, menos especies formarán la comunidad. En una zona inhóspita como un desierto, o una tundra ártica, habrá muchas menos especies que en un bosque subtropical o tropical. Pero esto no es todo. Evidentemente, también influyen mucho los factores históricos, como el origen de un biota a consecuencia de la fusión de dos biotas anteriormente separados, o las facilidades para la especiación que presente una zona (por tener, por ejemplo, muchas posibles barreras geográficas). Esto puede explicar que una cierta zona de Malasia tenga el triple de especies de árboles de bosque que una zona equivalente en la selva amazónica.

Dos especies pueden excluirse mutuamente en una localidad y coexistir pacíficamente en otra. Competidores potenciales pueden formar «gremios», cuya composición específica puede variar de un lugar a otro. Por ejemplo, en las pequeñas islas situadas al este de Nueva Guinea se pueden encontrar una paloma frugívora grande, otra de tamaño mediano y otra pequeña. Sin embargo, no se puede predecir qué especies concretas de palomas grandes, medianas y pequeñas se encontrarán en una cierta isla, porque esto parece depender de sucesos fortuitos.

Por muy relativamente estable que parezca una comunidad, en realidad representa un equilibrio entre la extinción y una nueva colonización. Los primeros que comprendieron esto con claridad fueron los que estudiaban las poblaciones de las islas, que llegaron a formularlo matemáticamente como «ley de la biogeografía de las islas». Cuanto más pequeña sea la isla, más rápida es la sustitución de especies; y a la inversa: cuanto más lenta sea la sustitución, mayor es el porcentaje de especies endémicas. Cuanto más tiempo sobreviva una población aislada en una isla, mayor es la probabilidad de que se transforme en una especie aparte[13].

MacArthur sostenía en 1955 que cuanto más diversa sea una comunidad, más estable es. May (1973) llegó a la conclusión contraria, y los estudios posteriores no han logrado conseguir un acuerdo. Lo evidente es que la composición de una comunidad es el resultado de una complejísima interacción de factores históricos, físicos y bióticos, que en la mayoría de los casos sólo se puede predecir de manera aproximada. Los factores que influyen en la composición, como las características físicas del ambiente y la presencia de competidores y enemigos, suelen ser bastante aparentes; pero la importancia relativa de estos factores puede estar muy influida por contingencias históricas.

PALEOECOLOGÍA

A medida que avanzaba el estudio de las comunidades fósiles, los paleontólogos fueron prestando cada vez más atención a la ecología de los biotas del pasado. Muchos problemas ecológicos se manifiestan de manera especial en los biotas fósiles, aunque las conclusiones obtenidas en estos estudios están condicionadas por el problema de la preservación diferencial. Los organismos de cuerpo blando sólo fosilizan en condiciones muy especiales, pero incluso los que poseen conchas y esqueletos presentan considerables diferencias de preservación. A veces se encuentran comunidades locales enteras aparentemente bien preservadas (por ejemplo, comunidades de arrecife). Las circunstancias de la sedimentación y preservación se investigan con los métodos de la tafonomía.

El campo de mayor interés en la paleoecología es la extinción completa de grandes taxones. ¿Qué provocó, por ejemplo, la extinción de los trilobites, el taxón de invertebrados dominante en el Paleozoico? ¿O la de los ammonites, un grupo casi igualmente dominante en el Mesozoico? Si la desaparición de uno de estos grupos coincide con uno de los grandes períodos de extinción masiva de la historia de la Tierra, se puede achacar a la misma causa que la extinción general. Esto se aplica, por

---

[13] Véase Mayr (1941), MacArthur y Wilson (1963) y Mayr (1965).

ejemplo, a la extinción de los dinosaurios, que coincide con el fin del Cretácico y –en esto existe ya un cierto consenso– con el impacto del asteroide Álvarez en Yucatán. La extinción de los trilobites se atribuye con frecuencia a la competencia con los moluscos, «más eficientes funcionalmente», pero ésta es en gran medida una inferencia *post hoc, ergo propter hoc*.

La vida en la Tierra se originó en el agua, y una de las principales revoluciones ecológicas fue la conquista de la tierra firme, primero por las plantas y después por los animales. Pero así como los trilobites y los ammonites fueron sustituidos en el agua, también en tierra tuvieron lugar importantes sustituciones. Se suele mencionar con frecuencia el auge de los mamíferos tras la extinción de los dinosaurios, pero entre las plantas terrestres tuvo lugar un cambio mucho más drástico, aunque menos completo. La vegetación dominante, consistente en helechos arborescentes, equisetos y gimnospermas, fue sustituida durante el Cretácico por las plantas con flores (angiospermas). Regal (1977) ha sugerido una explicación verosímil, basada en la polinización por insectos (en lugar de por el viento) y en la dispersión de semillas por aves y mamíferos. Lo más interesante de esta explicación es que el cambio no se atribuye a factores fisiológicos o climáticos, sino a factores ecológicos.

Controversias en ecología

Pocas controversias ecológicas importantes se han resuelto de manera decisiva, si es que se ha resuelto alguna. ¿Cómo se controla la densidad de población, la competencia o la depredación? ¿Qué factores son más importantes, los dependientes de la densidad o los que no dependen de ella? ¿Tienen las sucesiones una fase terminal predecible? ¿Qué grado de rigidez tiene la «ley» de la exclusión competitiva? En todas estas controversias existe una opinión dominante, pero también una oposición minoritaria. Y a veces se puede pasar de una a otra con mucha rapidez, como ocurrió con la cuestión de si los biotas más diversos son o no los más estables.

El pluralismo parece ser la respuesta correcta en muchas controversias ecológicas, si no en casi todas. Diferentes tipos de organismos pueden seguir diferentes normas. En los ambientes acuáticos y en los terrestres pueden predominar diferentes factores determinantes. Los factores dominantes pueden cambiar con la latitud. Cuando dos autores discrepan acerca de la solución a un problema ecológico, esto no significa necesariamente que uno de los dos esté equivocado. Puede tratarse de un caso de pluralismo.

Otras controversias de la ecología, como sucede en otros campos de la biología, son consecuencia de la incapacidad de distinguir entre causas próximas y causas evolutivas. La ecología se diferencia de casi todas las demás disciplinas biológicas en que no encaja perfectamente en el esquema de causaciones próximas o evolutivas. Es más: algunas partes de la ecología, como la ecología evolutiva, están dominadas por un intrincado sinergismo de causaciones próximas y remotas. En el estudio de fenómenos ecológicos es muy importante distinguir entre los dos tipos de causaciones, si se quiere desentrañar las causas y los efectos.

Si para encontrar la respuesta a los problemas evolutivos hay que pensar en términos de poblaciones, el pensamiento ecológico no se debe aplicar sólo a cuestiones de conservacionismo, sino también a todas nuestras relaciones con el ambiente, incluyendo todas las cuestiones económicas relacionadas con la política forestal, la agricultura, las pesquerías, etc. Y siempre hay que tener presente que en muy pocos casos se puede aplicar una receta simple. Las interacciones ecológicas suelen generar reacciones en cadena, cuyo resultado final sólo resulta aparente después de análisis muy complejos y detallados. Al parecer, nadie se esperaba que la destrucción de las colonias de aves marinas de Novaja Zemlya por materiales radiactivos provocara un colapso en las pesquerías de la zona. La introducción de flora o fauna exótica (como el conejo en Australia), ya sea deliberada o accidental, suele tener efectos catastróficos inesperados. La investigación ecológica no puede predecir ni evitar todo esto, pero sí una parte; como mínimo, puede mitigar o invertir los efectos. En ocasiones, un análisis ecológico oportuno puede impedir actos concretos, como la construcción de una presa, que tendrían consecuencias desastrosas.

La aparición del hombre civilizado ha influido en casi todas las comunidades vegetales naturales anteriormente existentes. Desde los tiempos de George Perkins Marsh y Aldo Leopold, los naturalistas han explicado las muchas maneras en que los humanos han provocado cambios generalizados en la vegetación natural. La deforestación de las montañas de la zona mediterránea, la actual deforestación de las selvas tropicales y el forrajeo excesivo (sobre todo, por parte de las cabras) en muchas zonas subtropicales, han tenido efectos drásticos y muchas veces catastróficos sobre el ambiente natural y sus habitantes humanos. Esto ha sido denunciado por el movimiento conservacionista, que ha indicado las medidas necesarias (principalmente, el control de poblaciones) para reducir los futuros daños.

Al igual que cualquier otra especie, la humana tiene su ecología específica. Los principales campos de interés para el ecólogo son cuatro: 1) la dinámica y consecuencias del crecimiento de la población humana;

2) el empleo de los recursos; 3) el impacto de los seres humanos sobre su entorno; y 4) las complejas interacciones entre el crecimiento de la población y el impacto ambiental. Tal como han indicado a menudo ecólogos y ecologistas, el problema del futuro de la humanidad es, en último término, un problema ecológico.

Capítulo 11

¿Dónde encajan los humanos en la evolución?

En casi todas las culturas primitivas, en la filosofía griega y, desde luego, en la religión cristiana, los seres humanos se consideran completamente aparte del resto de la naturaleza. Hasta el siglo XVIII no surgieron autores que se atrevieran a llamar la atención acerca de la similitud entre el hombre y los simios; Linneo llegó a incluir al chimpancé en el género *Homo*. Pero, probablemente, el primero que sugirió sin tapujos que los humanos descendían de primates fue el naturalista francés Lamarck (1809), que incluso propuso una hipótesis que explicaba cómo los humanos habían descendido de los árboles y se habían hecho bípedos, y cómo la forma del rostro humano se alteró debido a un cambio de dieta.

Pero fue la teoría darviniana de la ascendencia común la que no dejó más alternativa que admitir que los humanos descendían efectivamente de antepasados simiescos. Las evidencias de la morfología comparada eran ya abrumadoras. Pocos años después, Huxley, Haeckel y otros dejaron bien establecido el principio de que no hubo nada sobrenatural en el origen de la especie humana. El *Homo sapiens* dejó de estar aislado del resto del mundo vivo, y su historia evolutiva quedó secularizada en una rama de la ciencia.

Lenta pero inevitablemente, comenzó a desarrollarse una nueva disciplina biológica: la biología humana. Sus raíces eran múltiples: la antropología física, la anatomía comparada, la fisiología, la genética, la demografía, la antropología cultural, la psicología y otras. Su tarea era doble: demostrar que los humanos son un caso único entre todos los demás organismos, y al mismo tiempo demostrar que las características humanas evolucionaron a partir de las de nuestros antepasados.

¿Cómo se podían resolver las aparentes contradicciones entre el hecho de que los humanos son animales y la convicción de que son fundamentalmente diferentes de todos los demás animales, incluidos sus parientes más próximos, los simios antropoides? Cuanto más concienzudamente se estudiaban la humanidad y la enorme diversidad del mundo vivo, más impresionado quedaba uno por la absoluta improbabilidad del ser humano. ¿Cómo podía haber surgido del reino animal una criatura tan extraordinaria?

Cuando se consideraban los seres humanos en la literatura predarviniana –por ejemplo, Lamarck–, su aparición se explicaba siempre como la culminación inevitable de una tendencia a la perfección cada vez mayor. El hombre era el escalón más alto en la *scala naturae*. Pero Darwin hizo innecesaria esta explicación teleológica; su teoría de la selección natural explicaba en términos mecanicistas todos los fenómenos que antes sólo se podían explicar con ayuda de conceptos metafísicos. Era evidente que la ciencia biológica había adquirido una nueva tarea: explicar la evolución gradual de los seres humanos a partir de sus antepasados primates, como resultado de los procesos evolutivos normales que actuaban en el resto del mundo vivo, en especial la selección natural.

Otra poderosa ideología que quedó eliminada del estudio de la evolución humana a partir de 1859 fue el esencialismo. Había que aplicar también a los humanos el nuevo concepto darviniano del pensamiento poblacionista, que insistía en el carácter único de cada individuo dentro de una población. Los antropólogos tardaron en hacerlo, pero cuando lo hicieron, la nueva orientación rindió excelentes resultados.

Aun así, gran parte de la evolución del *Homo sapiens* sigue siendo un enigma en nuestros días. ¿Cuándo y dónde se escindió la línea homínida de la línea simiesca (los póngidos) que condujo a los antropoides modernos? Y tras la separación de la línea antropoide, ¿por qué fases pasó la línea homínida antes de alcanzar un nivel verdaderamente humano?

LA RELACIÓN ENTRE HUMANOS Y ANTROPOIDES

En los primeros árboles evolutivos construidos después de Darwin, el punto de ramificación de la línea homínida se situaba muy pronto. Sin embargo, todos los intentos de encontrar homínidos fósiles de 13 a 25 millones de años de antigüedad (el período Mioceno) fracasaron. Durante algún tiempo se pensó que un primate fósil asiático, el *Ramapithecus,* de hace 14 millones de años, estaba más cerca de los humanos que de ninguno de los antropoides, pero con el tiempo se demostró que pertenecía al linaje del orangután.

El descubrimiento de fósiles de neandertal en 1849 en Gibraltar marcó el principio del estudio de los homínidos primitivos. Durante los cuarenta años siguientes, todos los homínidos fósiles descubiertos eran *Homo sapiens* o neandertales. Por fin, en 1892, Dubois encontró en Java un homínido primitivo al que llamó *Pithecanthropus erectus;* en 1921 se describió un equivalente chino, el «hombre de Pekín», bautizado como *Sinanthropus pekinensis*. Ambos se incluyeron más adelante, junto con otros fósiles africanos, en la especie *Homo erectus* (véase más adelante).

Pero el auténtico «eslabón perdido» no se descubrió hasta 1924, cuando Dart describió un fósil de África del sur que consideró intermedio entre los humanos y los simios. Lo llamó *Australopithecus africanus*. Desde entonces se han descubierto otros muchos fósiles australopitecinos en el este y el sur de África. Se los suele asignar a una de dos ramas: una rama grácil, a la que pertenece el *Australopithecus africanus* y que con el tiempo dio origen al género *Homo;* y una rama lateral robusta, representada en África del sur por el *Australopithecus robustus* (de 2 a 1,5 millones de años de antigüedad) y en África oriental por el *Australopithecus boisei* (de 2,2 a 1,2 millones de años de antigüedad)[1]. Un cráneo encontrado al oeste del lago Turkana, llamado «el cráneo negro», representa una tercera especie robusta, *A. aethiopicus* (de 2,5 a 2,2 millones de años de antigüedad), probable antecesor del *boisei*[2]. El linaje robusto se extinguió hace aproximadamente un millón de años.

Durante mucho tiempo se consideró que la ráma grácil de *Australopithecus* incluía dos especies de cerebro pequeño: una especie norteña *(A. afarensis),* de Tanzania a Etiopía (de 3,5 a 2,8 millones de años de antigüedad), y otra sureña, el *A. africanus* de África del sur (de 3 a 2,4 millones de años de antigüedad). Estas dos especies de homínidos tenían locomoción bípeda, pero sus brazos relativamente largos y otras características indican que todavía eran semiarborícolas. Su cerebro apenas era mayor que el de los modernos chimpancés, y probablemente estaban más cerca de los simios que de los humanos.

Mientras continuaban las investigaciones antropológicas, abundantes evidencias moleculares confirmaron no sólo que la especie humana es pariente cercana de los simios africanos, sino también, para sorpresa de todos, que el chimpancé tiene un parentesco más cercano con el hombre que con el gorila: es decir, que el gorila se escindió del linaje del chimpancé poco antes de que lo hiciera el linaje homínido[3]. La eviden-

---

[1] Estas dos últimas especies se asignan en ocasiones a un género aparte, el *Paranthropus*.

[2] Con el *robustus* restringido a África del sur y el *boisei* a África oriental, resulta imposible decir cuál es más similar morfológicamente a su antepasado común, aunque la mayor edad del *A. aethiopicus* parece indicar que, en muchos aspectos, el *A. robustus* es más derivado.

[3] Poco a poco se han ido reuniendo más evidencias que confirman que la línea homínida se separó de la del chimpancé en tiempos recientes. Primero se estudiaron las proteínas de la sangre (Goodman); después, Sibley y Ahlquist realizaron experimentos de hibridación de ADN, que más tarde fueron confirmados por Caccone y Powell, utilizando métodos más perfeccionados; y por último se realizaron estudios cromosómicos y otras pruebas moleculares.

cia molecular parece indicar que la escisión de la línea humana y la del chimpancé tuvo lugar en tiempos relativamente recientes, hace cinco o seis millones de años[4].

A pesar de las numerosas expediciones que buscaron afanosamente por toda África, durante muchos años no se encontró ninguna especie de australopitecino más antigua que el *Australopithecus afarensis.* Por fin, en 1994, se descubrió en Etiopía una especie que parece haber vivido hace 4,4 millones de años, cerca de la época en que la línea homínida se escindió de la del chimpancé. Este material todavía se está empezando a estudiar, pero está claro que el fósil presenta más similitudes con el chimpancé que el *A. afarensis.* Este fósil etíope, bautizado como *Aridipithecus ramidus,* es por ahora el homínido más antiguo que se conoce. Después de su descubrimiento, se encontraron en África oriental y del sur huesos del pie y dientes más antiguos que el *afarensis* y el *africanus,* correspondientes a fases intermedias entre el *ramidus* y el *afarensis/africanus.* No se han encontrado restos significativos del período comprendido entre 8 y 4,4 millones de años atrás.

Es muy probable que el antepasado común de humanos y chimpancés caminara, como el chimpancé, apoyado en los nudillos, y que cada característica –desde las extremidades, cráneo, cerebro y dientes hasta las macromoléculas– evolucionara a distinta velocidad (un proceso denominado «evolución en mosaico»). En otras palabras, el «tipo» *Homo* no evolucionó todo a la vez. Los humanos y los chimpancés todavía son extraordinariamente similares en la estructura de su hemoglobina y otras macromoléculas, pero difieren considerablemente en el desarrollo del cerebro y en las conductas asociadas.

La aparición del Homo habilis, *el* H. erectus *y el* H. sapiens

Hace 1,9 o 1,7 millones de años, la rama grácil de los australopitecinos dio origen a una nueva especie llamada *Homo habilis,* caracterizada por un cráneo distinto y un cerebro mayor. En todos los lugares donde se han encontrado restos de *H. habilis* había instrumentos sencillos de piedra. En un principio, los restos de *habilis* resultaban muy desconcertantes, debido a las grandes diferencias de tamaño del cuerpo y el cerebro. Por fin se llegó a la conclusión de que existieron dos especies, y se rebautizó a la más grande como *Homo rudolfensis.*

Se cree que el *Homo habilis* es el antepasado del *Homo erectus,* una

---

[4] Sarich (1967) fue el primero en proponer esta época. Para concretar aún más la fecha se necesitarían nuevos descubrimientos fósiles.

especie más grande, con un cerebro mucho mayor. Sin embargo, el *Homo erectus* aparece en el registro fósil africano en la misma época que el *habilis,* es decir, hace aproximadamente 1.900.000 años, y los modos de vida de ambas especies parecen haber sido muy similares, con la excepción de que algunas poblaciones de *erectus* parecen haber utilizado el fuego. Probablemente, el *Homo erectus* fue el primer homínido que abandonó la dieta básicamente vegetariana para adoptar una dieta parcialmente carnívora. En otras palabras, esta especie se convirtió en carroñera y cazadora.

Al parecer, el *Homo erectus* tuvo más éxito y se extendió rápidamente por África, pasando por Oriente Medio hasta Asia, donde sus restos más antiguos se han encontrado en Java, en estratos de 1.900.000 años de antigüedad. El *Homo erectus* presenta una cierta variación geográfica, pero es sorprendente la poca evolución que tuvo lugar entre los primeros *erectus* y los últimos (de hace, aproximadamente, 300.000 años). Junto a los restos más antiguos sólo se han encontrado utensilios de piedra muy sencillos; en los estratos de hace un millón y medio de años empiezan a aparecer hachas de mano más trabajadas (bifaces), pero durante el siguiente millón de años apenas se aprecia ningún avance. El *Homo habilis* ya utilizaba instrumentos de piedra primitivos hace 1.900.000 años.

La especie *Homo sapiens,* a la que pertenece el hombre moderno, evolucionó de algún modo a partir del *Homo erectus,* pero hay muchas controversias acerca de dónde y cómo. Existen dos teorías principales sobre el origen de los humanos modernos. Una sostiene que evolucionaron en muchos lugares, a partir de poblaciones locales de *Homo erectus.* Esta teoría multirregional se basaba originariamente en la presunta similitud entre las razas geográficas del moderno *Homo sapiens* y los correspondientes fósiles de *Homo erectus* de África, China y las Indias Orientales. Esto inspiró a Coon (1962) la teoría de que la presión selectiva a favor del agrandamiento del cerebro en toda la amplia gama de *Homo erectus* condujo con el tiempo a la transformación gradual del politípico *Homo erectus* en el politípico *Homo sapiens.*

La teoría contraria, conocida también como la «hipótesis de la Madre Eva», se basa en reconstrucciones mitocondriales. Según esta hipótesis, hace entre 200.000 y 150.000 años, una oleada de colonización de una nueva especie originaria del África subsahariana dio origen a todas las poblaciones humanas actualmente existentes. Esta especie *(Homo sapiens sapiens)* sería descendiente de un *Homo sapiens* arcaico (descendiente a su vez del *Homo erectus* africano), y habría surgido en alguna zona del África subsahariana hace menos de 200.000 años. El *Homo sapiens sapiens* ya vivía en Oriente Medio hace unos 100.000 años; en las

Indias Orientales, Nueva Guinea y Australia, hace 60.000 años; en Europa occidental (donde sus restos son conocidos como «hombre de Cromañón»), hace 40.000 años; y en Extremo Oriente hace por lo menos 30.000 años. El esqueleto de un Cromañón es muy similar al de los humanos actuales, y se considera que pertenece a la misma especie. El Cromañón fue el autor de los mejores ejemplos de arte rupestre –en Chauvet, Lascaux y Altamira– y de los utensilios de piedra más perfectos.

En 1994, Ayala obtuvo evidencias moleculares que parecen refutar la teoría de la Madre Eva y apoyar la hipótesis de la continuidad regional de la evolución humana desde los tiempos del *Homo erectus* hasta el presente. Ayala cree que la elevada frecuencia de antiguos polimorfismos en el fondo genético humano excluye la posibilidad de que la especie humana haya pasado por un estrecho cuello de botella, como sostiene la hipótesis de la Madre Eva.

Aceptar la teoría multirregional de la evolución humana ayudaría a explicar otro enigma del registro fósil: el hecho de que se hayan encontrado en China, Java, Europa occidental e incluso África fósiles de *sapiens* arcaicos que todavía son muy similares al *erectus,* pero con un cerebro más grande (unos 1.200 cm^3). Estos fósiles aparentemente intermedios tienen edades comprendidas entre 500.000 y 130.000 años, aproximadamente.

Los neandertales y el hombre de Cromañón

Desde el descubrimiento de los fósiles de neandertales en Gibraltar en 1849, la relación entre éstos y el *Homo sapiens* ha sido tema de continuas disputas. Sabemos que en Occidente, hace 150.000 o 130.000 años, mucho antes de la llegada del hombre de Cromañón *(Homo sapiens sapiens),* las poblaciones de *sapiens* arcaicos fueron sustituidas por neandertales, que se extendieron por toda Europa, desde España (Gibraltar) hasta Asia occidental (Turkestán), y por el sur hasta Irán y Palestina (pero sin llegar a África ni a Java). El cerebro de los neandertales era, por término medio, algo más grande (hasta 1.600 cm^3) que el de los humanos modernos, pero sólo poseían una cultura lítica primitiva y no parecen haber experimentado ningún cambio evolutivo durante sus aproximadamente 100.000 años de existencia. La rama Neandertal de la línea homínida se extinguió hace unos 30.000 años, o poco menos, mucho después de que el tipo Cromañón invadiera Europa.

¿Eran el Neandertal y el Cromañón dos razas geográficas o dos especies distintas? Debido a las grandes diferencias físicas, en un principio fueron descritos como dos especies. Pero más tarde, basándose en la hipótesis de que se excluían geográficamente uno a otro, quedaron reducidos al nivel de razas geográficas (subespecies). De nuevo se los ascendió a la categoría de especies cuando se creyó que neandertales y hombres modernos habían coexistido en Palestina, en diferentes cavernas de la misma zona, durante un período de unos 40.000 años (hace entre 100.000 y 60.000 años). Pero aquél fue un período de grandes fluctuaciones climáticas, y con el tiempo se determinó que el neandertal vivió en Palestina durante los períodos más fríos, y el *H. sapiens sapiens* durante los períodos más cálidos y más áridos. Así pues, aunque ambos homínidos habitaron en la misma región, en general no coexistieron en el mismo lugar y al mismo tiempo.

Cuando se creía que el Neandertal pertenecía a la misma especie que el *sapiens* moderno, algunos fósiles de las cavernas de Palestina se interpretaron como evidencias de cruzamientos entre ambos tipos. Pero los análisis más recientes no confirman esto; y a pesar de los 10.000 o 15.000 años de coexistencia, en ningún lugar de Europa se han encontrado indicios de cruzamiento. Los neandertales desaparecieron unos 15.000 años después de que el *Homo sapiens sapiens* invadiera la zona de Europa que ellos ocupaban. También en el este y el sur de Asia desaparecieron los *sapiens* arcaicos, siendo sustituidos por *sapiens* modernos.

Clasificación de los taxones homínidos fósiles

Antes de los años 50, el estudio del origen de la especie humana era prácticamente un monopolio de los anatomistas, y la clasificación de los homínidos estaba dominada por el pensamiento tipológico y finalista. Apenas se tenía en cuenta el carácter único de los individuos y la enorme variación existente dentro de una especie. Cada fósil que se descubría se consideraba un tipo diferente y, por lo general, se le asignaba un nombre binómico; y a todos se les consideraban miembros de una única serie ascendente, que conectaba a los antepasados primates con el hombre moderno[5].

Pero los hallazgos fósiles en sí mismos no confirmaban esta cons-

---

[5] En 1950, en un intento de poner orden en la caótica clasificación de los homínidos entonces existente (más de 30 nombres genéricos y más de 100 específicos), apliqué la navaja de Occam y sugerí que en cada momento del pasado sólo existió una única especie de homínido, del mismo modo que ahora sólo existe una especie de *Homo*. Las posteriores investigaciones han demostrado que mi sugerencia era una simplificación exagerada.

trucción conceptual, ni mucho menos. Resultaba especialmente desconcertante la súbita aparición de nuevos tipos de homínidos sin conexión aparente con ninguno de los tipos anteriores. Por ejemplo, existe un enorme hueco entre el *Homo habilis* y su presunto antepasado, el *Australopithecus africanus;* y también entre el *Homo erectus* y su supuesto antepasado, el *Homo habilis;* y entre el *Homo sapiens* y su antepasado el *Homo erectus*. Otra incongruencia derivaba de la dificultad de situar en la misma secuencia lineal o columna vertical hallazgos muy distantes geográficamente.

Evidentemente, aquellos partidarios del pensamiento tipológico y unidimensional ignoraban lo corriente que es la especiación geográfica entre los tetrápodos. Casi todas las especies de primates presentan especiación geográfica, y casi todos los géneros de primates (excepto los más grandes, como los lemures y el *Cercopithecus)* siguen estando formados por especies alopátridas. Todo induce a creer que los géneros homínidos fósiles también estaban formados por especies alopátridas. Lo confirma la restricción de *Australopithecus africanus* a África del sur y la del *afarensis* mucho más al norte, así como la del *Australopithecus robustus* al sur de África y la del *boisei* a África oriental.

La zona de África oriental y del sur donde más homínidos fósiles se han encontrado es pequeña, y es posible que hayan existido poblaciones fundadoras de otras especies de homínidos en las extensas zonas de África occidental, central y del norte que todavía no se han explorado. De hecho, hace muy poco se han encontrado fósiles de australopitecinos de 3,5 a 3 millones de años de antigüedad en Chad (África central). En las partes inexploradas de África pudieron existir docenas de aloespecies de *ramidus, afarensis, robustus, habilis* y *erectus*. La brusquedad de algunas transiciones del registro fósil se podría explicar por «brotes»[6]: el nuevo tipo descendiente se habría originado en alguna población periférica y no habría establecido contacto con la especie parental hasta después de completar su reestructuración genética. Existen muy pocas posibilidades de que lleguemos a descubrir los lugares donde vivieron estas poblaciones aisladas.

Cuando sólo se conocían unos pocos fósiles de homínidos, resultaba fácil clasificarlos en especies: *afarensis, africanus, habilis, erectus* y *sapiens*. Cada uno de estos nombres representaba de 250.000 a 1.500.000 años. En los últimos años se han descubierto numerosos fósiles que, o bien corresponden a períodos intermedios entre los de los ejemplares típicos, o bien pertenecen a diferentes regiones geográficas, y por lo tanto tampoco son completamente típicos. Suelen presentar un alto grado

---

[6] Véase Mayr (1954).

de evolución en mosaico: algunos de sus caracteres son iguales a los de sus antepasados, otros son como los de sus descendientes, y el resto son intermedios.

La situación del *Homo sapiens* en el sistema taxonómico ha dado lugar a las más asombrosas discrepancias, que en su mayoría se debían a que cada sistema de clasificación utilizaba diferentes caracteres. Julian Huxley (1942), basándose en el carácter único de la especie humana, debido sobre todo a su cultura y su dominio del mundo, propuso crear un nuevo reino, Psicozoa, sólo para el *Homo sapiens*. Medio siglo después, Diamond (1991) se pasó al extremo opuesto, incluyendo a los chimpancés en el género *Homo,* basándose en sus similitudes moleculares. Mientras que Huxley insistía en el carácter único de los humanos, Diamond incurrió en el error contrario, omitiéndolo por completo.

Uno de los axiomas más antiguos de la clasificación es que los caracteres no sólo deben contarse; también hay que medirlos. La evolución acelerada del sistema nervioso central humano, el largo período de cuidado parental, y todos los avances fisiológicos, sociales y culturales que esto ha permitido, justifican sin duda que se clasifique a la especie humana por lo menos en un género distinto del *Pan* (chimpancé), por muchas que sean las similitudes moleculares. Según el criterio de Diamond, *Australopithecus* sería también sinónimo de *Homo,* y nuestra nomenclatura sería ya incapaz de reflejar los grados de diferencia entre los distintos tipos de homínidos.

En la actualidad existe bastante consenso acerca de los principales tipos de homínidos fósiles y sus relaciones de parentesco, pero la reconstrucción detallada de las superespecies politípicas de homínidos sólo será posible cuando se descubran nuevos fósiles, y además se necesitará una aplicación consistente del pensamiento poblacionista. Este modo de pensar comenzó a penetrar en la antropología física hacia 1950, pero el *Australopithecus africanus* y el *Homo erectus* todavía siguen constituyendo tipos aceptados. Los antropólogos físicos no suelen tener en cuenta la amplitud de distribución de estas poblaciones ni (en el caso del *Homo erectus)* la variación geográfica que presentaban; tampoco tienen en cuenta la posibilidad de que existieran poblaciones periféricas aisladas.

La transformación en humanos

¿Qué hizo posible la aparición de la especie humana, y en qué orden se adquirieron las características humanas? Durante mucho tiempo, los estudiosos de la evolución humana se sintieron satisfechos con la siguiente explicación: durante el Mioceno, al hacerse más seco el clima de África, muchas hordas de antepasados nuestros quedaron aisladas en paisajes más abiertos, donde caminar a dos patas representaba una ventaja. Al quedar libres las manos y brazos, se pudieron utilizar instrumentos, y esto, a su vez, ejerció una presión selectiva a favor del agrandamiento del cerebro, que permitía la invención y el uso habilidoso de nuevos utensilios. Según esta explicación, el bipedismo fue la clave de la humanización, pasando por el uso de instrumentos.

Muchas evidencias recientes, referentes a la transición de simios a humanos, refutan esta historia tan simple. Es verdad que los humanos son los únicos, entre todos los mamíferos, que caminan siempre erguidos y a dos patas. Hay mamíferos saltadores bípedos, como los canguros y ciertos roedores, y algunos que pueden erguirse sobre sus patas traseras, como ciertos primates y osos, e incluso caminar a dos patas, como los monos araña, los gorilas y sobre todo los chimpancés, pero éste no es nunca su modo principal de locomoción.

Sin embargo, el bipedismo por sí solo no puede explicar el uso de instrumentos, ni el uso de instrumentos puede explicar por sí solo el explosivo crecimiento del cerebro humano. El frecuente uso de instrumentos por parte de los chimpancés, aunque no siempre es necesariamente homólogo al uso de instrumentos por los humanos, parece indicar que los homínidos ya utilizaban instrumentos antes de que evolucionara el bipedismo. Y durante casi dos millones de años después de que aparecieran en el registro fósil los primeros instrumentos humanos, apenas se produjeron avances en la tecnología de instrumentos. Además, en un principio el bipedismo no coincidió con un aumento apreciable del tamaño del cerebro. Las diversas especies de australopitecinos, que existieron durante más de dos millones de años, eran bípedas, pero en casi todos los demás aspectos aquellas especies eran todavía simios. La capacidad de caminar erguidos no les hizo aproximarse a los humanos en el tamaño del cerebro, que todavía era bastante pequeño.

Los primeros australopitecinos eran aún semiarborícolas, con los pies adaptados para trepar y con brazos relativamente más largos que los de los homínidos fósiles posteriores y los humanos modernos. En consecuencia, sus crías tenían que nacer ya bastante desarrolladas para poder aferrarse a la madre durante sus actividades arborícolas, como hacen actualmente las crías de las diversas especies de simios. Sin embargo, hace entre 2 y 2,5 millones de años, un cambio de modo de vida, que se hizo completamente terrestre, dejó libres los brazos y manos de las madres, que ahora podían llevar a sus crías, y esto permitió una prolongación del estado indefenso del recién nacido. A su vez, este desarrollo más lento permitió que el cerebro continuara creciendo durante la primera infancia, que es algo muy característico de la especie humana. Así pues, el bipedismo afectó principalmente a la conducta maternal, no al uso de instrumentos[7].

Según todos los indicios, estas primeras características típicas del *Homo* –el bipedismo completo y el transporte de las crías en brazos– evolucionaron en alguna población periférica aislada de australopitecinos, y no en el conjunto de los australopitecinos. Seguramente, esto se vio facilitado por la ocupación de un nicho ecológico adecuado, pero lo más probable es que nunca lo sepamos con certeza.

La adquisición de la locomoción bípeda por los antepasados de los humanos exigió una importante remodelación del aparato locomotor. La transición desde la vida arborícola y el bipedismo parcial en tierra de los australopitecinos gráciles a la vida terrestre y el bipedismo constante del *Homo erectus* fue un período de evolución muy acelerada, pero la postura erguida no está aún completamente perfeccionada, como lo indica la frecuencia de problemas de espalda y senos de los humanos modernos.

Los australopitecinos eran básicamente vegetarianos, como los actuales chimpancés. En otro tiempo se creyó que la transición completa al bipedismo terrestre del *Homo erectus* provocó un cambio de dieta, de vegetariana a carnívora; es decir, los homínidos se hicieron cazadores. Por añadidura, los fuertes dientes y la musculatura facial del *Homo erectus* (en relación con el hombre moderno) indujeron a algunos investigadores a la errónea opinión de que se trataba de una bestia feroz. Las evidencias más recientes, basadas en el estudio del desgaste de los dientes y en la reinterpretación de los llamados «campamentos», no confirman esta hipótesis. Aunque parece que el *Homo erectus* comía de vez en cuando algún animal que otro, como hacen los chimpancés modernos, la caza de animales grandes debió ser un adelanto tardío en nuestra historia.

Hubo probablemente una etapa intermedia en la que se combinó la caza con el consumo de carroña aportada por los grandes depredadores (leones, leopardos, hienas). Sin duda, el bipedismo resultaba una ventaja, ya que permitía que los grupos siguieran a las manadas de ungulados para encontrar carroña. También era ventajoso poder llevar a las crías a cuestas; las tropas de homínidos ya no estaban confinadas en pequeños territorios, centrados en el lugar de alojamiento de las crías indefensas, como ocurre con otros muchos mamíferos. Sin embargo, los homínidos carecen de la resistencia al envenenamiento ptomaínico, propia de los auténticos carroñeros, y por lo tanto es muy improbable que algún homínido fuera principalmente carroñero. Trevino (1991) ha presentado

---

[7] Véase Stanley (1992).

pruebas convincentes de que los primeros *H. sapiens* se alimentaban principalmente de semillas y cereales silvestres.

No obstante, es probable que la transición a la caza en gran escala desempeñara un importante papel en el proceso de humanización. Favoreció el establecimiento de campamentos más elaborados y exigía la planificación de las partidas de caza, el desarrollo de estrategias de caza y la invención de armas más eficaces. Pero lo más importante es que muchos aspectos de este nuevo modo de vida exigían un sistema mejor de comunicación; es decir, el lenguaje.

Coevolución del lenguaje, el cerebro y la mente

Los australopitecinos tenían un cerebro pequeño, como el de los simios (400-500 cm^3), y el *Homo erectus* lo tenía mucho mayor (750-1.250 cm^3), pero los cerebros verdaderamente grandes evolucionaron en los últimos 150.000 años, una pequeña fracción del período transcurrido desde que el linaje homínido se escindió del de los chimpancés. ¿Qué presión selectiva favoreció esta asombrosa explosión en la evolución del cerebro humano?

Además de transportar a las crías y cazar, los principales factores que influyeron en el aumento de tamaño del cerebro fueron el desarrollo del lenguaje y la adquisición y transmisión de cultura de una generación a otra, posible gracias al lenguaje. Sería absurdo señalar uno de estos factores como el dominante, ya que todos están interconectados y contribuyeron juntos al mismo hecho.

El lenguaje no existe entre los animales. Es cierto que muchas especies poseen elaborados sistemas de comunicación vocal, pero consisten en el intercambio de señales; carecen de sintaxis y de gramática. Sólo con señales no es posible comunicar la historia de hechos pasados ni hacer planes detallados para el futuro. Durante más de cuarenta años, varios investigadores han intentado enseñar un lenguaje a los chimpancés, pero en vano. Los animales han demostrado una gran inteligencia para aprender un amplio vocabulario, y lo han utilizado para hacer las señales correctas, pero su sistema de comunicación es incapaz de transmitir ninguna de las cosas que sólo el lenguaje puede transmitir.

Existe una gran diferencia entre el sistema de señales de un chimpancé (o de cualquier otro tipo de animal) y un auténtico lenguaje. En otro tiempo, los lingüistas creyeron que podrían encontrar sistemas de comunicación intermedios estudiando los lenguajes de las tribus humanas más primitivas que habían sobrevivido. Pero todas ellas, sin excepción, poseen lenguajes maduros y muy complejos. Varias hipótesis han descrito la posible evolución del lenguaje a partir de un sistema de señales, pero dado que no existen «lenguajes fósiles» que llenen el vacío, nunca lo sabremos con certeza[8]. La mejor manera de arrojar algo de luz sobre la evolución del lenguaje es, probablemente, el estudio del aprendizaje del lenguaje por los niños. Darwin fue uno de los pioneros en esta tarea. En la actualidad, varios psicolingüistas realizan estudios de este tipo, pero los estudios tienen que ser comparativos, con niños que aprendan idiomas con gramáticas totalmente diferentes.

El desarrollo del lenguaje ejerció una presión selectiva, no sólo sobre el sistema nervioso, sino sobre todo el aparato vocal de la laringe y zonas adyacentes del sistema respiratorio. Algunas evidencias indican que el aparato vocal de los australopitecinos no habría permitido un lenguaje propiamente dicho. Sin embargo, el linaje del *Homo* estaba preadaptado para el desarrollo del lenguaje, debido a la baja posición de la laringe, a la forma ovalada de la dentadura, a la ausencia de grandes espacios entre los dientes, a la separación del hioides y el cartílago de la nariz, a la movilidad general de la lengua y a la forma abovedada del paladar. Los neandertales carecían de algunas de estas propiedades anatómicas, y por eso se cree que eran inferiores en la articulación de sonidos.

¿Podría esta incapacidad de producir un auténtico lenguaje explicar que los neandertales no aprovecharan mejor su cerebro, que era tan grande como el de los humanos modernos de constitución robusta? La cultura neandertal era relativamente primitiva, en comparación con la de los humanos modernos posteriores, tal como indican sus sencillos instrumentos de piedra. Los neandertales no utilizaban arcos y flechas, ni utensilios de pesca ni cosas parecidas. Pero es posible que los primeros *sapiens* tuvieran una cultura igualmente pobre. Se necesitan muchas más investigaciones para aclarar ésta y otras incertidumbres acerca de la coevolución del lenguaje, el cerebro y la cultura.

Cuando el lenguaje se desarrolló hace 300.000-200.000 años en pequeños grupos de cazadores-recolectores, debido a las ventajas selectivas que representaba la mejor comunicación, la situación favoreció un nuevo aumento del tamaño del cerebro. Sin embargo, hace unos 100.000 años este crecimiento se interrumpió bruscamente, y desde los tiempos de los neandertales y los primeros humanos modernos robustos, el tamaño del cerebro humano se ha mantenido igual. Se podría haber esperado que el cerebro continuaría creciendo durante los 100.000 años que precedieron al desarrollo de la agricultura, que tuvo lugar hace unos 10.000 años. Durante este período parece que se produjo un Gran Salto

---

[8] Donald (1991).

Adelante en la cultura, como lo llama Diamond, pero no se correspondió con un salto equivalente en el tamaño del cerebro, ni con cambios en otras características físicas. Se ha especulado mucho acerca del por qué, pero no se ha encontrado una respuesta convincente[9].

Posiblemente, un factor que influyó en esta interrupción del crecimiento del cerebro fue el aumento del tamaño de la horda. Es muy posible que los humanos primitivos tuvieran una estructura de población similar a la de las tropas de chimpancés o las pequeñas tribus de cazadores-recolectores. En estos grupos pequeños, lo más probable es que la mortalidad fuera elevada; pocos miembros de la tropa lograban reproducirse con éxito y el flujo génico era limitado. Todos estos factores favorecían una evolución rápida debido a las fuertes presiones selectivas, y el resultado fue un rápido aumento del tamaño del cerebro.

Cuando las hordas grandes se convirtieron en la norma entre los humanos, se fue reduciendo la ventaja reproductiva del jefe, supuestamente mejor dotado, y aumentó el flujo génico entre todos los miembros de la horda; los que tenían cerebros más pequeños gozaron de más protección, sobrevivieron más tiempo y tuvieron más éxito reproductivo que el que habrían tenido si el tamaño del grupo hubiera seguido siendo pequeño. En otras palabras, la mayor integración social de los humanos, aunque contribuyó enormemente a la evolución cultural, hizo que la humanidad entrara en un período estático en la evolución del genoma.

¿Qué pueden decirnos los estudios evolutivos acerca del origen de la mente humana? El estudio de la mente se ha visto frustrado durante mucho tiempo por confusiones semánticas, que han tendido a restringir el término a las actividades mentales de los humanos. Pero los investigadores del comportamiento animal han demostrado ya que no existe una diferencia categórica entre las actividades mentales de ciertos animales (elefantes, perros, ballenas, primates, loros) y las de los humanos. Lo mismo se puede decir de la conciencia, de la que encontramos indicios incluso entre los invertebrados, y tal vez entre los protozoos. La mente y la conciencia no establecen una demarcación clara entre el hombre y «los animales».

La mente humana parece ser el producto definitivo de una concatenación de numerosas miniemergencias, tanto en nuestros antepasados primates como en los homínidos. Desde luego, no se trató de una emergencia instantánea. La mente, producto de un sistema nervioso central increíblemente complejo, fue surgiendo muy poco a poco, a velocidades muy desiguales en las diferentes etapas. El período de evolución del lenguaje, que permitió una mejor comunicación y el desarrollo de la cultu-

---

[9] Véase Mayr (1963:650).

ra, fue sin duda un período de emergencia muy acelerada de la mente.

Una cosa que hemos aprendido en los últimos cuarenta años es que la evolución, sin dejar de ser continua, avanza en pulsaciones bien definidas, y que no todas las características de un sistema evolucionan al mismo tiempo ni a la misma velocidad. La transición desde el estado de «nada más que un animal», representado por los australopitecinos gráciles, hasta esa especie única en el mundo, los humanos modernos, ha sido siempre gradual, pero se ha caracterizado por drásticas variaciones en la velocidad de cambio.

EVOLUCIÓN CULTURAL

Desde los australopitecinos hasta el *Homo habilis,* y de éste al *Homo erectus,* el *Homo sapiens* arcaico y el moderno *Homo sapiens sapiens,* aparecido hace unos 200.000 años, las características físicas de la línea de los homínidos experimentaron constantes cambios, que condujeron a la postura erecta, el lenguaje y un cerebro más grande. Durante mucho tiempo se dio por supuesto que la *cultura* humana experimentó un desarrollo paralelo y constante. Sin embargo, no fue así. Durante el 85 por 100 de la historia de los homínidos, la cultura no experimentó ningún avance apreciable.

Uno de los avances más importantes de la evolución cultural humana fue la integración social en el grupo de homínidos. Entre los primates hay algunas especies de vida más solitaria, como los orangutanes, y otras que viven en grupos sociales mucho más grandes, como los chimpancés y los babuinos. En tiempos del *Homo erectus,* la transición a un modo de vida estrictamente terrestre se vio acompañada por un aumento del tamaño del grupo. Las ventajas evidentes eran la mayor protección contra los depredadores, la mayor capacidad para competir con otros grupos conespecíficos, y la mayor eficiencia en la búsqueda de nuevos recursos, en especial los alimentos.

En consecuencia, el grupo en sí se convirtió en el blanco de la selección, y la selección natural favoreció muchos cambios fisiológicos y de conducta que facilitaban la supervivencia, la prosperidad y el éxito reproductivo del grupo en conjunto. Entre ellos hay que citar la receptividad sexual continua de las hembras, el ocultamiento del estro, la aparición de la menopausia, la mayor expectativa de vida y otras características de los humanos modernos que no existen en los simios, ni siquiera en los chimpancés.

Sin duda, tuvo que haber una feroz competencia entre grupos y tribus vecinos, y los grupos superiores exterminarían con frecuencia a los inferiores. La desaparición de los neandertales de Europa occidental sigue todavía sin explicar. Parece que coexistieron durante 15.000 años con el Cromañón, cuya cultura y comunicación eran mucho más avanzadas, y no se puede excluir el genocidio como explicación de la extinción de los neandertales. No habría sido un caso único en el linaje de los antropoides. En años recientes se han observado varios casos de grupos de chimpancés que exterminaban sistemáticamente a los grupos vecinos y competidores.

Entre los animales sociales, las ventajas de la cooperación se ven reducidas en cierta medida por el potencial de conflicto dentro del grupo mismo, sobre todo cuando los machos compiten por las hembras. En los humanos, parte del conflicto inherente al mayor tamaño del grupo quedó mitigado por una tendencia cultural a la monogamia y a la estratificación social. Probablemente, los machos «superiores» practicaban la poligamia dentro de la horda, como se observa todavía en tribus primitivas y en algunas culturas modernas, como el islam. Pero en la mayoría de los casos, la monogamia contribuyó a atenuar los conflictos, y el matrimonio se convirtió con el tiempo en una estrategia para establecer relaciones entre familias que de otro modo habrían sido competidoras.

Puesto que el matrimonio era un contrato social, la disolución de un matrimonio solía causar considerables problemas y era algo que se procuraba evitar. En casi todas las sociedades humanas se desarrollaron e impusieron reglas para evitar el incesto, seguramente para reducir los conflictos dentro de la familia y para añadir variación al fondo génico. Unas pocas culturas han practicado la poliandria (mujeres con varios maridos), pero era mucho más frecuente que la familia del novio pagara por la novia, porque ésta representaba una importante adición a la fuerza de trabajo de la familia del novio. En los miles de sociedades humanas que existen en la actualidad todavía se pueden apreciar notables diferencias en la estructura social, sobre todo en lo referente a la libertad sexual y a las funciones de las mujeres.

En todo el linaje de los homínidos, la familia ha constituido la base de la estructura del grupo. Entre los cazadores-recolectores modernos se suele dar una división del trabajo entre hombres y mujeres, encargándose los hombres de la caza (que aporta proteínas y grasa a la dieta) y las mujeres de la recolección (que aporta hidratos de carbono y algunas proteínas en forma de frutos secos). De este modo, los dos sexos forman una unidad cooperativa. Pero no sólo existe cohesión dentro de la familia nuclear (padre, madre, hijos), sino también entre los miembros de la familia extensa (abuelos, hermanos, primos, tíos, tías). La familia extensa es importante no sólo por la ayuda mutua, sino también por la cohesión cultural y la transmisión a la siguiente generación. La descomposición de la familia extensa e incluso de la familia nuclear es una de las raíces básicas de la degradación cultural en las zonas marginales de las ciudades.

A medida que aumentaba el tamaño del grupo, la división del trabajo y la especialización fueron adquiriendo cada vez mayor importancia y contribuyendo más a la estratificación social. El caso más extremo es el feudalismo. La especialización permitió a la colectividad humana ocupar nichos ecológicos cada vez más variados. Mientras otras especies de organismos ocupan un solo nicho, los humanos ocupan muchos.

De hecho, si aceptamos la existencia de zonas adaptativas, como hacían Simpson y Huxley, los humanos ocupan ellos solos toda una zona adaptativa. Y si aceptamos que la distinción en la ocupación de una zona adaptativa está correlacionada con la distinción taxonómica, entonces Huxley no se equivocó del todo al establecer un reino aparte para los humanos (Psicozoa), a pesar de nuestra similitud genética con el chimpancé.

El origen de la civilización

Un caso trascendental de puntuación en la evolución de la cultura humana parece haber sido la transición de la fase cazadora-recolectora a la agrícola y ganadera. Esto sucedió hace tan sólo 10.000 años, y sin embargo tuvo, en muchos aspectos, un efecto más drástico sobre la especie humana y su papel en la Tierra que todo lo que ocurrió en los millones de años de hominización que lo precedieron. Fue el comienzo de la civilización.

Hace unos 10.000 años se establecieron asentamientos permanentes, algunos de ellos suficientemente grandes como para que los arqueólogos los consideren «ciudades». Estos asentamientos favorecieron una mayor división del trabajo y aceleraron el progreso tecnológico y, sobre todo en este siglo, el progreso médico. Las ciudades permitieron el comercio y la explotación de recursos naturales no renovables, y casi todas ellas indujeron una intensificación de la agricultura, que permitió un rápido aumento de la población.

Gracias a todos estos logros culturales, los humanos han conseguido independizarse en gran medida del ambiente. Ahora podemos vivir desde el Ártico a la Antártida, y desde los trópicos más húmedos a los márgenes de los desiertos. Las casas, las ropas, los transportes y toda clase de maquinaria han permitido esta emancipación respecto a los climas locales y a la especialización ecológica a la que están sometidos todos los demás organismos. Por todas estas razones, la explosión demográfica humana aún no ha chocado con la predicción de Malthus. Sin embargo, este éxito adaptativo se ha logrado a costa de la explotación irreversible de muchos recursos naturales y de la destrucción de los hábitats naturales.

LAS RAZAS HUMANAS Y EL FUTURO DE LA ESPECIE HUMANA

La división de los humanos modernos en razas, y el estatus biológico de dichas razas, ha sido tema de controversias desde los tiempos de Blumenbach. En los tiempos de la esclavitud se difundió entre los blancos la cómoda opinión de que los blancos, los negros y los asiáticos mongoloides eran tres especies diferentes. Esta opinión ha caído totalmente en desuso, pero el número de razas humanas que reconocen los distintos autores –de cinco a más de cincuenta– parece indicar que todavía no se han resuelto los argumentos acerca del significado de la «raza».

El pensamiento tipológico nunca ha aclarado nada en el estudio de la vida, pero donde ha resultado más funesto y deletéreo ha sido en la consideración de las razas humanas. Las modernas investigaciones moleculares han revelado que todas las llamadas razas humanas están estrechamente emparentadas unas con otras y constituyen simples poblaciones variables. A menudo difieren unas de otras en los valores medios de varias características físicas, mentales y de conducta, pero existe un gran solapamiento en sus curvas de variación.

No cabe duda de que existen características raciales. Cuanto más tiempo hayan permanecido separadas dos razas, mayores serán sus diferencias genéticas. Dentro de una raza, las distintas poblaciones son más similares entre sí que las razas entre sí[10]. Nadie confundiría a un africano subsahariano con un europeo occidental ni con un asiático oriental, porque existen claras diferencias en aspectos físicos superficiales, como el color de la piel y de los ojos, el cabello, la forma de la nariz y los labios, la forma del cráneo y la estatura. La genética y la biología molecular han añadido otras muchas diferencias en los valores medios, que pueden usarse para el diagnóstico. Pero cuando llegamos a las características psicológicas que verdaderamente importan, la función de los genes es muy imprecisa.

Casi todas las características verdaderamente cruciales que suelen atribuirse a las razas humanas no tienen nada que ver con sus genotipos, sino que se trata de propiedades étnicas o culturales. Se ha dicho que tales o cuales razas son amistosas, crueles, inteligentes, estúpidas, dignas de confianza, retorcidas, trabajadoras, perezosas, desconfiadas, con pre-

---

[10] Mitton (1977).

juicios, emotivas, inescrutables y muchas cosas más. De hecho, casi cualquier atributo que pueda presentar una persona se ha utilizado para caracterizar a una u otra raza. Que yo sepa, ninguna de estas caracterizaciones ha sido confirmada científicamente, aunque es cierto que algunas poblaciones humanas presentan características culturales bien definidas; por ejemplo, los puritanos de Nueva Inglaterra, los gitanos europeos y las poblaciones de los guetos negros de las ciudades estadounidenses. Es difícil establecer hechos fiables en este campo, ya que el estudio científico de las diferencias biológicas entre las razas está mal visto, por pensarse que puede inducir al racismo.

A veces se plantea la cuestión de las posibilidades que existen de que la especie humana se fraccione en varias especies. La respuesta es: absolutamente ninguna. Los humanos ocupan todos los nichos imaginables que un animal de forma humana podría ocupar, desde el Ártico hasta los trópicos. Durante los últimos 100.000 años, cada vez que se han desarrollado razas geográficamente aisladas, éstas se han cruzado sin problemas con otras razas en cuanto se restableció el contacto. Y en la actualidad existe demasiado contacto entre todas las poblaciones humanas como para que un proceso de aislamiento prolongado pueda conducir a la especiación.

Aceptando esto, hay quien pregunta si la actual especie humana podría evolucionar en conjunto hasta convertirse en una especie nueva y mejor. ¿Podría el hombre convertirse en superhombre? También en este aspecto existen pocas esperanzas. Es cierto que existe mucha variación genética en el genotipo humano, pero las condiciones modernas son muy diferentes de las que se daban cuando algunas poblaciones de *Homo erectus* evolucionaron hasta transformarse en *Homo sapiens*. En aquellos tiempos, la estructura de la población era la pequeña tropa; y sobre cada tropa actuaba una fuerte selección natural que favorecía las características que con el tiempo dieron lugar al *Homo sapiens*. Y lo que es más: como en casi todos los animales sociales, es seguro que existía una fuerte selección de grupo.

En cambio, los humanos modernos forman una sociedad de masas, y no hay ningún indicio de que exista una selección natural de genotipos «superiores» que permita el ascenso de la especie humana por encima de sus capacidades actuales. De hecho, muchos autores aseguran que en la actualidad estamos sufriendo un deterioro del fondo genético humano. Teniendo en cuenta la gran variabilidad de dicho fondo genético, el deterioro genético de la especie no constituye un peligro inmediato. Mucho más inquietante y peligroso para el futuro de la humanidad es el deterioro del sistema de valores en casi todas las sociedades humanas (véase Capítulo 12).

Pero, ¿y qué hay de la selección artificial de genotipos superiores? El primo de Darwin, Galton, fue el primero en sugerir que mediante una selección adecuada se podría –y se debería– mejorar aún más la humanidad. Galton fue el inventor de la palabra «eugenesia». En un principio, tanto en la extrema derecha como en la extrema izquierda hubo personas que respaldaron entusiasmadas este ideal, considerando que la eugenesia permitiría elevar a la especie humana a una mayor perfección. Es una triste ironía que este noble objetivo original condujera con el tiempo a algunos de los crímenes más atroces que la humanidad ha contemplado. Cuando se interpretaba tipológicamente, se convertía en racismo, y éste acabó desembocando en los horrores de Hitler.

Sólo con medidas eugenésicas se podría provocar una drástica «mejora» genética de la raza humana, pero esto es imposible por muchas razones. En primer lugar, no conocemos la base genética de las características no físicas de los humanos presentes y futuros que habría que manipular. En segundo lugar, para prosperar y mantenerse equilibrada, la sociedad humana tiene que consistir en todo momento en una mezcla de muchos genotipos diferentes, pero nadie tiene la menor idea de cuál debería ser la mezcla «correcta», ni de cómo seleccionarla. Por último, y esto es lo más importante, las medidas que habría que adoptar para imponer la eugenesia son simplemente intolerables en una democracia[11].

El significado de la igualdad humana

No existen dos individuos iguales, y esto se aplica tanto a la población humana como a la de cualquier organismo con reproducción sexual. Cada individuo es una combinación diferente de caracteres morfológicos, fisiológicos y psicológicos, y de los factores genéticos que contribuyen al desarrollo de dichos caracteres. Nadie duda de la gran plasticidad del fenotipo humano, sobre todo en lo referente a características de conducta, pero los genes también contribuyen al comportamiento y la personalidad humana. Algunas personas son congénitamente torpes; otras poseen una fantástica destreza manual. Hay personas con un claro talento matemático y otras que carecen de él en mayor o menor grado. Siempre se ha aceptado que la habilidad musical tiene un importante componente innato.

De hecho, hay muy pocas características humanas que no presenten una enorme variación (polimorfismo) en cada población. Esta diversidad es, precisamente, la base de una sociedad saludable. Permite la división

---

[11] Mayr (1982:623-624).

del trabajo, pero también exige un sistema social que haga posible que cada persona encuentre el nicho concreto de la sociedad para el que está mejor adaptada[12].

Casi todo el mundo está a favor de la igualdad y está de acuerdo en que igualdad significa igualdad ante la ley e igualdad de oportunidades. Pero no significa identidad total. La igualdad es un concepto social y ético, no un concepto biológico. Olvidar la diversidad biológica humana en nombre de la igualdad sólo puede provocar daños; ha constituido un impedimento en la educación, en la medicina y en muchas otras actividades humanas.

Se necesitan mucha sensatez y un elevado sentido de la justicia para aplicar el principio de la igualdad en el contexto de la diversidad biológica humana. Como decía Haldane (1949), con mucha razón: «Se suele admitir que la libertad exige igualdad de oportunidades. Pero no se acepta con tanta facilidad que también exige variedad de oportunidades y tolerancia para con los que no se amoldan a criterios que pueden ser culturalmente deseables, pero que no son esenciales para el funcionamiento de la sociedad.»

---

[12] Haldane (1949).

Capítulo 12

¿Puede la evolución explicar la ética?

Posiblemente ningún otro campo de interés humano se vio sacudido tan drásticamente por la revolución darvinista de 1859 como la teoría de la moralidad humana. Antes de Darwin, la respuesta tradicional a la pregunta «¿cuál es el origen de la moralidad humana?» era que se trataba de un don de Dios. Es cierto que algunos grandes filósofos, desde Aristóteles hasta Spinoza y Kant, se habían planteado también otras preguntas paralelas, como «¿cuál es la naturaleza de la moralidad?» y «¿qué moralidad es más adecuada para la humanidad?». Darwin no puso en duda sus conclusiones acerca de estas profundas cuestiones. Lo que hizo fue invalidar la aseveración de que la moralidad era un don divino.

Para ello utilizó dos argumentos. En primer lugar, su teoría de la ascendencia común privaba al hombre del puesto privilegiado en la naturaleza que le habían atribuido no sólo las religiones monoteístas, sino también los filósofos. No obstante, Darwin estaba de acuerdo en que, en lo referente a la moralidad, existe una diferencia fundamental entre los humanos y los animales. «Suscribo plenamente la opinión de los autores que sostienen que, entre todas las diferencias entre el hombre y los animales inferiores, la más importante es, con mucho, el sentido moral o conciencia» (1871:70). Sin embargo, dado que los humanos descienden de antepasados animales, esta diferencia tenía que explicarse ahora en términos evolutivos. Admitir una diferencia discontinua entre humanos y animales habría significado aceptar una saltación, y Darwin se negaba rotundamente a aceptar semejante proceso. Como paladín de la gradualidad, insistía en que todo, incluso la moralidad humana, tenía que haber evolucionado gradualmente. Evidentemente, Darwin se daba cuenta de que había transcurrido mucho tiempo (ahora se calcula que por lo menos cinco millones de años) desde que el linaje humano se escindió del de los antropoides, y este intervalo dejaba tiempo suficiente para que los humanos pasaran gradualmente por todas las fases intermedias del desarrollo ético.

En segundo lugar, su teoría de la selección natural negaba toda intervención de fuerzas sobrenaturales en el funcionamiento de la naturaleza, y refutaba implícitamente la suposición de la teología natural, según la cual todo lo que existe en el universo, incluyendo la moralidad humana, ha sido diseñado por Dios y se rige por Sus leyes. Después de Darwin, los filósofos tuvieron que afrontar la formidable tarea de sustituir la explicación sobrenatural de la moralidad humana por una explicación naturalista. Durante los últimos ciento treinta años, gran parte de la literatura que versa sobre la relación entre ética y evolución se ha dedicado a buscar una «ética naturalista», y cada año aparecen varios volúmenes sobre el tema, aunque han transcurrido ciento veinticinco años desde que Darwin planteó por primera vez el problema, en 1871.

Algunos de estos autores han llegado al extremo de manifestar su esperanza de que el estudio de la evolución no sólo nos permita conocer los orígenes de la moralidad humana, sino que también nos proporcione un conjunto *fijo* de normas éticas. Los evolucionistas más destacados han adoptado la actitud más modesta de suponer que la selección natural, dirigida al objetivo adecuado, podría acabar por dar forma a una ética humana en la que el altruismo y el interés por el bien común desempeñen un papel importante. Los expertos en ética insisten, con mucha razón, en que la ciencia en general, y la biología evolutiva en particular, no están capacitadas para proporcionar un conjunto fiable de normas éticas específicas. Pero es importante añadir que una ética genuinamente biológica, que tenga en cuenta la evolución cultural humana y el programa genético humano, tendría mucha más consistencia interna que los sistemas éticos que no tienen en cuenta estos factores. Un sistema así, biológicamente informado, no sería producto de la evolución, pero sería consistente con ella.

Tradicionalmente, la ética ha sido un campo de conflicto entre la ciencia y la filosofía. La ética implica valores, y los científicos –según aseguran casi todos los filósofos– deben ceñirse a los hechos y dejar para la filosofía el establecimiento y análisis de valores. Pero los científicos alegan que los nuevos conocimientos científicos acerca de las consecuencias últimas de los actos humanos conducen inevitablemente a consideraciones de tipo ético. Los actuales problemas de la explosión demográfica, el aumento del dióxido de carbono en la atmósfera y la destrucción de los bosques tropicales son sólo algunos ejemplos. Los científicos consideran que tienen el deber de llamar la atención hacia este tipo de situaciones y proponer medidas para corregirlas. Esto, inevitablemente, implica juicios de valor. Muy a menudo, nuestros conocimientos sobre el proceso de evolución y otros datos científicos nos permiten tomar la decisión más adecuada desde el punto de vista ético cuando existen varias opciones posibles.

EL ORIGEN DE LA ÉTICA HUMANA

Si la selección natural sólo premia el interés individual, y por lo tanto el egocentrismo de cada individuo, ¿cómo se puede desarrollar una ética basada en el altruismo y en el sentido de responsabilidad por el bienestar de la comunidad en conjunto? El ensayo de T. H. Huxley *Evolución y ética* (1893) generó mucha confusión en este aspecto. Huxley, que creía en las causas finales, rechazó la selección natural y no representaba en modo alguno el auténtico pensamiento darvinista. Tal como él la concebía, la selección natural actúa sólo sobre el individuo, y esto le llevó a conclusiones que, según él, negaban toda contribución constructiva de la selección natural al bien general. Teniendo en cuenta la confusión que sufría Huxley, resulta lamentable que su ensayo se siga citando todavía como si se tratara de una autoridad.

Pero Huxley acertó al percibir vagamente que los intereses del individuo estaban de algún modo en conflicto con el bienestar de la sociedad. El principal problema de la ética humana naturalista consiste en resolver el enigma de la existencia de conductas altruistas en individuos básicamente egoístas. Para un darvinista, el problema más peliagudo está en determinar cómo pudo la selección natural contribuir al altruismo. ¿Acaso la selección no premia siempre a individuos completamente egoístas?

El largo y acalorado debate de los últimos treinta años ha revelado que, muy a menudo, los autores utilizan el término «altruista» con significados diferentes. Evidentemente, siempre implica ayudar a otro. Pero un acto semejante, ¿tiene siempre que resultar perjudicial para el altruista? Si un animal emite sonidos de alarma para avisar a los miembros de su grupo de que se aproxima un depredador, está claro que corre el peligro de llamar la atención del depredador. Se suele definir el acto altruista como «un acto que beneficia a otro organismo a costa del autor, definiendo el beneficio y el perjuicio en términos de éxito reproductivo» (Trivers 1985).

Pero tal como se utiliza la palabra en el lenguaje cotidiano, el altruismo no siempre tiene que representar un peligro u otro tipo de desventaja. El filósofo Auguste Comte acuñó el término, con el significado de «interés por el bienestar de otros». Por ejemplo, si yendo de paseo ayudo a una anciana que se ha caído, realizo un acto altruista sin correr ningún peligro personal. Lo peor que me puede pasar es que pierda un minuto de mi tiempo. Todos conocemos personas amables y generosas, que gozan haciendo toda clase de buenas obras. ¿Son también altruistas las buenas obras que no nos perjudican en nada? ¿Debe considerarse un «perjuicio» significativo el pequeño esfuerzo dedicado a realizar una buena acción?

Yo sostengo que el significado habitual de la palabra «altruismo» no está restringido únicamente a casos que implican un peligro o perjuicio potencial para el altruista. Cuando se trata de determinar cómo pudo la selección natural favorecer la aparición del altruismo, es importante establecer una distinción entre estos varios tipos de conducta.

Darwin encontró parte de la respuesta, pero sólo en tiempos recientes se ha llegado a comprender plenamente que una persona es blanco de la selección en tres contextos diferentes: como individuo, como miembro de una familia (o más correctamente, como reproductor) y como miembro de un grupo social. En el caso del individuo como blanco, la selección sólo premia las tendencias egoístas, tal como Huxley intuía. Pero en los otros dos contextos, la selección puede favorecer también la conducta en favor de otros miembros del grupo, es decir, el altruismo. Es imposible entender los problemas éticos, tan frecuentes en la conducta humana, sin tener en cuenta este triple contexto.

Altruismo de eficacia inclusiva

Una forma concreta de altruismo muy extendida entre los animales, y sobre todo en las especies con cuidado parental o en las que forman grupos sociales compuestos principalmente por familias extensas, es el llamado altruismo de eficacia inclusiva. Incluye la defensa de la prole por la madre –y a veces por el padre–, la tendencia a proteger o avisar del peligro a los parientes cercanos, la disposición a compartir alimentos con ellos, y otros tipos de conducta que son evidentemente beneficiosos para el receptor, pero nocivos (al menos, potencialmente) para el autor.

Tal como han indicado Haldane, Hamilton y numerosos sociobiólogos, estos comportamientos suelen ser favorecidos por la selección natural porque aumentan la eficacia reproductiva del genotipo compartido por el altruista y los beneficiarios de su conducta, que son sus hijos y sus parientes próximos. Se dice que este tipo de conducta aumenta la eficacia reproductiva inclusiva del altruista. Cuando el fondo génico de la siguiente generación se ve afectado de este modo por las contribuciones de algunos animales a la supervivencia de sus parientes próximos, el proceso se denomina selección de parentesco.

El cuidado parental es el ejemplo más llamativo de este tipo de altruismo que aumenta la eficacia reproductiva inclusiva. Si la conducta da como resultado un beneficio general para el genotipo del altruista, en términos estrictos se trataría de una conducta egoísta, no altruista. Los textos de sociobiología contienen cientos de casos de actos aparentemente altruistas que, en realidad, aumentan la eficacia reproductiva inclusiva y, por lo tanto, en el fondo son egoístas desde el «punto de vista» del genotipo.

El altruismo de eficacia inclusiva es una de los principales fuentes de discordia en la literatura evolutiva actual. Algunos autores parecen pensar que toda la ética humana se reduce más o menos a puro altruismo de eficacia inclusiva. Otros creen que la auténtica ética humana evolucionó hasta sustituir por completo al altruismo de eficacia inclusiva. Mi postura personal está a mitad de camino. Observo en la conducta de los humanos muchos residuos de altruismo de eficacia inclusiva, como el amor instintivo de una madre por sus hijos y la diferente actitud moral que adoptamos cuando tratamos con extraños o con miembros de nuestro propio grupo. Casi todas las normas morales impuestas en el Antiguo Testamento son características de esta herencia. Sin embargo, me parece que el altruismo de eficacia inclusiva constituye únicamente una pequeña parte de la ética humana actual, y que se manifiesta básicamente en el amor de los padres a los hijos.

Darwin era plenamente consciente de la existencia de la eficacia reproductiva inclusiva. Hablando del sacrificio ceremonial de hombres con facultades superiores en una tribu humana, declaró (1871:161): «Si estos hombres dejaban hijos que hubieran heredado su superioridad mental, la probabilidad de que nacieran miembros aún más ingeniosos sería algo mayor, y en una tribu muy pequeña, decididamente mayor. Incluso si no dejaban hijos, la tribu todavía contaría con sus parientes próximos», que, como explicaba Darwin, tenían una dotación genética similar.

Las presiones selectivas que conducen a la difusión del altruismo de eficacia inclusiva no sólo se dan en pueblos primitivos, sino en todos los animales sociales en los que las familias extensas forman el núcleo de los grupos sociales. Darwin insistió una y otra vez en que los animales sociales poseen una notable capacidad para reconocer y ayudar a sus parientes: «Los instintos sociales nunca se extienden a todos los individuos de la misma especie» (1871:85). Pat Bateson (1983) ha presentado excelentes pruebas experimentales de lo bien desarrollado que está este sentido del parentesco en ciertos animales.

Altruismo recíproco

Los animales solitarios, como los leopardos, tienen menos posibilidades que los sociales de adquirir altruismo de eficacia inclusiva. En los animales solitarios, este altruismo suele limitarse a la conducta de la madre para con sus hijos. La única excepción aparente a la conclusión de que los animales solitarios no son altruistas más que con sus hijos es el llamado altruismo recíproco, una interacción con beneficio mutuo entre individuos no emparentados. Un ejemplo típico son los peces limpiadores que libran de parásitos externos a los grandes peces depredadores. Otro ejemplo es la alianza entre dos individuos para combatir a un tercero.

En realidad, aquí estamos usando la palabra altruismo en un sentido más amplio, porque el presunto altruista siempre sale beneficiado de inmediato o espera obtener un beneficio a largo plazo. Estas interaciones recíprocas, sobre todo entre los primates, siempre implican una especie de razonamiento: «Si ayudo a este individuo en su pelea, él me ayudará cuando yo tenga que pelear.» En otras palabras, este tipo de conducta es, básicamente, más egoísta que altruista.

El altruismo recíproco consiste simplemente en un intercambio de favores en beneficio mutuo. Sin embargo, estos beneficios son a veces muy sutiles, como cuando un filántropo recibe la admiración y el respeto de sus conciudadanos a cambio de sus donaciones caritativas, o cuando un científico recibe un premio Nobel, Balzan, Japan, Crafoord o Wolff por sus notables contribuciones a su campo de studio. Recompensar los logros individuales que a largo plazo benefician al grupo es muy importante para el progreso de nuestra sociedad. Es una cosa que se da por sentada en los deportes: sólo los atletas más sobresalientes reciben medallas olímpicas. Pero hay que recordar que todos los grandes logros de la humanidad han sido obra de una minúscula fracción (mucho menos del 1 por 100) del total de la población humana. Si no se premiaran o reconocieran los grandes logros individuales, nuestra sociedad no tardaría en desintegrarse, como sucedió con las sociedades marxistas organizadas sobre el principio de igual compensación para todos.

Pero no todas las conductas altruistas se ven recompensadas. Todos conocemos casos de actos altruistas cuyo autor no esperaba, y de hecho ni siquiera deseaba, ningún tipo de recompensa. Se ha dicho que el altruismo recíproco, si se practica de manera habitual, puede facilitar actos de altruismo puro, en los que no se espera ninguna compensación para el altruista ni para sus parientes próximos. Así pues, el altruismo recíproco de nuestros antepasados prehumanos puede ser una de las raíces de la moralidad humana.

La aparición del auténtico altruismo

Aparte del altruismo de eficacia inclusiva y del altruismo recíproco, que evolucionaron por presión selectiva sobre el individuo, hay otra fuente de origen de la ética humana mucho más importante, consistente en las normas y comportamientos éticos que han evolucionado por presión selectiva sobre grupos culturales humanos. Durante toda la historia de los homínidos se ha dado una fuerte selección de grupo, como bien sabía Darwin[1]. A diferencia de la selección individual, la selección de grupo puede premiar el auténtico altruismo y cualquier otra virtud que fortalezca al grupo, incluso a costa del individuo. Tal como ha demostrado una y otra vez la historia, estas formas de comportamiento se conservan, y las normas de conducta que más tiempo duran son las que más contribuyen al bienestar del grupo cultural en conjunto. En otras palabras, en los seres humanos la conducta ética es adaptativa[2].

Las asociaciones (grupos) animales no son casi nunca blancos de la selección. Las excepciones son los llamados animales sociales, en los que se observa cooperación. Por supuesto, no todos los agrupamientos de animales son grupos sociales. Por ejemplo, los bancos de peces o las grandes manadas de ungulados migratorios africanos no constituyen grupos sociales.

La especie humana es el ejemplo por excelencia de animal social. Los primitivos grupos de homínidos –ampliaciones de la familia original– no eran más que una continuación de la estructura de tropa que existe en los primates sociales. Es probable que las hembras jóvenes o los machos jóvenes abandonen la tropa para unirse a otra, pero, por lo demás, la conducta del grupo refleja un altruismo de eficacia inclusiva. Para que una familia extensa o una pequeña tropa evolucionen hasta convertirse en una sociedad mayor y más abierta, el altruismo que antes se reservaba para los parientes próximos debe extenderse a los no parientes. Se han encontrado rudimentos de esta conducta auténticamente altruista en otros grupos de primates –por ejemplo, los babuinos–, en los que se dan intercambios entre individuos no emparentados[3].

Durante el proceso de la evolución humana, algunos homínidos individuales descubrieron que un grupo grande tenía más probabilidades de salir victorioso en un enfrentamiento con otra tropa que un grupo pe-

---

[1] «Todo lo que sabemos... [demuestra] que desde los tiempos más remotos, las tribus prósperas han desplazado a otras tribus» (1871:160).

[2] En los animales sociales, el altruismo no implica necesariamente una desventaja para el altruísta. Darwin lo expresó perfectamente: «Hemos comprobado que los salvajes, y probablemente también el hombre primitivo, consideran que las acciones son buenas o malas exclusivamente por cómo afectan de manera obvia al bienestar de la tribu» (1871:96). Darwin expresó la estrecha relación entre sociabilidad y normas éticas del siguiente modo: «el llamado sentido moral deriva originariamente de los instintos sociales» (1871:97).

[3] De Waal (1996).

queño, formado simplemente por una familia extensa. Es posible que una tropa que hubiera tomado posesión de una cueva confortable, de un pozo o de un territorio de caza, atrajera a otros individuos o grupos deseosos de beneficiarse de esas ventajas. Para la tropa, tendría ventaja selectiva reforzarse con estas incorporaciones, aunque el agrandamiento del grupo exigiera interesarse también por el bienestar de los parientes lejanos o de los no parientes; es decir, extender el altruismo más allá de los límites de la eficacia reproductiva inclusiva. Con el tiempo se fueron estableciendo normas culturales de conducta para con los no parientes, para así contrarrestar las tendencias egoístas básicas de los individuos de la tropa e imponerles un altruismo que beneficiara directamente al grupo en su totalidad. En última instancia, esto beneficia a casi todos los individuos cuyo bienestar está estrechamente relacionado con el del grupo, aunque, desde luego, algunos no salen beneficiados (como sucede con los muertos en una guerra).

Para poder aplicar adecuadamente normas colectivas era precisa la capacidad de razonamiento del cerebro humano. La coevolución de un cerebro más grande y de un grupo social más grande hizo posibles dos nuevos aspectos del comportamiento ético: 1) la selección natural, actuando como selección de grupo, podía premiar ciertas características de comportamiento que beneficiaran al grupo, aunque resultaran perjudiciales para un cierto individuo; y 2) los humanos, con su nueva capacidad de razonamiento, podían optar deliberadamente por un comportamiento ético en lugar de actuar egoístamente, sin limitarse a obedecer un puro instinto de eficacia inclusiva. El comportamiento ético se basa en el pensamiento consciente, que lleva a tomar decisiones deliberadas. La conducta altruista de un ave que ha sido madre no se basa en la elección: es instintiva, no ética. Simpson (1969:143) describió así esta situación: «El hombre es el único organismo ético en el sentido estricto de la palabra, y no existe más ética relevante que la ética humana.» La transición adaptativa desde el altruismo instintivo basado en la eficacia inclusiva a una ética de grupo basada en la toma de decisiones fue, probablemente, el paso más importante de la humanización.

Para que se pueda considerar ética, una conducta tiene que cumplir la siguientes condiciones, según Simpson (1969:1) que existan cursos de acción alternativos; 2) que la persona sea capaz de juzgar las alternativas en términos éticos; 3) que la persona sea libre para elegir lo que considere mejor en el sentido ético. Así pues, la conducta ética depende claramente de la capacidad del individuo para predecir los resultados de sus acciones, y de su disposición a aceptar la responsabilidad personal de los resultados. Esta es la base del origen y funcionamiento del sentido moral.

Ayala (1987) expresó más o menos la misma idea cuando dijo que los humanos manifiestan comportamientos éticos porque su constitución biológica determina la presencia de las tres condiciones necesarias (y suficientes en conjunto) para la conducta ética. Dichas condiciones son: 1) la capacidad de anticipar las consecuencias de los propios actos; 2) la capacidad de hacer juicios de valor; y 3) la capacidad de elegir entre cursos de acción alternativos.

La diferencia entre un animal, que actúa por instinto, y un ser humano, que tiene la capacidad de tomar decisiones, constituye la línea de demarcación de la ética. Los sentimientos de culpa, mala conciencia, remordimiento, miedo, o bien de simpatía y gratificación, que generalmente acompañan a la realización de actos sometidos a valoración ética, demuestran la naturaleza consciente de la conducta humana ética o antiética. Así pues, la capacidad de comportamiento ético se corresponde estrechamente con la evolución de otras características humanas, como la gran duración del período de infancia y juventud (y por lo tanto, de cuidado parental), la tendencia al agrandamiento de la tropa de homínidos más allá de la familia extensa, y el desarrollo de tradiciones y culturas tribales (véase Capítulo 10). En general, en estos procesos correlacionados resulta imposible determinar cuáles son causas y cuáles efectos.

¿CÓMO ADQUIERE UN GRUPO CULTURAL SUS NORMAS ÉTICAS PARTICULARES?

Esta cuestión ha sido debatida por los filósofos, desde Aristóteles, Spinoza y Kant hasta los tiempos modernos. Antes de Darwin, las dos respuestas más aceptadas eran que las normas morales estaban dictadas por Dios o que eran producto exclusivo de la razón humana (que a su vez era un don de Dios).

El propio Darwin se preguntaba si sólo deberían llamarse morales o éticas las acciones que son el resultado de cuidadosa deliberación –es decir, de la razón–, o si también deberían considerarse morales los actos valerosos o caritativos realizados impulsiva o «instintivamente». Tendía a considerar que la deliberación era un aspecto importante de la moralidad; y así, definía un ser moral como «aquel que es capaz de comparar sus actos o motivos pasados y futuros, y aprobarlos o desaprobarlos». Sin embargo, también consideraba que los actos éticos son una respuesta casi instintiva de un «instinto social» existente en todos los animales sociales. Esta solución no hacía más que remitir a la siguiente pregunta: ¿cómo y por qué evolucionó este instinto social?

Bertrand Russell tenía una idea similar, pero la articuló de manera más concisa. Consideraba «objetivamente correcto» aquello «que mejor sirve a los intereses del grupo. La comparación de las normas éticas en todo el mundo demuestra que los grupos con más éxito son aquellos en los que el interés del individuo está subordinado, al menos en cierta medida, al bienestar de la comunidad». La definición de Russell resulta algo más satisfactoria que la de Darwin, porque se refiere al éxito relativo de diferentes grupos culturales humanos. Algunos tenían normas morales que aumentaban las probabilidades de éxito –es decir, la longevidad– del grupo; otros tenían normas morales poco adaptativas, que conducían a una rápida extinción.

Es fácil imaginar una situación en la que el sistema de valores particular de un grupo cultural le permita prosperar y aumentar en número; y esto podría, a su vez, inducir a guerras genocidas contra sus vecinos, apoderándose el vencedor del territorio de los derrotados. En semejante situación, la selección premiaría con el tiempo el altruismo dentro del grupo y cualquier otra conducta que reforzara al grupo en relación con otros grupos; en cambio, las tendencias que dividieran al grupo lo debilitarían y, con el tiempo, conducirían a su extinción. Así pues, el sistema ético de cada grupo social o tribu se iría modificando continuamente por tanteo y error, éxito y fracaso, así como por la ocasional influencia modificadora de algunos líderes.

Qué es moral y qué es mejor para el grupo puede depender de circunstancias temporales. Wilson (1975) nos recuerda las modificaciones introducidas en el sistema de valores de los irlandeses durante el «hambre de la patata» (1846-1848) y en el de los japoneses durante la ocupación estadounidense después de la segunda guerra mundial. Las grandes diferencias entre tribus en materias como el infanticidio, la licencia sexual, los derechos de propiedad y la agresividad demuestran la plasticidad de las normas éticas culturales. De hecho, podría ser perjudicial que todas las sociedades humanas siguieran las mismas normas. Procurar una elevada tasa de natalidad puede ser ético en una tribu primitiva con mucha mortalidad infantil; en cambio, restringir la natalidad a uno o dos hijos resulta muy beneficioso en un país superpoblado, no sólo para el grupo en general, sino también para la familia individual. En una sociedad rural, lo más conveniente puede ser que toda la familia extensa viva junta, pero en condiciones urbanas esto podría provocar interminables disputas debido al hacinamiento.

Además, la importancia de una norma ética varía de una cultura a otra, según las circunstancias. Un ejemplo es la baja consideración de los derechos humanos por parte del actual gobierno chino. Nuestros negociadores estadounidenses, que parecen dar por sentado que el mundo entero tiene una única escala de normas éticas, son incapaces de entender la actitud china. Parte del adoctrinamiento moral de los jóvenes consiste en enseñarles la escala de normas de su cultura particular.

Los filósofos occidentales han intentado superar esta aparente relatividad ética proponiendo diversos criterios para medir la importancia de los valores. Una de dichas varas de medir es la Regla de Oro. Otra es el criterio utilitario de que las normas deben juzgarse por la medida en que contribuyen al mayor bien para el mayor número de personas. La veracidad se ha aceptado durante mucho tiempo como un valor de gran importancia, y la justicia es sin duda una norma ética de primer grado en Occidente, aunque parezca que nunca estamos de acuerdo acerca de lo que es justo y lo que no. En tiempos recientes se ha dicho que deben valorarse de manera especial todas aquellas actitudes que den sentido a la vida del individuo.

Gran parte de lo que se considera moral depende del tamaño del grupo con el que uno está asociado. En las sociedades primitivas parece existir un tamaño óptimo para el grupo social. Cuando se hace demasiado grande, los dirigentes parecen perder el control sobre el grupo, y éste se fracciona. Esto se ha observado en tribus de indios suramericanos y en algunos animales sociales. Por otra parte, si el grupo es demasiado pequeño, es vulnerable a los ataques de sus competidores. La invención de la agricultura hace 10.000 o 15.000 años favoreció el aumento del tamaño del grupo, por encima del de las tribus primitivas: la existencia de un buen suministro de alimentos permitía que la población creciera, y un grupo grande podía protegerse mejor contra los merodeadores. Pero al aumentar el tamaño del grupo surgieron nuevos conflictos éticos. Era inevitable un cambio de valores: por ejemplo, se empezó a dar más importancia a los derechos de propiedad.

A medida que aumentaba el tamaño de los grupos culturales humanos, sobre todo después de la urbanización y del origen de los estados, se formaron diferentes estratos sociales dentro de una misma sociedad, cada uno con un conjunto algo diferente de ideas éticas. Se puede debatir hasta qué punto es esto inevitable y, tal vez, incluso deseable. Cuando daba lugar a desigualdades sangrantes, como ocurría en la mayoría de las sociedades feudales, tarde o temprano desembocaba en una revolución. La lucha por la democracia y por el principio de igualdad en Occidente fue una reacción contra las desigualdades sociales de la época anterior.

En algunas sociedades, los valores de los individuos son homogéneos en todo el grupo; en otras, los subgrupos difieren en sus normas morales. Las discrepancias acerca del aborto, los derechos de los homosexuales, los derechos de los enfermos terminales y la pena de muerte, son ejemplos de la gran disensión existente en la moderna sociedad estadounidense, que presenta una gran diversidad ética.

¿Razón o supervivencia por azar?

¿A qué conclusión podemos llegar acerca del modo en que cada cultura adquiere sus normas morales particulares? ¿Son producto de la razón humana o simple resultado de la supervivencia casual de los grupos con sistemas éticos más adaptativos? La enorme variedad de normas morales en las tribus humanas primitivas parece indicar que muchas de las diferencias se deben al simple azar. Pero cuando comparamos las grandes religiones y filosofías, incluyendo las de China e India, descubrimos que sus códigos éticos son notablemente similares, a pesar de que sus historias son bastante independientes. Esto parece indicar que los filósofos, profetas o legisladores responsables de dichos códigos habían estudiado cuidadosamente sus sociedades y, aplicando su capacidad de razonar sobre la base de sus observaciones, decidieron qué normas eran beneficiosas y cuáles no lo eran. Sin duda, las normas propuestas por Moisés o por Jesús en el Sermón de la Montaña eran, en gran medida, producto de la razón. Una vez adoptadas, estas normas pasaron a formar parte de la tradición cultural y se heredaron culturalmente de generación en generación.

Según algunos autores, todo acto ético de una persona es consecuencia exclusiva de un análisis racional de costes y beneficios. Según otros, es una respuesta a la disposición casi instintiva que Darwin llamaba «instinto social». En mi opinión, la respuesta correcta está en un punto intermedio. Es evidente que no desarrollamos racionalmente una norma moral especial para cada dilema ético. En la mayoría de los casos, tomamos nuestra decisión aplicando automáticamente las normas tradicionales de nuestra cultura. Sólo emprendemos un análisis racional cuando existe un conflicto entre varias normas.

Pero ¿cómo adquiere estas normas tradicionales un individuo perteneciente a una cultura? ¿Cuáles son las influencias respectivas de la «herencia» y la «crianza» en el desarrollo del sentido moral?

¿CÓMO ADQUIEREN MORALIDAD LOS INDIVIDUOS?

Tras el auge de la genética en este siglo, la pregunta «¿es innato o adquirido el sentido moral?» fue adquiriendo cada vez más prominencia.

Los conductistas y sus seguidores creían que nacemos con la mente en blanco, por decirlo de algún modo, y que todo nuestro comportamiento es consecuencia del aprendizaje. En cambio, los etólogos y sobre todo los sociobiólogos tienden a creer que existen muchos comportamientos programados genéticamente. ¿Qué pruebas puede aportar cada parte para respaldar sus afirmaciones?

Los conductistas pueden señalar la abrumadora evidencia que indica que gran parte de la disposición ética de la humanidad no es innata. Dicha evidencia es variadísima, e incluye: 1) las drásticas diferencias en los tipos de moralidad de diferentes grupos étnicos y tribus; 2) la degradación total de la moralidad en ciertos regímenes políticos o después de desastres económicos; 3) la conducta cruel y amoral practicada a menudo contra las minorías, y en especial contra los esclavos; 4) la conducta despiadada en la guerra: por ejemplo, el bombardeo sin contemplaciones de poblaciones civiles; 5) el maleamiento del carácter de los niños privados de madre o de sustituto materno durante un período crítico de su infancia, o de los que han sufrido abusos sexuales.

Este tipo de evidencias indujo a los conductistas y sus seguidores a negar la existencia de componentes innatos y a creer que toda conducta moral es consecuencia del razonamiento y se basa en respuestas condicionadas a estímulos del ambiente. Sus adversarios insistían en la existencia de un componente genético apreciable.

Toda la evidencia acumulada en las últimas décadas indica que los valores asumidos por los individuos humanos son resultado de la combinación de tendencias innatas y aprendizaje. La mayor parte, con gran diferencia, se adquiere por observación y adoctrinamiento por parte de otros miembros del grupo cultural. Pero parece que los individuos varían mucho en su capacidad de asimilar las normas morales de su grupo. Esta capacidad innata para adquirir normas éticas y adoptar conductas éticas es la contribución crucial de la herencia. Cuanto mayor sea esta capacidad en un individuo, más preparado estará éste para adoptar un segundo conjunto de normas éticas que complementen (y en parte sustituyan) las normas biológicamente heredadas, basadas en el egoísmo y en la eficacia reproductiva inclusiva.

Algunos individuos parecen ser desagradables, crueles, egoístas, mentirosos, etc., desde su más tierna infancia. Otros parecen angelitos desde el principio: amables, generosos, siempre dispuestos a cooperar, sinceros hasta la médula. Los modernos estudios sobre gemelos e hijos adoptados demuestran que existe un considerable componente genético en estas diferentes tendencias. También las investigaciones de los psicólogos infantiles han revelado la existencia de variación en los rasgos de personalidad de los recién nacidos y de los niños muy pequeños. La mayor parte de estos rasgos no cambia durante la adolescencia[4].

Por lo general, suele ser muy difícil demostrar la heredabilidad de un rasgo de personalidad. Curiosamente, parece más fácil demostrarla para las malas tendencias que para las buenas. Darwin citaba la recurrencia de casos de cleptomanía en varias generaciones de familias muy ricas, como evidencia de la estricta heredabilidad de ciertas conductas no éticas. También se puede inferir una predisposición genética en muchos casos de psicopatías. Por otra parte, la universalidad de la agresividad en todos los animales territoriales y en casi todos los primates (con la posible excepción del gorila) deja pocas dudas de que los humanos tienen una tendencia innata a la agresividad. La espantosa frecuencia de asesinatos, abusos domésticos y otros actos de violencia entre humanos es una triste confirmación de esta herencia. Sin embargo, como bien decía Darwin, «si las malas tendencias se heredan, es probable que también se hereden las buenas» (1871:102).

Pero la herencia no lo es todo. Los análisis del efecto del orden de nacimiento han demostrado lo flexibles que son otros rasgos de carácter, como las dotes de mando, la creatividad, las tendencias conservadoras, etc.[5]. Aún se necesitan muchos más estudios para poder clasificar los rasgos «morales» humanos en básicamente innatos y adquiridos después del nacimiento.

Un programa abierto de conducta

Para que un niño aprenda a respetar el sistema ético de su cultura son necesarias dos cosas: una predisposición ética innata a adquirir las normas de una cultura (la contribución de la «herencia») y la exposición a un sistema de normas éticas (la contribución de la «crianza»). Numerosos estudios han llegado a la conclusión de que las normas éticas se adquieren principalmente durante la infancia y la juventud. Estoy bastante convencido de la validez de la tesis de Waddington (1960), que afirma que aquí interviene un tipo muy especial de aprendizaje, similar al troquelado de los animales, que los etólogos han descrito poniendo como ejemplo la fijación de los patitos a su madre.

Los humanos se distinguen de todos los demás animales por el grado de apertura de su programa de conducta. Con esto quiero decir que

---

[4] Wilson (1993) nos ofrece una excelente presentación de las pruebas a favor de la existencia de sentido moral en la humanidad. Véase Bradie (1994).

[5] Sulloway (1996).

muchos de los objetos de conducta y de las reacciones a dichos objetos no son instintivos; es decir, no forman parte de un programa cerrado, sino que se adquieren a lo largo de la vida. Así como la *Gestalt* de la madre oca se imprime en el programa de conducta de sus polluelos después de la eclosión, las normas y valores éticos de los humanos se imprimen en el programa abierto de conducta del niño. El agrandamiento del cerebro y su capacidad de almacenamiento permitieron que un número limitado de reacciones fijas al ambiente fuera sustituido por la capacidad de asimilar un gran número de normas de conducta aprendidas. Esto proporciona mucha más flexibilidad y permite matizaciones más precisas. Tal como sugería Waddington, «el niño humano nace probablemente con cierta capacidad innata para adquirir creencias éticas, pero sin ninguna creencia concreta en particular» (1962:126).

Darwin era plenamente consciente del poder de la fijación en la juventud: «Vale la pena señalar que una creencia inculcada de manera constante durante los primeros años de vida, cuando el cerebro es impresionable, parece adquirir casi la naturaleza de un instinto.» Según Darwin, este poder de adoctrinamiento no sólo conduce a la adopción de normas éticas, sino también a la aceptación sin reparos de ciertas «normas absurdas de conducta» observadas en muchas culturas humanas (1871:99-100).

Los psicólogos que estudian el aprendizaje han demostrado que ciertas cosas se aprenden con mucha más facilidad que otras. Un animal olfativo aprende los olores mucho más fácilmente que un animal visual, y viceversa. Es muy posible que si ciertas normas morales contribuyeron al potencial de supervivencia de ciertos grupos durante la historia de los homínidos, esto favoreciera la selección de una estructura en el programa abierto que facilitara el almacenamiento de dichas normas de conducta. Todavía se ignora en qué parte del cerebro se almacena esta información y cómo se recupera cuando se dan las circunstancias adecuadas.

Todo psicólogo infantil sabe lo ansiosos que están los niños por recibir nueva información, incluyendo reglas y normas, y lo dispuestos que están en general a aceptarlas[6]. El sistema de valores de una persona está controlado en gran medida por lo que incorporó durante su infancia y juventud a su programa abierto de conducta. La enorme capacidad de este programa abierto es lo que hace posible la ética. Y en circunstancias normales, las bases establecidas durante la infancia duran toda la vida.

Si la tesis de Waddington es correcta, la educación ética en la infancia tiene una importancia suprema. Hemos pasado por un período en el

---

[6] Kohlberg (1981; 1984).

que se exageró la importancia de la llamada libertad del niño, que le permitiría desarrollar su propia bondad. Nos hemos reído de los libros infantiles moralizantes y hemos tendido a eliminar en los colegios casi toda la educación moral. Esto puede que cause pocos problemas cuando los padres realizan adecuadamente sus funciones, pero puede suponer un desastre si los padres no hacen bien su trabajo. Ahora que conocemos mejor el origen de la moralidad del individuo, ¿no va siendo hora de volver a insistir en la educación moral? Es especialmente importante que dicha educación comience lo antes posible. Los niños pequeños están más dispuestos a aceptar la autoridad y resulta más fácil imprimirles normas. Media hora de educación ética al día en los colegios tendría un efecto decisivo. Es mucho más eficaz que ofrecer cursos de ética en la universidad, como ha propuesto hace poco el rector de una.

Vivimos en una época de valores cambiantes, y muchos miembros de la generación más vieja se lamentan de la degradación moral. Si alguien alegara que esta degradación se debe en gran medida a la defectuosa instrucción ética de nuestros jóvenes, resultaría muy difícil refutar su argumento. Una buena educación ética refuerza la conciencia de que uno es responsable de sus actos y enseña a las personas a plantearse desde la infancia si su conducta se ajusta a los criterios más elevados de la sociedad. Se suele llamar «conciencia» a las fuertes restricciones impuestas por este autoexamen.

Gran parte de la literatura ética que se escribe en estos tiempos es pesimista, e incluso desesperada. Los deterministas genéticos están tan impresionados por la herencia agresiva y maligna de los humanos que no tienen esperanzas de que llegue una época en la que la buena herencia de la humanidad domine de nuevo sobre «das sogenannte Böse» (lo que llamamos el Mal), como lo expresaba Lorenz (1966). En el otro bando, los psicólogos y educadores que creen en la predominancia de las influencias ambientales sobre la herencia se sienten frustrados por el hecho de que no se adquiera una buena ética por muy racionalmente que se presente el tema. Pero es que no tienen en cuenta la teoría de Waddington, según la cual las normas éticas se deben adquirir desde la primera infancia por un proceso similar al del troquelado, y que dicha instrucción debe ser incesante. Los buenos resultados de la educación moral quedan demostrados por la baja tasa de criminalidad en muchas comunidades religiosas, como los mormones, los mennonitas, los adventistas del Séptimo Día y otras. Lo único que hay que hacer para mejorar drásticamente la situación es aumentar la instrucción ética y comenzar a la edad más temprana posible.

Algunos lectores sonreirán al leer un consejo tan aparentemente anticuado. ¿Es esto lo mejor que puede aportar la ciencia?, dirán. Quiero dejar en claro que hablo muy en serio. He consultado los libros escolares, he leído cuentos infantiles y he visto un buen número de programas de televisión. Casi todos están pensados para divertir y –puesto que son educativos– para transmitir información de la manera menos dolorosa. ¿Encontramos en ellos instrucción moral? De vez en cuando, en emisiones públicas, pero muy raramente. ¿Por qué? Se nos dirá que porque lavarles el cerebro a los niños es interferir en su libertad personal, o que moralizar no es divertido y por lo tanto no se vende. Personalmente, no sé cómo se puede alcanzar un alto nivel de conducta ética en una cultura si no existe la voluntad de hacerlo.

¿QUÉ SISTEMA MORAL ES MÁS ADECUADO PARA LA HUMANIDAD?

Los principales problemas que la humanidad ha afrontado tradicionalmente, como las guerras, las enfermedades y la escasez de alimentos, se van abordando cada vez con más éxito a medida que nos acercamos al milenio. En cambio, hay otra serie de problemas cuya importancia va en aumento, problemas que en último término tienen que ver con los valores. Entre ellos figuran la descomposición de la familia, el problema de las drogas, los malos tratos en el hogar y otros actos de violencia, el declive de la auténtica alfabetización (junto con la creciente adicción a la televisión, los videojuegos y los deportes profesionales), la reproducción sin inhibiciones, el despilfarro y agotamiento de los recursos naturales, y la destrucción del ambiente natural. ¿Pueden ayudarnos las normas éticas tradicionales del mundo occidental a resolver estos problemas presentes y futuros?

Las normas éticas tradicionales de la cultura occidental son las de la tradición judeo-cristiana; es decir, se basan en los diversos mandamientos y reglas formulados en el Antiguo y el Nuevo Testamento. Tal como se formulan en los textos sagrados, estos mandamientos parecen absolutos y no admiten desviación alguna. «No matarás», por ejemplo, tiene una validez absoluta. Sin embargo, retirar la maquinaria de soporte vital a un enfermo terminal que sufre intensamente es un acto de misericordia. Y en el caso del aborto debería aplicarse una flexibilidad similar. Cuando un hijo no deseado va a tener que sufrir una vida de miseria y abandono, o cuando su madre se va a ver sumida en la más profunda desesperación, el aborto parece sin duda la opción más ética. Y no tiene sentido sacar a colación el argumento de la vida, porque como biólogo sé que todo óvulo y todo espermatozoide tiene vida también.

Las normas tradicionales de Occidente ya no resultan adecuadas, por dos razones. La primera es su rigidez. El meollo mismo de la ética humana es la posibiidad de tomar decisiones y de evaluar los factores en conflicto para tomar la decisión más acertada. Aunque las normas éticas forman parte de nuestra cultura, la responsabilidad de aplicarlas recae sobre el individuo; si las normas son demasiado rígidas, el individuo puede tomar la decisión de no cumplirlas. También es importante recordar que la esencia del proceso evolutivo es la variabilidad y el cambio; así pues, las normas éticas deben ser suficientemente versátiles como para poder adaptarse a un cambio de condiciones. En muchos casos, las decisiones éticas dependen del contexto. Las normas absolutas rara vez resuelven problemas éticos, y en algunas circunstancias seguirlas inflexiblemente puede ser totalmente antiético. Es más: dependiendo de las circunstancias, suele haber un pluralismo de posibles soluciones, y a veces hay que combinar varias diferentes para obtener el mejor resultado.

La segunda razón es que la humanidad ha experimentado un cambio de condiciones verdaderamente drástico y acelerado. Las normas éticas adoptadas hace más de tres mil años por un pueblo de pastores de Oriente Medio están demostrando ser inadecuadas para la moderna sociedad urbana de masas en un mundo excesivamente superpoblado. El conjunto de criterios morales que resultaba más beneficioso para un pueblo de pastores, estrictamente territorial, es muy diferente del sistema que resultaría más adaptativo en los enormes centros urbanos de la actualidad. Como bien ha dicho Simpson (1969:136): «Todos los sistemas éticos que se originaron en condiciones tribales, pastoriles u otras condiciones primitivas son ya, en mayor o menos grado, no adaptativos en las condiciones sociales y ambientales, radicalmente diferentes, de nuestro tiempo.»

En mi opinión, hay al menos tres grandes problemas éticos del mundo moderno a los que no se les puede aplicar las normas éticas tradicionales de Occidente. El primero es lo que Singer (1981:111-117) llamaba «el problema del círculo en expansión». No sólo en las sociedades primitivas, sino también en el Antiguo Testamento, en la Grecia clásica, e incluso entre los europeos de los siglos XVIII y XIX instalados en África y Australia, se aplicaban éticas completamente diferentes para los extranjeros y para los miembros del propio grupo. En Estados Unidos, hasta hace unas pocas décadas, los blancos se comportaban de este modo con los negros, sobre todo en el sur; y el *apartheid* en Suráfrica era un vestigio contemporáneo de este egoísmo de grupo. Incluso en sociedades étnicamente homogéneas, como la Inglaterra de inicios del siglo XX, existen o han existido diferencias en lo referente a virtudes menores, lealtades y códigos entre grupos religiosos, partidos políticos, colectivos profesionales, clases sociales, etc. Estas diferencias provocan tensiones y conflictos. Cuando más se nota es cuando las clases superiores, más organizadas, imponen sus códigos éticos, que hasta cierto punto pueden entrar en conflicto con la moralidad de los estratos socioeconómicos más bajos. La rebelión de los primeros cristianos contra la moralidad del decadente Imperio romano es buen ejemplo de esta situación.

Cuando el círculo del grupo propio se expande y se van fusionando grupos con diferentes sistemas éticos, inevitablemente surgen conflictos, porque cada grupo está convencido de la superioridad de sus propios valores morales. Para apreciar este problema no hay más que pensar en las diferentes actitudes morales de un estadounidense moderno y un fundamentalista islámico respecto a los derechos de las mujeres; o, en nuestro propio país, en las diferentes actitudes adoptadas ante el aborto por ciertos grupos religiosos y por las organizaciones feministas. A pesar de las dificultades, la ética del futuro deberá abordar el problema de cómo actuar cuando los valores propios chocan con los de otro grupo.

El segundo gran problema ético de nuestro tiempo es el excesivo egocentrismo y la excesiva atención a los derechos del individuo. La «expansión del círculo» en nuestra sociedad ha dado lugar a una legítima lucha por la igualdad, sobre todo por parte de las minorías y de las mujeres, pero esto ha tenido también algunos efectos secundarios indeseables. Martin Luther King ha sido, probablemente, el único luchador por la libertad que recordaba a sus seguidores que todos los derechos van acompañados por obligaciones. Nuestro excesivo narcisismo tiene muchas raíces: la sociedad de masas, las enseñanzas de Freud, la reacción contra el anterior desprecio de los derechos del individuo, un sistema político que depende de lo atractivo que le resulte el político al votante individual, y la insistencia de las religiones monoteístas en la ética individual. Casi invariablemente, surgen tremendos problemas cuando hay que elegir entre la ética individual y la ética social o comunitaria. Esto se puede comprobar en las controversias sobre el control de la natalidad, los impuestos para mejorar nuestro entorno y la ayuda humanitaria a los países pobres y superpoblados.

El tercer gran problema ético de nuestros tiempos es el que plantea el descubrimiento de nuestra responsabilidad hacia la naturaleza en su totalidad. El crecimiento, tanto económico como demográfico, estaba muy bien considerado en nuestro sistema occidental de valores. Aunque algunos personajes influyentes, como el difunto economista y premio Nobel F. Hayek y el papa actual, se hayan mostrado incapaces de apreciar los peligros de la superpoblación, en mi opinión está claro que no se los puede seguir pasando por alto. Algunas de nuestras sociedades, como China y Singapur, han afrontado valerosamente este problema reformando sus valores éticos, a pesar de la consiguiente pérdida de ciertos derechos individuales que muchos humanitarios occidentales han deplorado. Cuanto antes sigan el ejemplo de China y Singapur otros países superpoblados, mejor será para ellos, para toda nuestra especie y para el planeta en el que vivimos.

El dilema que afrontamos es el conflicto entre los valores tradicionales y los nuevos. El derecho a la reproducción ilimitada y a la explotación del mundo natural choca con las necesidades de la posteridad humana y con el derecho a la existencia de millones de especies de animales y plantas en peligro de extinción. ¿Dónde está el punto de equilibrio entre la libertad humana y el bienestar del mundo natural?

La idea de que la humanidad tiene una responsabilidad ante el conjunto de la naturaleza es un concepto ético que parece haber surgido sorprendentemente tarde. Resulta curiosa su ausencia en la mayoría de las religiones y otros códigos éticos. En tiempos recientes, Aldo Leopold, Rachel Carson, Paul Ehrlich y Garrett Hardin han encabezado en Estados Unidos una campaña de conservación o ética ambiental. Pero mucho de lo que estos modernos estadounidenses consideran ético se opone al beneficio inmediato de ciertos individuos particulares, y por lo tanto encuentra resistencia. Sin embargo, si queremos que exista un futuro para la especie humana y para la naturaleza en general, debemos reducir las tendencias egoístas de nuestro actual sistema de valores y mostrar más consideración hacia la comunidad y el conjunto de la creación. Esto exige rechazar el ideal del crecimiento continuo, sustituyéndolo por el ideal de una economía estacionaria, aunque esto acarree una reducción de nuestro nivel de vida. La transición de una sociedad pastoril o agrícola a una sociedad urbana de masas exige considerables modificaciones en nuestros valores, y lo mismo ocurre con la transición de un mundo poco poblado al mundo industrial moderno, con sus ciudades gigantes y su tremenda superpoblación. Si queremos seguir siendo una especie adaptativa, las normas éticas del futuro tendrán que ser suficientemente flexibles como para evolucionar a medida que surjan estos problemas.

La premisa básica de la nueva ética ambiental es que nunca hay que hacerle nada al ambiente (en el sentido más amplio de la palabra) que dificulte más la vida a las futuras generaciones. Esto incluye la explotación desconsiderada de recursos no renovables, la destrucción de hábitats naturales y la reproducción por encima de la tasa de sustitución. Se trata de un principio muy difícil de imponer, porque entra inevitablemente en conflicto con las consideraciones egoístas. Para que se asimile esta ética ambiental, se necesitará un largo período de educación de toda la humanidad. Dicha educación debe comenzar por los niños, aprovechando su interés, aparentemente natural, por los animales, su comportamiento y su hábitat, para reforzar los valores ambientales.

¿Existe alguna ética concreta que deba adoptar un evolucionista? La ética es una cuestión muy privada, una elección personal. Mis propios valores son muy parecidos al humanismo evolutivo de Julian Huxley. «Es fe en la humanidad, solidaridad con la humanidad y lealtad a la humanidad. El hombre es el resultado de millones de años de evolución, y nuestro principio ético más básico debe ser hacer todo lo posible por mejorar el futuro de la humanidad. Todas las demás normas éticas derivan de esta base.»

El humanismo evolutivo es una ética muy exigente, porque le dice a cada individuo que es en parte responsable del futuro de nuestra especie, y que esta responsabilidad hacia el grupo debe formar parte de nuestra ética cultural, en la misma medida que el interés por el individuo. Cada generación es responsable en su momento, no sólo del fondo génico humano, sino también de toda la naturaleza que vive en nuestro frágil globo.

La evolución no nos proporciona un conjunto codificado de normas éticas similar a los Diez Mandamientos. Sin embargo, nos da la capacidad de ver más allá de nuestras necesidades individuales para tener en cuenta las del grupo. Y el conocimiento de la evolución puede aportarnos una visión del mundo que sirva de base a un sistema ético sólido, un sistema ético capaz de mantener una sociedad humana saludable y de garantizar un futuro al mundo, protegido por una humanidad convertida en su guardiana[7].

---

[7] El tema de la evolución y la ética ha generado una enorme cantidad de publicaciones en los últimos veinte años, a lo que contribuyó en gran medida la obra de E. O. Wilson *Sociobiología* (1975). Además de Wilson, otros autores que han aportado importantes contribuciones al tema son R. D. Alexander, A. Gewirth, R. J. Richards, M. Ruse y G. C. Williams. En la obra *Evolutionary Ethics* de Nitecki y Nitecki (1993) se recogen sus opiniones, junto con bibliografías de sus escritos, varios ensayos clásicos (T. H. Huxley, J. Dewey) y diez ensayos de otros autores. Este volumen constituye una introducción utilísima a la literatura sobre ética evolutiva.

Bibliografía

Adanson, M. 1763. *Familles de Plantes*. París.

Agar, W. E. 1948. «The wholeness of the living organism.» *Phil. Sci.* 15:179-191.

Alberts, B., D. Bray, J. Lewis, K. Roberts y J. Watson. 1983. *Molecular Biology of the Cell*. 1.ª ed. Nueva York y Londres: Garland.

Alexander, R. D. 1987. *The Biology of Moral Systems*. Hawthorne, N.Y.: Aldine de Gruyter.

Allee, W. C., A. E. Emerson, O. Park, T. Park y K. P. Schmidt. 1949. *Principles of Animal Ecology*. Filadelfia: Saunders.

Allen, G. E. 1975. *Life Science in the Twentieth Century*. Nueva York: John Wiley & Sons.

Álvarez, L. 1980. «Asteroid theory of extinctions strengthened.» *Science* 210:514.

Ashlock, P. 1971. «Monophyly and associated terms.» *Syst. Zool.* 21:430-438.

Avery, O. T., C. M. MacLeod y M. McCarty. 1944. «Studies on the chemical nature of the substance inducing transformation of pneumococcal types.» *J. Exp. Med.* 79:137-158.

Ayala, F. J. 1987. «The biological roots of morality.» *Biol. and Phil.* 2:235-252.

Ayala, F. J., A. Escalante, C. O'Huigin y J. Klein. 1994. «Molecular genetics of speciation and human origins.» *Proc. Nat. Ac. Sci.* 91:6787-6794.

Baer, K. E. von. 1828. *Entwicklungsgeschichte der Thiere: Beobachtung und Reflexion*. Koenigsberg: Bornträger.

Baker, J. R. 1938. «The evolution of breeding searson.» En G. R. de Beer, ed., *Evolution: Essays on Aspects of Evolutionary Biology*, págs. 161-177. Oxford: Clarendon Press.

—— 1948-1955. «The cell theory: a restatement, history, and critique.» *Quart. J. Microscopical Science* 89:103-123; 90:87-108; 93:157-190; 96:449.

Barrett, P. H., P. J. Gautrey, S. Herbert, D. Kohn y S. Smith. 1987. *Charles Darwin's Notebooks, 1836-1844*. Ithaca: Cornell University Press.

Bateson, P., ed. 1983. *Mate Choice*. Cambridge: Cambridge University Press.

Beatty, J. 1995. «The evolutionary contingency thesis.» En G. Wolters y J. Lennox, eds., *Concepts, Theories, and Rationality in the Biological Sciences*, págs. 45-81. Pittsburgh: University of Pittsburgh Press.

Beckner, M. 1959. *The Biological Way of Thought*. Nueva York: Columbia University Press.

—— 1967. «Organismic biology.» En *Encyclopedia of Philosophy,* vol. 5, págs. 549-551.

Bertalanffy, L. von 1952. *Problems of Life.* Londres: Watts.

Blandino, G. 1969. *Theories on the Nature of Life.* Nueva York: Philosophical Library.

Blumenbach, J. F. 1790. *Beyträge zur Naturgeschichte.* Gotinga.

Bock, W. 1977. «Foundations and methods of evolutionary classification.» En M. Hecht, P. C. Goody y B. M. Hecht, eds., *Major Patterns in Vertebrate Evolution,* págs. 851-895. Nueva York: Plenum Press.

Bowler, P. J. 1983. *The Eclipse of Darwinism: Anti-Darwinian Evolution Theories in the Decades around 1900.* Baltimore: Johns Hopkins University Press.

Boveri, T. 1903. «Über den Einflus der Samenzelle auf die Larvencharaktere der Echiniden.» *Roux's Arch.* 16:356.

Bradie, M. 1994. *The Secret Chain.* Albany: State University of New York Press.

Buffon, G. L. 1749-1804. *Histoire naturelle, générale et particulière.* 44 vols. París: Imprimerie Royale, después Plassan.

Carr, E. H. 1961. *What Is History?* Londres: Macmillan.

Cassirer, E. 1950. *The Problem of Knowledge: Philosophy, Science, and History since Hegel.* New Hawen: Yale University Press.

Cavalier-Smith, T. 1995a. «Membrane heredity, symbiogenesis, and the multiple origins of algae.» En Arai, Kato y Dio, eds., *Biodiversity and Evolution,* págs. 69-107. Tokio: The National Science Museum Foundation.

—— 1995b. «Evolutionary protistology comes of age: biodiversity and molecular cell biology.» *Arch. Protistenkd* 145:145-154.

Cittadino, E. 1990. *Nature as the Laboratory.* Nueva York: Columbia University Press.

Churchill, F. B. 1979. «Sex and the single organism: biological theories of sexuality in mid-nineteenth century.» *Stud. Hist. Biol.* 3:139-177.

Coleman, W. 1965. «Cell nucleus and inheritance: an historical study.» *Proc. Amer. Philos. Soc.* 109:124-158.

Coon, C. 1962. *The Origin of Races.* Nueva York: Alfred A. Knopf.

Corliss, J. O. 1994. «An interim utilitarian ("user-friendly") hierarchical classification of the protista.» *Acta Protozzologica* 33:1-51.

Coyne, J. A., H. A. Orr y D. J. Futuyma. 1988. «Do we need a new definition of species?» *Syst. Zool.* 37:190-200.

Cremer, T. 1985. *Von der Zellenlehre zur Chromosomentheorie.* Berlín: Springer.

Crick, F. 1966. *Of Molecules and Men.* Seattle: University of Washington Press.

Darwin, C. 1859. *On the Origin of Species by Means of Natural Selection or the Preservation of Favored Races in the Struggle for Life.* Londres: Murray.

Edición facsímil, 1964, ed. E. Mayr. *(El origen de las especies,* varias ediciones.)

—— 1871. *The Descent of Man.* Londres: Murray.

—— 1994. *The Correspondence of Charles Darwin,* vol. 9:269 [carta a Henry Fawcett, 18 sept. 1861]. Cambridge: Cambridge University Press.

Davidson, E. H. 1986. *Gene Activity in Early Development,* 3.ª ed. Orlando: Academid Press.

De Waal, Franz. 1996. *Good Natured: The Origins of Right and Wrong in Humans and Other Animals.* Cambridge: Harvard University Press.

Diamond, J. 1991. *The Third Chimpanzee: The Evolution and Future of the Human Animal.* Nueva York: HarperCollins.

Dijksterhuis, E. J. 1961. *The Mechanization of the World Picture.* Oxford: Clarendon Press.

Dobzhansky, T. 1937. *Genetics and the Origin of Species.* Nueva York: Columbia University Press.

—— 1968. «On Cartesian and Darwinian aspects of biology.» *Graduate Journal* 8:99-117.

—— 1970. *Genetics of the Evolutionary Process.* Nueva York: Columbia University Press.

Doflein, F. 1914. *Das tier als Glied des Naturganzen.* Leipzig: Teubner.

Donald, Merlin. 1991. *Origins of the Modern Mind: Three Stages in the Evolution of Culture and Cognition.* Cambridge: Harvard University Press.

Driesch, H. 1905. *Der Vitalismus als Geschichte und als Lehre.* Leipzig: J. A. Barth.

—— 1908. *The Science and Philosophy of the Organism.* Londres: A. y C. Black. DuBois-Reymond, E. 1860. «Gedächtnisrede auf-Johannes Müller.» *Abt. Presa. Aked. Wiss.* 1859:25-191.

—— 1872. *Über die Grenzen des Naturwissenschaftlichen Erkennens.* Leipzig.

—— 1887. *Die Sieben Welträtsel.* Leipzig.

Dupré, J. 1993. *The Disorder of Things.* Cambridge: Harvard University Press.

Edelman, G. 1988. *Topobiology: An Introduction to Molecular Embryology.* Nueva York: Basic Books.

Egerton, F. N. 1968. «Estudies of animal populations from Lamarck to Darwin.» *J. Hist. biol.* 1:225-259.

—— 1975. «Aristotle's population biology.» *Arethusa* 8:307-330.

Eigen, M. 1992. *Steps toward Life.* Oxford: Oxford University Press.

Eldredge, N. 1971. «The allopatric model and phylogeny in Paleozoic invertebrates.» *Evolution* 25:156-167.

Eldredge, N. y S. J. Gould. 1972. «Punctuated equilibria: an alternative to phyletic gradualism.» En Schopf 1972, págs. 82-115.

Elton, C. 1924. «Periodic fluctuations in the numbers of animals: their causes and effects.» *J. Exper. Biol.* 2:119-163.

—— 1927. *animal Ecology.* Nueva York: Macmillan.

Evans, F. C. 1956. «Ecosystem as the basic unit in ecology.» *Science* 123:1127-1128.

Feyerabend, P. 1962. «Explanation, reduction, and empiricism.» *Minnesota Studies Philos. Sci.* 2:28-97.

—— 1970. «Against method: Outline of an anarchistic theory of knowledge.» *Minnesota Studies Philos. Sci.* 4:17-130.

—— 1975. *Against Method.* Londres: Verso.

Frege, G. 1884. *Die Grundlagen der Arithmetik: Eine logish mathematische Untersuchung über den Begriff der Zahl.* Breslau: W. Koebner.

Geoffroy St. Hilaire, E. 1818. *Philosophie anatomique.* París.

Gerard, R. W. 1958. «Concepts and principles of biology.» *Behavioral Science* 3:95-102.

Ghiselin, M. T. 1969. *The Triumph of the Darwinian Method.* Berkeley: University of California Press.

—— 1974. *The Economy of Nature and the Evolution of Sex.* Berkeley: University of California Press.

—— 1989. «Individuality, history, and laws of nature in biology.» En M. Ruse, ed., *What the Philosophy of Biology Is,* págs. 3-66. Dordrecht: Kluwer.

Giere, R. N. 1988. *Explaining Science: A Cognitive Approach.* Chicago: University of Chicago Press.

Gilbert, S., ed. 1991. *A. Conceptual History of Modern Embryology.* Nueva York: Plenum.

Glacken, C. J. 1967. *Traces on the Rhodian Shore: Nature and Culture in Western Though.* Berkeley: University of California Press.

Gleason, H. A. 1926. «The individualistic concept of the plant association.» *Bull. Torrey Bot. Club* 53:7-26.

Goldschmidt, R. 1938. *Physiological Genetics.* Nueva York: McGraw-Hill.

—— 1954. «Different philosophies of genetics.» *Science* 119-703-710.

Goodwin, B. 1990. «Structuralism in biology.» *Sci. Progress* (Oxford) 74:227-244.

Goudge, T. A. 1961. *The Ascent of Life.* Toronto: University of Toronto Press.

Graham, L. R. 1981. *Between Science and Values.* Nueva York: Columbia University Press.

Haeckel, E. 1866. *Generelle Morphologie der Organismen: Allgemeine Grundzüge der organischen Formen-Wissenschaft, mechanisch begründet durch die von Charles Darwin reformirte Descendenz-Theorie.* 2 vols. Berlín: Georg Reimer.

—— 1870 (1869). «Ueber Entwickelungsgang u. Aufgabe der Zoologie.» *Jenaische Z.* 5:353-370.

Haldane, J. B. S. 1949. «Human evolution: past and future.» En Jepsen, Mayr, y Simpson 1949:405-418.

Haldane, J. S. 1931. *The Philosophical Basis of Biology.* Londres: Hodder and Stoughton.

Hall, B. K. 1992. *Evolutionary Developmental Biology.* Londres: Chapman and Hall.

Hall, R. 1954. *The Scientific Revolution, 1500-1800.* Londres: Longmans.

Hall, T. S. 1969. *Ideas of Life and Matter.* 2 vols. Chicago: University of Chicago Press.

Hamilton, W. D. 1964. «The genetical evolution of social behavior.» *J. Theoret. Biol.* 7:1-16; 17-52.

Handler, P., ed. 1970. *The Life Sciences.* Washington, D. C.: Academia Nacional de Ciencias.

Hanson, N. R. 1958. *Patterns of Discovery.* Cambridge: Cambridge University Press.

Haraway, D. J. 1976. *Crystals, Fabrics, and Fields.* New Haven: Yale University Press.

Harper, J. L. 1977. *Population Biology of Plants.* Nueva York: Academic Press.

Harré, R. 1986. *Varieties of Realism: A Rationale for the Natural Sciences.* Oxford: Oxford University Press.

Hempel, C. G. 1952. *Fundamentals of Concept Formation in Empirical Science.* Chicago: University of Chicago Press.

—— 1965. *Aspects of Scientific Explanation.* Nueva York: Free Press.

Hempel, C. G., y P. Oppenheim. 1948. «Studies in the logic of explanation.» *Phil. Sci.* 15:135-175.

Henning, W. 1950. *Grundzüge einer Theorie der Phylogenetischen Systematik.* Berlín: Deutscher Zentralverlag.

Hertwig, O. 1876. «Beiträge zur Kenntnis der Bildung, Befruchtung und Theilung des thierischen Eies.» *Morph. Jahrb.* 1:347-434.

Hesse, R. 1924. *Tiergeographie auf Ökologischer Grundlage.* Jena: Fischer.

Heywood, V. H. 1973. *Taxonomy and Ecology: Proceedings of an International Symposium Held at the Dept. of Botany, University of Reading.* Nueva York: Systematics Association by Academic Press.

Holton, G. 1973. *Thematic Origins of Scientific Thought: Kepler to Einstein.* Cambridge: Harvard University Press.

Horder, T. J., H. A. Witkowski y C. C. Wylie, eds. 1986. *A History of Embryology:* Nueva York: Cambridge University Press.

Hoyningen-Huene, P. 1993. *Reconstructing Scientific Revolutions: Thomas S. Kuhn's Philosophy of Science.* Chicago: University of Chicago Press.

Hughes, A. 1959. *A History of Cytology.* Londres y Nueva York: Abelard-Schuman.

Hull, D. L. 1975. «Central subjects and historical narratives.» *History and Theory* 14:253-274.

—— 1988. *Science as a Process: An Evolutionary Account of the Social and*

Conceptual Development of Science. Chicago: University of Chicago Press.

Humboldt, A. von. 1805. *Essay sur la Geograpahie des Plantes*. París.

Huxley, J. S. 1942. *Evolution, the Modern Synthesis*. Londres: Allen & Unwin.

Huxley, T. H. 1863. *Evidence as to Man's Place in Nature*. Londres: William and Norgate.

—— 1893. *Evolution and Ethics*. Conferencia Romanes. Londres: Oxford University Press.

Jacob, François. 1973. *The Logic of Life: A History of Heredity*. Nueva York: Pantheon.

—— 1977. «Evolution and tinkering.» *Science* 196:1161-1166.

Jepsen, G. L. E. Mayr y G. G. Simpson, 1949. *Genetics, Paleontology, and Evolution*. Princeton University Press.

Johannsen, W. 1909. *Elemente der Exakten Erblichkeitslehre*. Jena: Gustav Fischer.

Junker, Thomas. 1995. «Darwinismus, materialismus und die revolution von 1848 in Deutschland. Zur interaktion von politik und wissenschaft.» *Hist. Phil. Life Sci.* 17:271-302.

Kagan, J. 1989. *Unstable Ideas*. Cambridge, Mass.: Harvard University Press.

—— 1994. *Galen's Prophesy: Temperament in Human Nature*. Nueva York: Basic Books.

Kant, I. 1790. *Crítica del juicio*. Berlín.

Kimura, M. 1983. *The Neutral Theory of Molecular Evolution*. Cambridge: Cambridge University Press.

Kingsland, S. E. 1985. *Modeling Nature: Episodes in the History of Population Ecology*. Chicago: University of Chicago Press.

Kitcher, P. 1993. *The Advancement of Science*. Nueva York: Oxford University Press.

Kitcher, P. y W. L. Salmon, eds. 1989. *Scientific Explanation*. Mineápolis: University of Minnesota Press.

Kohlberg, L. 1981. *The Philosophy of Moral Development: Moral Stages and the Idea of Justice*. Nueva York: Harper & Row.

—— 1984. *The Psychology of Moral Development: The Nature and Validity of Moral Stages*. San Francisco: Harper & Row.

Kölliker, A. von. 1841. *Beiträge zur Kenntniss der Geschlechtsverhältnisse und der Samenflüssigkeit wirbelloser Thiere, nebst einem Versuch über das Wesen und die Bedeutung der sogenannten Samenthiere*. Berlín: W. Logier.

—— 1886. «Das Karyoplasma und die Vererbung.» En *Kritik der Weismann'schen Theorie von der Kontinuitat des Keimplasma*. Leipzig.

Kölreuter, J. G. 1760. Ver Mayr 1986a.

Korschelt, E. 1922. *Lebensdauer Altern und Tod*. Jena: Gustav Fisscher.

Kuhn, T. 1962. *La estructura de las revoluciones científicas.* Chicago: University of Chicago Press.

—— 1970. *Reflections on my Critics.* En Lakatos y Musgrave 1970, págs. 231-278.

La Mettrie, J. O. de. 1748. *L'homme machine.* Leiden. Elie Luzac.

Lack, D. 1954. *The Natural Regulation of Animal Numbers.* Oxford: Clarendon Press.

Lakatos, I., y A. Musgrave, eds. 1970. *Criticism and the Growth of Knowledge.* Cambridge: Cambridge University Press.

Lamarck, J. B. 1809. *Philosophie zoologique, ou exposition der considérations relatives à l'histoire naturelle des animaux.* París.

Laudan, L. 1968. «Theories of scientific method from Plato to Mach.» *Hist. Sci.* 7:1-63.

—— 1977. *Progress and Its Problems: Towards a Theory of Scientific Growth.* Berkeley: University of California Press.

Lenoir, T. 1982. *The Strategy of Life.* Dordrecht: D. Reidel.

Leplin, J., ed. 1984. *Scientific Realism.* Berkeley: University of California Press.

Liebig, J. 1863. *Ueber Francis Bacon von Verulam und die Methode von Naturforschung.* Múnich: J. G. Cotta.

Lindeman, R. L. 1942. «The trophic-dynamic aspect of ecology.» *Ecology* 23:399-418.

Lorenz, K. 1973. «The fashionable fallacy of dispensing with description.» *Naturwiss.* 60:1-9.

Lloyd, E. 1987. *The Structure of Evolutionary Theory.* Westport, Conn.: Greenwood Press.

Lyell, C. 1830-1833. *Principles of Geology, Being an Attempt to Explain the Former Changes of the Earth's Surface, by Reference to Causes Now in Operation.* 3 vols. Londres.

MacArthur, R. H., y E. O. Wilson. 1963. «An equilibrium theory of insular zoogeography.» *Evolution* 17:373-387.

Magnol, P. 1689. *Prodromus historiae generalis plantarum in quo familiae plantarum per tabulas disponuntur.* Montpellier.

Maier, A. 1938. *Die Mechanisierung des Weltbildes. Forschungen zur Geschichte der Philosophie und der Pädagogik.* Leipzig.

Mainx, F. 1955. «Foundations of biology.» *Int. Encycl. Unif. Sci.* 1:1-86.

May, R. M. 1973. *Stability and Complexity in Model Ecosystems.* Princeton: Princeton University Press.

Maynard Smith, J., hijo 1984. «Science and myth.» *Natural History* 11:11-24.

Mayr, E. 1941. «The origin and the history of the bird fauna of Polynesia.» *Proc. Sixht Pacific Sci. Congress.* 4:197-216.

—— 1942. *Systematics and the Origin of Species.* Nueva York: Columbia University Press.

—— 1946. «History of the North American bird fauna.» *The Wilson Bulletin* 58:3-41.

—— 1952. «The problem of land connections across the South Atlantic, with special reference to the Mesozoic.» *Bulletin of the American Museum of Natural History* 99:85, 255-258.

—— 1954. «Change of genetic environment and evolution.» En J. Huxley, A. C. Hardy, y E. B. Ford, eds., *Evolution as a Process*. Londres: Allen & Unwin, págs. 157-180.

—— 1961. «Cause and effect in biology: kinds of causes, predictability, and teleology are viewed by a practicing biologist.» *Science* 134:1501-1506.

—— 1963a. *Animal Species and Evolution*. Cambridge: The Belknap Press of Harvard University Press.

—— 1963b. «The new versus the classical in science.» *Science* 141, núm. 3583:765.

—— 1964. «Introduction.» En C. Darwin, *El origen de las especies: facsímil de la primera edición*, págs. vii-xxv. Cambridge: Harvard University Press.

—— 1965. «Avifauna: turnover on islands.» *Science* 150:1587-1588.

—— 1969. *Principles of Systematic Zoology*. Nueva York: McGraw-Hill.

—— 1972. «The nature of the Darwinian revolution: acceptance of evolution by natural selection required the rejection of many previously held concepts.» *Science* 176:981-989.

—— 1976. *Evolution and thhe Diversity of Life:* Selected Essays. Cambridge: The Belknap Press of Harvard Universityy Press.

—— 1982. *The Growth of Biological Thought: Diversity, Evolution, and Inheritance*. Cambridge: the Belknap Press of Harvard University Press.

—— 1986a. «Joseph Gottlieb Kölreuter's contributions to biology.» *Osiris* 2:135-176.

—— 1986b. «Natural selection: the philosopher and the biologist.» *Paleobiology* 12:233-239.

—— 1988. «The why and how of species.» *Biol. and Phil.* 3:431-441.

—— 1989. «Speciational evolution or punctuated equilibria.» *Journal of Social and Biological Structures* 12:137-158.

—— 1990. «Plattentektonik und die Geschichte der Vogelfaunen.» En R. van den Elzen, K.-L. Schuchmann, y K. Schmidt-Koenig, eds., *Current Topics in Avian Biology*, págs. 1-17. Proceedings of the International Centennial Meeting of the Deutsche Ornithologen-Gesellschaft, Bonn 1988. Bonn: Verlag der Deutschen Ornithologen-Gesellschaft.

—— 1991a. *One Long Argument: Charles Darwin and the Genesis of Modern Evolutionary Thought*. Cambridge: Harvard University Press.

—— 1991b. «The ideological resistance to Darwin's theory of natural selection.» *Proceedings of the American Philosophical Society* 135:123-139.

—— 1992a. «The idea of teology.» *Journal of the History of Ideas* 53:117-135.

—— 1992b. Darwin's principle of divergence. *Journal of the History of Biology* 25:343-359.

—— 1995a. «Darsin's impact on modern thought.» *Proceedings of the American Philosophical Society* 139 (4):317-325 (10 de noviembre, 1994).

—— 1995b. «Systems of ordering data.» *Biol. and Phil.*: 10(4):419-434.

—— 1996. «What is a species and what is not?» *Phil. of Sci.* 63(2)261-276.

Mayr, E., y P. Ashlock. 1991. *Principles of Systematic Zoology,* ed. rev. Nueva York: MacGraw-Hill.

Mayr, E., y J. Diamond. 1997. *The Birds of Northern Melanesia.* Oxford: Oxford University Press.

McKinney, M. L., y K. J. McNamara. 1991. *Heterochrony: The Evolution of Ontogeny.* Nueva York: Plenum.

McLaughlin, P. 1991. «Newtonian biology and Kant's mechanistic concept causality.» En G. Funke, ed., *Akten Siebenten Internationalen Kant Kongress,* págs. 57-66. Bonn: Bouvier.

McMullin, E., ed. 1988. *Construction and Constraint: The Shaping of Scientific Rationality.* Notre Dame, Ind.: Notre Dame University Press.

Medawar, P. B. 1984. *The Limits of Science.* Oxford: Oxford University Press.

Mendel, J. G. 1866. «Versuche über Pflanzen-hybriden.» *Verh. Natur. Vereins Brünn* 4(1865):3-57.

Merriam, C. H. 1894. «Laws of temperature control of thhe geographic distribution of terrestrial animals and plants.» *Nat. Geogr. Mag.* 6:229-238.

Meyen, F. J. F. 1837-1839. *Neues System der Pflanzenphisiologie.* 3 vols. Berlín: Haude und Spenersche Buchhandlung.

Michener, C., D. 1977. «Discordant evolution and the classification of allodapine bees.» *Syst. Zool.* 26:32-56; 27:112-118.

Milkman, R. D. 1961. «The genetic basis of natural variation III.» *Genetics* 46:25-38.

Miller, S. J. 1953. «A production of amino acids under possible primitive earth conditions.» *Science* 117:528.

Mitton, J. B. 1977, «Genetic differentiation of races of man as judged by single-locus or multiple-locus analyses.» *Amer. Nat.* 111:203-212.

Moore, J. A. 1993. *Science as a Way of Knowing.* Cambridge: Harvard University Press.

Morgan, C. L. 1923. *Emergent Evolution.* Londres: William and Norgate.

Müller, G. H. 1983. «First use of *biologie.*» *Nature* 302:744.

Munson, R. 1975. «Is biology a provincial science?» *Phil. Sci.* 42:428-447.

Nagel, E. 1961. *The Structure of Science: Problems in the Logic of Scientific Explanation.* Nueva York: Harcourt, Brace & World.

Nägeli, C. W. 1845. «Über die gegenwärtige Aufgabe der Naturgeschichte, insbesondere der Botanik.» *Zeitschr. Wiss. Botanik,* vols. 1 y 2. Zúrich.

—— 1884. *Mechanisch-physiologische Theorie der Abstammungslehre*. Leipzig: Oldenbourg.

Needham, J., ed. 1925. *Science, Religion and Reality*. Londres: The Sheldon Press.

—— 1959. *A History of Embryology*. 2.ª ed. Nueva York Abelard-Schuman.

Nitecki, M. H. y D. V. Nitecki. 1992. *History and Evolution*. Albany: State University of New York Press.

—— 1993. *Evolutionary Ethics*. Albany: State University of New York Press.

Novikoff, A. 1945. «The concept of integrative levels and biology.» *Science* 101:209-215.

Odum, E. P. 1953. *Fundamentals of Ecology*. Filadelfia: Saunders.

Orians, G. H. 1962. «Natural selection and ecological theory.» *Amer. Nat.* 96:257-264.

Pander, H. C. 1817. *Beiträge zur Entwicklungsgeschichte des Hühnchens im Eye*. Wurzburgo.

Papineau, D. 1987. *Reality and Representation*. Oxford: Clarendon Press.

Pearson, K. 1892. *The Grammar of Science*. Londres: W. Scott.

Peirce, C. S. 1972. *The Essential Writings,* ed. E. C. Moore. Nueva York: Harper & Row.

Polanyi, M. 1968. «Life's irreducible structure.» *Science* 160:1308-1312.

Popper, K. 1952. *La sociedad abierta y sus enemigos*. Londres: Routledge & Kegan Paul.

—— 1968. *Logic of Scientific Discovery*. Nueva York: Harper & row.

—— 1974. *Unended Quest: An Intellectual Autobiography*. La Salle, Ill.: Open Court.

—— 1975. *Objective Knowledge: An Evolutionary Approach*. Oxford: Clarendon Press.

—— 1983. *Realism and the Aim of Science*. Nueva Jersey: Rowan & Littefield.

Putnam, H. 1987. *The Many Faces of Realism*. La Salle, Ill.: Open Court.

Redfield, R., ed. 1942. «Levels of integration in biological and social sciences.» *Biological Symposia VIII*. Lancaster, Penn.: Jacques Cattell Press.

Regal, P. J. 1975. «The evolutionary origin of feathers.» *Quarterly Review of Biology* 50-35-66.

—— 1977. «Ecology and evolution of flowering plant dominance.» *Science* 196:622-629.

Remak, R. 1852. «Über extracellulare Entstehung thierischer Zellen und über Vermehrung derselben durch Theilung.» *Archiv für Anatomie, Physiologie und wissenschaftliche Medicin (Müllers Archiv)* 19:47-72.

Rensch, B. 1939. «Typen der Artbildung.» *Biol. Reviews* (Cambridge) 14:180-222.

—— 1943. «Die biologischen Beweismittel der Abstammungslehre.» En G. Heberer, *Evolution der Organismen*, págs. 57-85. Jena: Gustav Fischer.

—— 1947. *Neuere Probleme der Abstammungslehre*. Stuttgart: Enke.

—— 1968. *Biophilosophie*. Stuttgart: Gustav Fischer.

Rescher, N. 1984. *The Limits of Science*. Berkeley: University of California Press.

—— 1987. *Scientific Realism: A Critical Reappraisal*. Dordrecht: Reidel.

Ricklefs, R. E. 1990. *Ecology,* 3.ª ed. Nueva York: Freeman (1.ª ed. 1973).

Ritter, W. E., y E. W. Bailey. 1928. «The organismal conception: its place in science and its bearing on philosophy.» *Univ. Calif. Pub. Zool.* 31:307-358.

Rosen, D. 1979. «Fishes from the upland intermountain basins of Guatemala.» *Bull. Amer. Mus. Nat. His.* 162:269-375.

Rosenfield, L. L. 1941. *From Beast-Machine to Man-Machine*. Nueva York: Oxford University Press.

Roux, W. 1883. *Über die Bedeutung der Kerntheilungsfiguren*. Leipzig: Engelmann.

—— 1895. *Gesammelte Abhandlungen über Entwicklungsmechanik der Organismen*. 2 vols. Leipzig: Engelmann.

—— 1915. «Das Wesen des Lebens.» *Kultur der Gegenwart* III 4(1):173-187.

Ruse, M. 1979a. *Sociobiology: Sense or Nonsense?* Boston: D. Reidel.

—— 1979b. *The Darwinian Revolution*. Chicago: University of Chicago Press.

Russell, E. S. 1916. *Form and Funcion: A Contribution to the History of Animal Morphology*. Londres: J. Murray.

—— 1945. *The Directiveness of Organic Activities*. Cambridge: Cambridge University Press.

Saha, M. 1991. «Spemann seen through a lens.» En S. F. Gilbert, ed., *Developmental Biology: A Conceptual History of Modern Embryology,* págs. 91-108. Nueva York: Plenum Press.

Salmon, W. C. 1984. *Scientific Explanation and the Causal Structures of the World*. Princeton: Princeton University Press.

—— 1989. *Four Decades of Scientific Explanation*. Mineápolis: University of Minnesota Press.

Sarich, V. M., y A. C. Wilson. 1967. «Immunological time scale for hominid evolution.» *Science* 158:1200-1202.

Sattler, R. 1986. *Biophilosophy*. Berlín: Springer.

Schleiden, M. J. 1838. «Beiträge zur Phytogenesis.» *Archiv für Anatomie, Physiologie und wissenschaftliche Medicin (Müllers Archiv)* 5:137-176.

—— 1842. *Grundzüige der wissenschaftlichen Botanik*. Leipzig.

Schmidt-Nielsen, K. 1990. *Animal Physiology: Adaptation and Environment.* 4.ª ed. Cambridge: Cambridge University Press.

Schopf, Thomas, J. M., ed. 1972. *Models in Paleobiology*. San Francisco: Freeman.

Schwann, Th. 1839. *Mikroskopische Untersuchungen über die Übereinstimmung in der Struktur und dem Wachstum der Tiere und Pflanzen*. Berlín.

Semper, K. G. 1881. *Animal Life as Affected by the Natural Conditions of Existence*. Nueva York: Appleton [1880 en alemán].

Severtsoff, A. N. 1931. *Morphologische Gesetzmässigkeiten der Evolution*. Jena: Gustav Fischer.

Shapiro, J. H. 1986. *Origins: A Skeptic's Guide to the Creation of Life on Earth*. Nueva York: Summit Books.

Shropshire, W., hijo. 1981. *The Joys of Research*. Washington, D. C.: Smithsonian Institution Press.

Simpson, G. G. 1944. *Tempo and Mode in Evolution*. Nueva York: Columbia University Press.

—— 1961. *Principles of Animal Taxonomy*. Nueva York: Columbia University Press.

—— 1969. «Biology and ethics.» En G. G. Simpson, ed., *Biology and Man*, págs. 130-148. Nueva York: Harcourt, Brace and World.

Singer, P. 1981. *The Expanding Circle*. Nueva York: Farrar, Straus y Giroux.

Slack, J. M., P. W. Holland, y C. F. Graham. 1993. «The zootype and the phylotypic stage.» *Nature* 361:490-492.

Sloan, P. R. 1986. «From logical universals to historical individuals: Buffon's idea of biological species.» En J. Roger y J. L. Fischer, eds., *Histoire des concepts d'espèce dans la science de la vie*. París: Fondation Singer-Polignac.

Smart, J. J. C. 1963. *Philosophy and Scientific Realism*. Londres: Routledge & Kegan Paul.

Smuts, J. C. 1926. *Holism and Evolution*. Nueva York: Viking Press. 2.ª ed. 1965.

Snow, C. P. 1959. *The Two Cultures and the Scientific Revolution*. Nueva York: Cambridge University Press.

Spemann, H. 1901. «Über Correlationen in der Entwicklung des Auges.» *Verhandl Anat Ges*. 15:15-79.

Spemann, H., y H. Mangold. 1924. «Über Induktion von Embryoanlagen durch Implantation artfremder Organisatoren.» *Roux's Archiv* 100:599-638.

Stanley, S. M. 1979. *Macroevolution: Pattern and Process*. San Francisco: W. H. Freeman.

—— 1992. «An ecological theory for the origin of Homo.» *Paleobiology* 18:237-257.

Stebbins, G. L. 1950. *Variation and Evolution in Plants*. Nueva York: Columbia University Press.

Stent, G. 1969. *The Coming of the Golden Age: A View of the End of Progress*. Nueva York: Natural History Press.

Stern, C. 1962. «In praise of diversity.» *Am Zool*. 2:575-579.

—— 1965. «Thoughts on research.» *Science* 148:772-773.

Stresemann, E. 1975. *Ornithology: From Aristotle to the Present*. Cambridge: Harvard University Press.

Sulloway, Frank. 1996. *Born to Rebel*. Nueva York: Pantheon Press.

Suppé, F., ed. 1974. *The Structure of Scientific Theories*. Urbana: University of Illinois Press. 2.ª ed. 1977.

Tansley, A. G. 1935. «The use and abuse of vegetational concepts and terms.» *Ecology* 16:204-307.

Thagard, P. 1992. *Conceptual Revolutions*. Princeton: Princeton University Press.

Thompson, P. 1988. «Conceptual and logical aspects of the "new" evolutionary epistemology.» *Can. J. Phil.*, supl. vol. 14: 235-253.

—— 1989. *The Structure of Biological Theories*. Albany: State University of New York Press.

Thoreau, H. D. 1993 [h. 1856-1862]. *Faith in a Seed*. Washington, D. C.: Island Press.

Thornton, Ian. 1995. *Krakatau: The Destruction and Reassembly of an Island Ecosystem*. Cambridge: Harvard University Press.

Treviño, S. 1991. *Graincollection: Human's Natural Ecological Niche*. Nueva York: Vintage Press.

Treviranus, G. R. 1802. *Biologie, oder Philosophie der lebenden Natur*. Vol. 1. Gotinga: J. R. Röwer.

Trigg, R. 1989. *Reality at Risk: A Defense of Realism in Philosophy and the Sciences*. 2.ª ed. Nueva York: Harvester Wheatscheaf.

Trivers, R. L. 1985. *Social Evolution*. Menlo Park: Benjamin/Cummings.

Tschulok, S. 1910. *Das System der Biologie in Forschung und Lehre*. Jena: Gustav Fischer.

Van Fraassen, B. C. 1980. *The Scientific Image*. Oxford: Clarendon Press.

Waddington, C. H. 1960. *The Ethical Animal*. Londres: Allen and Unwin.

Walbot, V., y N. Holder. 1987. *Developmental Biology*. Nueva York: Randon House.

Warming, J. E. B. 1896. *Lehrbuch der ökologischen Pflanzengeographie*. Berlín.

Weismann, A. 1883. *Über die Vererbung*. Jena: Gustav Fischer.

—— 1989. *Essays upon Heredity*. Oxford: Clarendon Press.

Weiss, P. 1947. «The place of physiology in the biological sciences.» *Federation Proceedings* 6:523-525.

—— 1953. «Medicine and society: the biological foundations.» *J. Mount Sinai Hospital* 19:727.

Wheeler, W. H. 1929. «Present tendencies in biological theory.» *Sci. Monthly* 1929:192.

Whewell, W. 1840. *Philosophy of the Inductive Sciences Founded upon Their History*. Vol. 1. Londres: J. W. Parker.

White, M. 1965. *Foundations of Historical Knowledge*. Nueva York: Harper and Row.

Wilson, E. B. 1925. *The Cell in Development and Heredity*. 3.ª ed. Nueva York: Macmillan.

Wilson, E. O. 1975. *Sociobiology*. Cambridge: Harvard University Press.

Wilson, J. Q. 1993. *The Moral Sense*. Nueva York: Free Press.

Windelband, W. 1894. «Geschichte der alten Philosophie: Nebst einem Anhang: Abriss der Geschichte der Mathematik und der Naturwissenschaften.» En *Altertum von Siegmund Günter*. 2 vols. Múnich: Beck.

Woodger, J. H. 1929. *Biological Principles: A Critical Study*. Londres: Routledge and Kegan Paul.

Wynne-Edwards, V. C. 1962. *Animal Dispersion in Relation to Social Behavior*. Edimburgo. Oliver & Boyd.

—— 1986. *Evolution through Group Selection*. Oxford: Blackwell Scientific Press.

Glosario

Adaptatividad La capacidad de una estructura o un organismo para adaptarse a su entorno o a su modo de vida, como consecuencia de la selección sufrida en el pasado.

ADN Ácido desoxirribonucleico, la molécula que contiene y transmite la información genética.

Altruismo Comportamiento que beneficia a otro organismo, con algún coste para su autor.

Análisis cladístico Análisis de los caracteres derivados de los organismos, para inferir la secuencia o árbol filogenético basándose sólo en caracteres derivados.

Animismo La creencia en espíritus que habitan en los fenómenos de la naturaleza.

Apomorfismo Estado derivado en una serie evolutiva de caracteres homólogos.

Ascendencia común Origen de las especies o taxones superiores que descienden de un antepasado común.

Autecología Ecología de las especies (y de los individuos).

Autogenéticas, teorías Teorías basadas en la creencia en que en la naturaleza existen fuerzas o tendencias dirigidas a un objetivo.

Autótrofos Organismos capaces de producir por sí mismos los nutrientes que necesitan, como hacen las plantas con ayuda de la luz solar.

Bauplan Tipo estructural; por ejemplo, vertebrado o artrópodo.

Biota Fauna y flora.

Carácter Cualquiera de los componentes del fenotipo.

Caracteres adquiridos Caracteres del fenotipo de un organismo que son el resultado de influencias ambientales, y no de la herencia.

Caracteres homólogos Caracteres de dos o más taxones que derivan del mismo carácter del antepasado común más próximo.

Caracteres poligénicos Aspectos del fenotipo controlados por varios genes.

Cartesianismo Las creencias, métodos y filosofía de Descartes.

Catastrofismo Teoría que afirma que a lo largo de la historia de la Tierra se han producido acontecimientos catastróficos cuyo resultado ha sido la extinción parcial o completa de los biotas.

Categoría En taxonomía, el grado (especie, género, familia, orden...) asignado a un taxón en la jerarquía linneana.

Causación evolutiva Factores históricos responsables de las propiedades de los individuos y especies, y más concretamente de la composición del genotipo (el programa genético).

Causación funcional Causación próxima.

Causación próxima Factores químicos y físicos responsables de los procesos biológicos; es decir, de actividades que resultan de la descodificación del programa genético.

Causaciones remotas o últimas Causaciones evolutivas.

Célula germinal Un óvulo o un espermatozoide.

Citoplasma Contenido de la célula, que rodea al núcleo.

Cladificación Sistema de ordenación de los organismos en el que las entidades a ordenar son ramas del árbol filogenético (o de un cladograma). Clasificación de Hennig.

Cladograma Patrón de ramificación de un árbol filogenético, obtenido por inferencia.

Cladón Taxón basado en los principios de la clasificación hennigiana.

Clasificación (darvinista) Ordenación de las especies o taxones superiores en grupos (clases), basándose en las similitudes (grado de divergencia evolutiva) y en la ascendencia común (genealogía).

Código genético Código mediante el cual se traduce a aminoácidos (las unidades estructurales de las proteínas) la información genética contenida en la secuencia de pares de bases del ADN.

Convergencia En evolución, la adquisición del mismo carácter por dos o más linajes no emparentados, que lo adquieren de manera independiente.

Creacionismo La creencia en la veracidad literal del relato de la Creación, tal como aparece en el libro del Génesis.

Cromatina El material de que están compuestos los cromosomas, que incluye ADN y proteínas.

Cromosoma Una de las estructuras filamentosas del núcleo de la célula, formada por ADN y proteínas asociadas.

Demo Población local de una especie; la comunidad de individuos potencialmente interfecundables en una localidad dada.

Deriva genética Cambios en el fondo génico de una población, debidos a sucesos ocurridos por azar.

Desarrollo determinado Desarrollo en el que el destino de las células embrionarias está determinado por su posición en el embrión, y en el que cada zona del embrión se diferencia casi independientemente de la influencia de otras zonas; también se llama desarrollo en mosaico.

Desarrollo en mosaico Desarrollo determinado.

Desarrollo regulativo Desarrollo de las primeras fases del embrión, en el que el entorno celular influye en cada célula.

Determinismo Teoría que afirma que el resultado de todo proceso está estrictamente predeterminado por causas concretas y leyes naturales y, por lo tanto, es teóricamente predecible.

Diploide Que posee dos juegos de cromosomas, que proceden uno de cada progenitor.

División reductora División celular que forma parte de la meiosis, en la cual se reduce a la mitad el número de cromosomas; es decir, una célula diploide da origen a dos células haploides.

Dogma central Máxima, ya demostrada, que afirma que la información contenida en las proteínas no se puede traducir, en sentido inverso, a los ácidos nucleicos.

Ectodermo Capa germinal externa, que suele dar origen a la epidermis y el sistema nervioso.

Ectotérmico Organismo cuya temperatura depende de la temperatura del ambiente.

Eficacia reproductora Capacidad relativa de un organismo para sobrevivir y transmitir sus genes al fondo génico de la siguiente generación.

Eficacia reproductora inclusiva Adiciones a la eficacia reproductiva del genotipo de un individuo, aportadas por los genotipos de sus parientes cercanos (sobre todo, de sus descendientes).

Elección femenina Hipótesis según la cual suele ser la hembra la que elige uno o varios machos para aparearse, y no al revés; forma parte de la teoría moderna de la selección sexual.

Emergencia En un sistema, la aparición de características en los niveles superiores de integración, que no se podrían haber predicho a partir del conocimiento de los componentes de los niveles inferiores.

Endodermo La capa germinal interna, que suele dar origen al aparato intestinal.

Epigénesis Teoría, ya desacreditada, que afirmaba que durante la ontogenia se forman nuevas estructuras a partir de un material no diferenciado, con ayuda de una fuerza vital; véase Preformación.

Esencialismo Creencia en que la diversidad de la naturaleza se puede reducir a un número limitado de clases básicas, que representan tipos constantes y bien delimitados; pensamiento tipológico.

Especiación alopátrida Especiación geográfica.

Especiación dicopátrida Especiación que tiene lugar por división de una especie parental, debido a una barrera geográfica, de vegetación, o a otro tipo de barrera extrínseca.

Especiación geográfica Especiación que se produce cuando varias poblaciones quedan geográficamente aisladas; también llamada especiación alopátrida.

Especiación parapátrida Divergencia progresiva de dos poblaciones que tienen zonas de distribución geográfica contiguas, pero que no se cruzan (o lo hacen en grado mínimo) en la zona de contacto hasta formar dos especies diferentes.

Especiación peripátrida Origen de nuevas especies por modificación de poblaciones fundadoras periféricas aisladas.

Especiación simpátrida Especiación sin aislamiento geográfico, que puede deberse a la especialización ecológica; adquisición de mecanismos de aislamiento dentro de un demo.

Especie (biológica) Conjunto de poblaciones aislado reproductivamente, en el que las distintas poblaciones pueden cruzarse entre sí porque todas tienen los mismos mecanismos de aislamiento.

Especie, categoría La categoría o grado en el que se sitúan los taxones «especie» en la jerarquía linneana.

Especie, concepto Significado biológico o definición de la palabra «especie».

Especie, concepto biológico Definición de una especie como grupo reproductivamente (genéticamente) aislado de poblaciones naturales capaces de interfecundarse.

Especie, concepto tipológico Definición de las especies basada en el grado de diferencia.

Especie incipiente Población en proceso de evolucionar hasta convertirse en una especie aparte.

Especie politípica Especie compuesta por varias subespecies.

Especie taxón Poblaciones o grupos de poblaciones que se ajustan a la definición de especie.

Especie tronco Especie con un nuevo apomorfismo que da origen a un nuevo clado.

Especies hermanas Especies aisladas reproductivamente, pero morfológicamente idénticas o casi idénticas.

Estatismo Mantenimiento de un fenotipo constante en un linaje evolutivo a lo largo del tiempo geológico.

Estratigrafía Estudio de los estratos geológicos, su historia, y la fauna y flora fósiles que contienen.

Eucariontes Organismos con un núcleo bien desarrollado en sus células; todos los organismos por encima del nivel de procariontes.

Evolución especiativa Evolución rápida de especies que se originaron a partir de poblaciones fundadoras peripátridas.

Exclusión competitiva Principio que afirma que dos especies con idénticas necesidades ecológicas no pueden coexistir en el mismo lugar; también llamado principio de Gause.

Evolución neutra Aparición y acumulación de mutaciones hereditarias que no alteran la eficacia reproductiva del individuo ni de su descendencia.

Exón Secuencia de pares de bases de un gen que participa en la codificación de proteínas (péptidos); véase Intrón.

Fenética Delimitación y ordenación jerárquica de taxones basada estrictamente en la similitud general, sin tener en cuenta la genealogía.

Fenotipo La totalidad de las características de un individuo, resultado de la interacción del genotipo con el ambiente.

Filogenia La línea de descendencia a partir de los antepasados.

Finalismo Creencia en una tendencia inherente del mundo natural hacia algún objetivo o propósito final predeterminado, como alcanzar la perfección; véase Teleología.

Fisicismo Insistencia (y creencia) en ciertos principios dominantes en la física clásica, como el esencialismo, el determinismo, el reduccionismo, etcétera.

Gameto Célula germinal (óvulo o espermatozoide) que contiene sólo un juego de cromosomas (la mitad del número normal en el organismo): en especial, una célula germinal madura, capaz de participar en la fecundación; véase Recombinación génica; Meiosis.

Gen Secuencia de pares de bases en una molécula de ADN, que contiene información para la construcción de una molécula de proteína.

Genoma La totalidad de los genes contenidos en un solo gameto.

Genotipo La totalidad de los genes (información genética) de un individuo.

Gradualismo Teoría que afirma que la evolución progresa por modificación gradual de las poblaciones, y no por la aparición súbita de nuevos tipos (saltaciones).

Gremio Grupo de especies con similares necesidades de recursos y con métodos similares para obtenerlos, y que por lo tanto desempeñan funciones similares en el ecosistema y son competidores en potencia.

Grupos hermanos Grupos que se originan por escisión de un linaje filogenético.

Haploide Que posee un solo juego de cromosomas.

Herencia «blanda» Concepto ya desacreditado, según el cual los caracteres adquiridos del fenotipo podían transmitirse al genotipo; véase Dogma central.

Herencia de caracteres adquiridos Teoría ya desacreditada, que afirmaba que los cambios en el fenotipo de un organismo, provocados por factores del ambiente, pueden transmitirse a la descendencia por medio del material genético del organismo.

Herencia mendeliana Teoría comprobada, según la cual los materiales genéticos aportados por los padres no se fusionan durante la fecundación, sino que se mantienen discretos; véase Herencia mezclada.

Herencia mezclada Concepto ya desacreditado, según el cual los materiales genéticos del padre y de la madre se fusionan durante la fecundación; véase Herencia mendeliana.

Hibridación de ADN Método para comprobar el grado de parentesco de dos taxones.

Homoplasia Posesión, por dos o más taxones, de un carácter no derivado del antepasado común más próximo, sino adquirido por convergencia, paralelismo o reversión.

Interacciones epistáticas Interacciones de diferentes *loci* génicos.

Intrón Secuencia de pares de bases de ADN que no es codificadora y se elimina antes de la traducción de los ácidos nucleicos a proteínas (péptidos); véase Exón.

Lamarckismo Teorías evolutivas de Lamarck, en especial la creencia en la herencia de los caracteres adquiridos.

Ley de Meckel-Serrès Recapitulación.

Macroevolución Evolución por encima del nivel de especie. Es la evolución de los taxones superiores con producción de novedades evolutivas, como nuevas estructuras.

Macrotaxonomía Clasificación de los taxones superiores.

Mecanismos de aislamiento Propiedades genéticas de los individuos (incluyendo rasgos de conducta) que impiden los cruzamientos entre poblaciones de diferentes especies que coexisten en la misma zona.

Meiosis Dos divisiones sucesivas y especiales de las células germinales, en las que se produce emparejamiento y segregación de cromosomas homólogos; las células germinales resultantes tienen un juego haploide de cromosomas.

Mesodermo Capa germinal intermedia, que da origen a los tejidos conectivos, músculos y huesos.

Mesozoico Era geológica que duró desde hace 225 millones de años hasta hace 65 millones de años; la era de los reptiles.

Metazoo Animal pluricelular.

Microtaxonomía Clasificación al nivel de especies.

Mimetismo batesiano Fenómeno consistente en que una especie comestible imita el aspecto de otra especie nauseabunda o tóxica.

Mitosis Proceso de división de una célula (incluyendo su dotación cromosómica) en dos células hijas.

Monofiletismo Proceso de evolución de un taxón a partir del taxón ancestral común más próximo, siendo éste del mismo nivel o inferior.

Morfotipo Tipo estructural o bauplan.

Mutación Cambio espontáneo o inducido en la secuencia de ADN de un gen en un organismo individual; por lo general, las mutaciones son el resultado de un error en la replicación del ADN.

Nicho Espacio multidimensional de recursos de una especie; el conjunto de sus necesidades ecológicas.

Ontogenia Desarrollo del individuo, desde el óvulo fecundado (zigoto) hasta la fase adulta.

Organicismo Doctrina que afirma que las características exclusivas de los organismos vivos no se deben a su composición sino a su organización.

Ortogénesis Creencia en una fuerza o tendencia intrínseca, que conduce a un linaje filogenético hacia un objetivo predeterminado, o al menos hacia una mayor perfección.

Pangénesis Teoría que intentaba explicar la herencia de los caracteres adquiridos, mediante pequeños gránulos (gémulas, pangenes) que migran desde todas las partes del cuerpo hacia las gónadas, donde se incorporan a los gametos.

Par de bases Par de bases nitrogenadas (una purina y una pirimidina) unidas por puentes de hidrógeno que conectan los dos filamentos de la doble hélice del ADN.

Parafilético Taxón que incluye un linaje que conduce a un taxón derivado.

Parsimonia En taxonomía, el principio que afirma que el mejor árbol es el más corto; es decir, el árbol con menos puntos de ramificación (cambios de caracteres).

Partenogénesis Producción de descendencia a partir de óvulos no fecundados.

Pensamiento poblacionista Punto de vista que insiste en el carácter único de cada individuo en las poblaciones de especies con reproducción sexual; en este carácter único de los individuos radica la variabilidad de las poblaciones; es lo contrario del pensamiento esencialista y tipológico.

Pensamiento tipológico Esencialismo.

Plasma germinal Término anticuado para designar al material genético de las células germinales.

Pleiotrópico Se dice de un gen que influye en varios caracteres fenotípicos.

Plesiomórfico Estado ancestral (primitivo, patrístico) de un carácter.

Población fundadora Población fundada por una sola hembra (o un pequeño número de individuos de la misma especie) fuera de las anteriores fronteras de la especie.

Poliploidía Posesión de más de dos dotaciones cromosómicas haploides.

Preformación Teoría ya desacreditada, que afirmaba que un embrión se desarrolla a partir de un material en el que ya está «preformada» la forma esencial del adulto; es decir, que la forma definitiva existe ya en las estructuras esenciales; véase Epigénesis.

Primate Miembro del orden de mamíferos que incluye los lemures, los monos y los simios antropoides.

Procariontes Organismos unicelulares que carecen de un núcleo estructurado, como ocurre con diversos tipos de bacterias.

Proceso teleonómico Proceso o pauta de comportamiento dirigido a un objetivo, y que debe esta orientación a la puesta en funcionamiento de un programa.

Procesos estocásticos Sucesos casuales, debidos al azar.

Programa abierto Conjunto de tejidos capaces de incorporar y conservar instrucciones para influir en el desarrollo y actividades del organismo.

Programa de adaptatividad Investigación que pretende descubrir el significado adaptativo de estructuras, procesos y actividades.

Programa genético La información codificada en el ADN de un organismo.

Programa somático En el desarrollo, la información contenida en tejidos adyacentes, que puede influir o controlar el desarrollo posterior de una estructura o tejido embrionario.

Protistas Grupo heterogéneo formado por organismos unicelulares eucariontes.

Puntuacionismo Teoría que afirma que casi todos los procesos evolutivos importantes tienen lugar durante períodos de especiación cortos y explosivos, y que una vez que se forman las especies, éstas se mantienen relativamente estables, a veces durante períodos muy largos.

Recapitulación Teoría que afirma que los organismos recapitulan durante su ontogenia las etapas filogenéticas por las que pasaron sus antepasados; también conocida como ley de Meckel-Serrès.

Recombinación génica Barajamiento y recolocación de los genes de un organismo durante la meiosis. De este modo se asegura que los cromosomas del óvulo o espermatozoide no sean idénticos a los cromosomas que el organismo heredó de uno u otro de sus progenitores, y que cada óvulo o espermatozoide lleve cromosomas diferentes.

Reduccionismo Filosofía que afirma que todos los fenómenos y leyes referentes a fenómenos complejos (incluyendo los procesos de la vida) se pueden explicar reduciéndolos a sus componentes más pequeños, y que los niveles de integración superiores de estos sistemas se pueden explicar conociendo los componentes de los niveles inferiores.

Reproducción asexual Cualquier forma de propagación que no dependa de la fusión de dos gametos.

Reversión Reaparición en la filogenia de un carácter ancestral, como consecuencia de la pérdida de un carácter derivado (apomórfico).

Saltacionismo Teoría que afirmaba que los cambios evolutivos son consecuencia de la aparición repentina de un nuevo tipo de individuo, que se convierte en progenitor de un nuevo tipo de organismos.

Scala naturae Ordenación lineal de las formas vivas, desde las más inferiores, casi inanimadas, hasta las más perfectas; la gran cadena de los seres vivos.

Selección artificial Crianza selectiva de animales o plantas, para favorecer ciertos caracteres.

Selección de parentesco En individuos emparentados por su ascendencia común, la selección de los componentes comunes de sus genotipos.

Selección natural Supervivencia y éxito reproductivo de un pequeño porcentaje de los individuos de una población, que no se debe al azar, sino a que poseen caracteres que, en ese momento, aumentan sus posibilidades de sobrevivir y reproducirse.

Selección sexual Selección de caracteres que aumentan las posibilidades de éxito reproductivo.

Sinecología La ecología de las comunidades y ecosistemas.

Síntesis evolutiva El período de 1937 a 1950, cuando se estableció la unidad conceptual entre los evolucionistas, basada en un paradigma esencialmente darwinista que incluía la selección natural, la adaptación y el estudio de la diversidad.

Sistemática Ciencia que estudia la diversidad de los organismos.

Sociobiología El estudio sistemático de la base biológica de la conducta social, con especial interés en la conducta reproductiva.

Taxón Grupo monofilético de organismos que comparten un conjunto concreto de caracteres y son suficientemente distintivos como para merecer un nombre oficial.

Taxones holofiléticos Todos los taxones que descienden de una misma especie tronco.

Taxonomía Teoría y práctica de clasificar los organismos.

Teleología Estudio de la existencia, real o aparente, de procesos naturales dirigidos a un fin.

Teología natural El estudio de la naturaleza con el fin de demostrar el poder y la sabiduría del Creador en el diseño del mundo.

Terciaria La más reciente de las grandes eras geológicas, que va desde hace 65 millones de años hasta hace 2.000.000-500.000 años.

Tipos naturales Tipos de organismos, definidos por el concepto tipológico de especie.

Transposones Genes que pasan de un cromosoma a otro.

Troquelado Proceso de aprendizaje especialmente rápido y en gran medida irreversible, que almacena información en un programa abierto.

Uniformismo Teoría, defendida sobre todo por el geólogo Charles Lyell, que afirma que todos los cambios de la naturaleza son graduales, y en especial los geológicos; es lo contrario del catastrofismo.

Variante Miembro de una población variable.

Vicariedad Existencia de formas con parentesco muy próximo (vicarias) en zonas geográficas incomunicadas, que quedaron aisladas secundariamente por la formación de una barrera natural.

Vitalismo Creencia en que los organismos vivos poseen una fuerza (o una sustancia) vital especial, que no se puede encontrar en la materia inerte.

Zigoto Óvulo fecundado; la célula que resulta de la fusión de dos gametos y sus núcleos.

Zona adaptativa Espacio de recursos en el ambiente ocupado por organismos más o menos adaptados a él.

Agradecimientos

En la redacción de este libro de tan amplia temática he recibido ayuda y estímulo de numerosos colegas. Walter J. Bock leyó todo el manuscrito de la primera versión y de otra posterior, y aportó muchas y valiosas recomendaciones. Varios capítulos se beneficiaron considerablemente de los comentarios críticos de David Pilbeam y Richard Alexander. El campo en el que más orientación necesité fue el de la filosofía de la ciencia. No es fácil para un científico profesional seguir la línea de argumentación de las diversas escuelas de epistemología, que a menudo discrepan radicalmente. Los profesores Adolf Grünbaum y John Beatty me explicaron pacientemente cuestiones que yo no lograba comprender. También recibí valiosos consejos de David Hull, Michael Ruse y Robert Brandon. Lamento no haber podido incluir algunas de sus sugerencias, debido a limitaciones de espacio. Estoy en deuda con todos estos amigos.

Gran parte del libro lo escribí durante mis viajes de invierno al sur. Deseo manifestar mi caluroso agradecimiento al Dr. Ira Rubinoff, director del Instituto Smithsoniano de Investigación Tropical (STRI) en Panamá, por aceptarme varios años como investigador invitado. Mi sincero agradecimiento también al Dr. John Fitzpatrick y su equipo, por acogerme en la Estación Biológica Archbold, en Lake Placid (Florida). Los profesores Karl Peters y Dan DeNicola me proporcionaron medios de trabajo en el Departamento de Filosofía y Religión del Rollins College, en Winter Park (Florida); a todos ellos, y a la presidenta del Rollins College, Rita Bornstein, que me concedió una plaza Johnston de visitante en 1995, quiero darles una vez más las gracias por la generosidad que demostraron conmigo.

Mi esforzado y difunto secretario, Walter Borawski, me ayudó con la eficacia de siempre en las primeras fases de preparación del manuscrito. Tuve la enorme suerte de disponer de la eficiente y laboriosa Lisa Reed como sucesora suya; no sólo mecanografió numerosas versiones del manuscrito y recopiló gran parte de la bibliografía, sino que, además, preparó minuciosos índices de materias, que sirvieron para eliminar repeticiones y solapamientos entre capítulos. Chenoweth Moffatt mecanografió la versión definitiva, completó la bibliografía y dejó el manuscrito listo para el editor. Con todos estos colaboradores he contraído una gran deuda de gratitud por su inteligente y leal ayuda.

AGRADECIMIENTOS

Una vez más, el personal de la Harvard University Press se esforzó al máximo para producir un libro de la mejor calidad, por lo que les estoy muy agradecido. Por encima de todo, quiero dar las gracias a Susan Wallace Boehmer, mi editora desde 1982, cuyos buenos consejos durante todo el año pasado mejoraron apreciablemente la organización y legibilidad de este libro.

Tengo la sincera esperanza de que este libro contribuya a comprender mejor no sólo la biología, sino la ciencia en su totalidad. Necesitaremos esa comprensión si queremos desarrollar los valores que regirán la vida futura de este país y del mundo entero.

Cambridge, Massachusetts,
septiembre de 1996

Índice alfabético

Academia Nacional, 138, 139
Adanson, Michel, 111, 154
adaptatividad, 210
ADN, 35, 108, 158, 175, 205
    diferentes tipos de, 216
    hibridación, 161
    no codificador, 123
    portador de información genética, 185
programa, 175
Agassiz, Louis, 69, 89, 90
altruismo, 271-277
    auténtico, 274
    de eficacia inclusiva, 272
    recíproco, 273
Álvarez, asteroide 243
Álvarez, Walter, 83, 203
Andrewartha, H. G., 234
antiseleccionismo, 99
antropocentrismo, 199
apomorfismos, 161
árbol filogenético, 71, 199
Archaeopreryx, 89, 199
Aridipithecus ramidus, 250
Aristóteles, 17, 42, 100, 125, 143, 153,
    172, 199, 226, 269, 277; *eidos*, 171
ascendencia común, teoría de, 113, 197
Ashlock, Peter, 131, 162
Australopithecus, 249, 250, 254, 255
autapomorfismos, 161, 163
Avery, Oswald, 183
Ayala, Francisco, 252, 277
azar, 41, 88, 135, 206, 217

Bacon, Francis, 63, 64
Baer, Karl Ernst von, 172, 178, 179, 181
    182, 183
    ley de von Baer, 182
Baker, John, 134
Bates, H. W., 207
Bateson, Pat, 273
Beatty, John, 66, 72, 80
Berg, L., 204
Bernard, Claude, 20, 25, 127, 128
Bichat, F. X., 25, 126
biodiversidad, 138, 143, 210

biología, 126
    autonomía, 45
    ciencia diversificada, 140
    intentos de estructurarla, 129
    subdivisiones clásicas, 140
biología celular, 102
biología de poblaciones, 229
biología del desarrollo, 170, 187
biología evolutiva, 187
biología humana, 53, 247
biología molecular, 115, 141, 184, 221
bioma, 240
Birch, Charles, 234
Blumenbach, J. F., 24, 25, 26, 29, 106, 113,
    126, 193, 264
Bock, Walter, 131
Bohr, Niels, 30, 32
Boveri, Theodor, 107, 109, 110
Brown, Robert, 104
Brücke, Ernst, 20
Buffon, 113, 114, 126, 149, 193, 226, 238
Bush, Vannevar, 124

Cactoblastis, 235
cadena alimentaria, 235
Caenorhabditis, 178, 185
caracteres poligénicos, 213
Carr, E. M., 52
Carson, Rachel, 288
categoría, 158
causación, 85
    próxima (funcional), 86, 134
    remota (evolutiva), 86, 134
    sobrenatural, 48
causaciones próximas, 134
causaciones remotas, 134
Cavalier-Smith, T., 168
certidumbre, 51, 95
ciencia, 39-59
    descriptiva, 43
    filosofía de, 44, 50, 81
    objetivos, 54
    sociología de, 58
    unidad de la, 47
círculo en expansión, 286

citología, 102, 110
civilización, 263
cladificación, 112, 161
cladón, 162
clasificación, 128, 143, 151-160, 167
   con propósito especial, 154
   darviniana, 155
   de las ciencias de la vida, 137
   evolutiva, 112, 155
   funciones, 144
   hacia abajo, 111, 154
   hacia arriba, 111, 154
   humana, 158
Clements, Frederic, 239, 240
clímax, 239
código genético, 198
coevolución, 234
cohesión del genotipo, 189, 214
«¿Cómo?», preguntas del tipo, 86, 124, 133
competencia, 231
Comte, Auguste, 271
concepto de especie,
   biológico, 147
   dificultades, 148
   evolutivo, 150
   filogenético, 151
   nominalista, 150
   tipológico, 146
conceptos, nuevos, 41, 54, 81, 116
condición única, 83
conductistas, 281
conocimiento, 40
Consejo de Biología, 129
consenso científico, 120
conservación, 140, 288
Coon, Carleton, 251
Crick, Francis, 30
Cromañón, 252, 262
cromosomas, 108
Cuvier, Georges, 69, 126, 127, 197, 202, 215

D-N, modelo, 66
Daphnia, 202
Dart, R. A., 249
Darwin, Charles,
   como antiteleologista, 27
   como filósofo, 62
   impacto sobre la ecología, 225
   inconsistencias, 57
   teoría de la evolución, 15, 195
   y el azar, 55
   y el concepto biológico de especie, 149
   y el continuismo, 89

   y el método comparativo, 127
   y el pluralismo, 86
   y la ascendencia común, 197
   y la eficacia reproductora inclusiva, 272
   y la especiación, 201
   y la ética humana, 269
   y la herencia de los caracteres, 282
   y la selección de grupo, 277-278
   y la selección natural, 53, 204, 205
   y la variación, 75
De Graaf, Regnieu, 172
De Vries, Hugo, 101, 138, 204, 210, 211
depredación, 232
Descartes, René, 15, 18, 23, 42, 51, 62, 63, 199
determinación, 43
diferenciación, 176
dinosaurios, 70, 83, 157, 243
diploidía, 173
discontinuidad, 159
divergencia filogenética, 156
diversidad, 132, 241
división lógica, 153
división reductora, 107
Dobzhansky, Theodosius, 195, 196, 210
Driesch, Hans, 22, 26, 27, 50, 129, 177
Drosophila, 102, 185, 186, 191
   estructura metamérica, 185
DuBois-Reymond, Emil, 20, 21, 123, 127, 138
Dupré, J., 162

ecología, 225-245
   controversias, 243
   de la especie, 229
   de las comunidades, 237
   del individuo, 228
ecología vegetal, 228
ecosistema, 240
eficacia reproductora inclusiva, 272
Ehrlich, Paul, 288
Einstein, Albert, 96, 100
Eldredge, Niles, 89, 121, 190, 212, 213
Elton, Charles, 230, 234, 235
embriología, 22, 133
emergencia, 34
empirismo lógico, 64, 72
energía, 21
enfermedades humanas, 155
Entwicklungsmechanik, 22, 135, 138
epigénesis, 105, 171, 174
epistemología, 90, 119
epistemología darvinista, 118

epistemología evolutiva
  cognitiva, 90
equilibrio puntuado, 89, 190, 212
esencialismo, 77, 248
eslabón perdido, 89
especiación, 195-200
  dicopátrida, 200
  geográfica (alopátrida), 121, 200
  peripátrida, 200
  simpátrida, 121, 201
especie, 146-152
  categoría, 151
  clasificación, 153
  como taxón, 151
  en ecología, 152
  en evolución, 48
  monotípicas, 149
  multiplicación de, 151, 200
  número, 237
  politípicas, 149
  selección, 219, 231
  sustitución, 219, 231
especie tronco, 162
estabilidad del sistema de comunicación,
  165
estructura de las teorías, concepción semántica, 66
ética, 269
  ambiental, 288
  individual y social, 288
  programación genética, 281
  y adquisición de normas, 277-280
  y comportamiento, 277, 281
  y educación, 283
  y la razón, 280
eugenesia, 266
Evans, F. C., 240
evolución, 193, 227
  considerada como un hecho, 195
  cultural, 261
  especiativa, 89, 221
  significados de la palabra, 193
  transformativa, 194
  transmutativa, 193
  variativa, 194
evolución cuántica, 211
evolución en mosaico, 250
evolución filética, 194
evolución neutra, 218
exclusión competitiva, 232
éxito reproductivo, 209
explicación biológica, 88
extinción, 70, 202, 215, 242

extinciones masivas, 202

factor limitante, 231
factores externos, 68
factores internos, 68
factores socioeconómicos en la ciencia, 68
familia, 262
fecundación, 22, 105, 108, 173
fenética numérica, 112, 160
fenotipo, 36
Feyerabend, Paul, 55, 72, 118
filosofía, diferencias con la ciencia, 50
finalismo, 27
fisicismo, 20, 29, 227
fluctuaciones de las poblaciones, 233
fósiles vivientes, 96
fuerza vital, 23, 29

Galeno, 125
Galileo, 18, 19, 24, 42, 43, 100
Galton, Francis, 266
Gause, G. F., 232
generación espontánea, 105
genes *Hox*, 186
genes: naturaleza de los, 184
genética, 29, 101, 141, 176, 185
  de transmisión, 183
  del desarrollo, 183
  fisiológica, 183
genotipo, 36
Ghiselin, Michael, 131
Giere, R., 63
Gleason, Herbert, 240, 241
Goethe, Johann Wolfgang, 126
Goldschmidt, Richard, 108, 183, 204, 211
Gould, Stephen J., 89, 190, 212, 213
gradualismo, 115, 201
Grinnell , Joseph, 230

Haeckel, Ernst, 27, 135, 182, 188, 189, 199,
  225, 226, 247
Haldane, J. B. S., 267, 272
Haldane, J. S., 30, 31, 33
Hardin, Garrett, 288
Harper, J. L., 228
Harvey, William, 172
Heisenberg, Werner, 30
Helmholtz, Hermann, 20, 127
Hempel, Carl, 66
Hennig, Willi, 112, 160, 161, 162, 163, 164
Herschel, William, 50, 62, 88, 134
Hertwig, Oskar, 106, 108, 109, 110, 173
heterocronía, 190

híbridos, 76, 147
historia natural, 126, 227
holismo, 31
holofilético, 162
Holton, Gerald, 81
homeoboxes, 141
Homo erectus, 250, 251, 252, 254, 255, 257, 258, 261, 265
Homo habilis, 250, 251, 254, 261
Homo rudolfensis, 250
Homo sapiens, 250, 251, 252, 254, 255, 258, 259, 261, 265
Homo sapiens sapiens, 251, 252, 253, 261
homología, criterios de, 156
homoplasia, 156
Hooke, Robert, 103
Hull, David, 131
humanismo evolutivo, 289
humanización, 255
Humboldt, Alexander von, 227, 238
Hume, David, 62, 65, 84
Hutchinson, Evelyn, 230
Huxley, Julian, 255, 289
Huxley, T. H., 39, 194, 199, 204, 210, 247, 263, 271, 272

individuos, 187, 280
inducción, 40, 63, 180
información, almacenamiento y recuperación de, 164
integrón, 34
intensificación de la función, 202

Jacob, François, 23, 30, 34, 72
Jennings, H. S., 91
jerarquía, 154

Kant, Immanuel, 23, 27, 29, 50, 61, 62, 92, 94, 104, 193, 199, 269, 277
Kimura, M., 218
Kitcher, Philip, 99
Koelreuter, J. G., 106, 174
Kölliker, R. A., 21, 28, 105, 173, 204
Krakatoa, 239
Kuhn, Thomas, S., 72, 110, 111, 112, 113, 114, 115, 116, 117, 118, 120

La Mettrie, 19
Lack, David, 134, 233, 234
Lamarck, 57, 100, 113, 127, 194, 195, 247, 248
Laudan, L., 72, 96
Lebenskraft, 24, 26

Leeuwenhoek, A., 103, 173
lenguaje, 258
Lenoir, Timothy, 23, 27
Leopold, Aldo, 244, 288
ley biogenética, 182
Liebig, Justus von, 20, 64, 127
Lindeman, R., 240
Linneo, C., 113, 125, 126, 138, 143, 146, 152, 153, 154, 226, 227, 247
Lloyd, Elizabeth, 66
Loeb, Jacques, 20, 22, 24, 107
Lorenz, Konrad, 92, 93, 94, 115, 284
Lotka, A. J., 230
Ludwig, Carl, 20, 22, 24
Lyell, Charles, 57, 80, 90, 100, 193, 201, 203

MacArthur, Robert, 242
macrotaxonomía, 146, 153
Madre Eva, hipótesis, 251
Magendie, François, 126
Maier, A., 17
Malpigio, 172, 174
Mangold, Hilde, 181
Marsh, George Perkins, 244
matemáticas, 18, 42
May, Robert, 242
Mayr, Ernst, 131, 210
mecánica, 42
mecanismos de aislamiento, 148, 200
mecanismos reguladores, 36
Meckel-Serrès, ley de, 181, 182, 188
meiosis, 206
Mendel, Gregor, 75, 108, 114, 127, 138, 210
Merriam, C. Hart, 227
Merton, Robert, 59
método: hipotético-deductivo, 65
  comparativo, 127
  experimental, 127
Meyen, F. J. F., 103, 104, 117
Michener, Charles D., 158
microtaxonomía, 146
Miescher, Johann Friedrich, 22, 173
Milkman, Roger, 190
Miller, Stanley, 196
mimetismo, 207
monofilético, 162
monofiletismo (definición), 159
monograma, 262
Moore, John A., 45
morfología comparada, 137
Morgan, Lloyd, 34
Morgan, T. H., 74, 75, 122, 177, 210
mortalidad dependiente de la densidad, 233

movimientos, 21
muerte, 15
Müller, Johannes, 20, 25, 26, 29, 127, 128, 138
mundo, 91
   transgaláctico, 91
Munson, Ronald, 46
mutación, 74, 88
mutación al azar, 88

Nagel, Ernest, 32
Nägeli, Karl Wilhelm von, 21
Naturphilosophie, 26, 126
Neandertal, 252, 253
neolamarckismo, teorías, 204
Newton, Isaac, 18, 24, 42, 96, 100
nicho, 148, 157, 230
nivel, 158, 163
nombres de los taxones, 165
nomenclatura, 166
Novikoff, Alex, 33

Odum, Eugene, 241
Odum, Howard, 241
opinión recibida, 66
Oppenheim, Paul, 66
Orians, G. H., 135, 228
origen de la vida, 196
Osborn, H. F., 204
Ostwald, Wilhelm, 20

paleoecología, 242
Pander, Christian, 172, 178, 179
pangénesis, 171
parafilético, 159, 163
partenogénesis, 169
Pearl, Raymond, 230
pensamiento poblacionista, 146
pirámide de números, 235
Pithecanthropus erectus, 248
pleiotropismo, 190, 213
poblaciones, 148, 201, 230
   geográficamente aisladas, 148
poblaciones fundadoras 89, 190, 200, 212
poliandria, 262
poliginia, 262
poliploidía, 201, 204, 222
Popper, Karl, 56, 57, 62, 65, 68, 71, 72, 77, 117, 118
«¿Por qué?», preguntas del tipo, 86, 124, 133, 137
predicción, 40, 42, 70
preformación, 25, 104, 171

principio de complementaridad, 30
principio de divergencia, 232
probabilismo, 88
procariontes, 167
procesos estocásticos, 43
programa abierto de conducta, 180
programa adaptativo, 207
programas,
   cerrados y abiertos, 93
   genético, 31, 36
   somático, 36, 189
progreso,
   científico, 99-102
   de la sistemática, 111
   en evolución, 214
proteínas, 108, 183
protistas, 93, 167, 168, 198
psicovitalismo, 24

«¿Qué?», preguntas del tipo, 124, 131

Ramapithecus, 248
Rathke, Heinrich, 172, 182
realismo de sentido común, 48, 73, 92
recombinación génica, 205
reduccionismo, 32
Regal, Philip, 96, 243
registro fósil, 89, 211
Remak, Robert, 105, 108, 117, 173
Rensch, Bernhard, 131, 210
reproducción sexual, 169
restricciones de la selección natural, 215-217
reversión, 156
revolución científica, 15, 18, 23, 42, 43, 44, 50, 61, 62, 63
Ritter, W. E., 31, 33
Romanes, G. J., 134
Rosen, Donn, 151
Roux, Wilhelm, 21 , 22, 107, 176, 177, 178, 180, 216
Ruse, Michael, 220, 221
Russell, Bertrand, 62, 65, 278
Russell, E. S., 33
Rutherford, E., 134

Sachs, Julius, 20, 22, 24
Salmon, W., 67, 70
Schelling, F. W. J., 26, 104
Schleiden, Matthias, 20, 103, 104, 105, 115, 126, 127, 129, 137, 173
Schmalhausen, Ivan, 183, 187
Schrödinger, Erwin, 30

Schwann, Theodor, 101, 103, 104, 105, 115, 127, 129, 137, 173
selección, 206
  a favor, 216-217
  blanco de la selección, 217
  norrnalizadora, 187
  proceso en dos partes, 205
  sexual, 202, 209
  unidad de selección, 217
selección de grupo, 218
selección de parentesco, 272
selección-K, estrategia, 233
selección-r, 233
Severtsoff, A. N., 202
simbiosis, 235
Simpon, George Gaylord, 131, 144, 146, 150, 210, 211, 263, 275, 286
Sinanthropus pekinensis, 248
sinecología, 238
Singer, P., 286
sinsontes, 197
sistema de los organismos, 167
sistemas,
  abierros, 37
  adaptados, 35
  muy complejos, 123
  ordenados, 31, 36
  teleonómicos, 37
sistemática, 126, 144
Smart, J. J. C., 80
Smuts, J. C., 31, 33
Snow, C. P., 51, 52, 53
sociobiología, 219, 272
Spemann, Hans, 138, 180, 181
Spencer, Herbert, 134, 215
Stahl, Georg Ernst, 25
Stebbins, G. Ledyard, 210
Stensen, Niels, 172
Strasburger, Edward, 21
sucesión, 239

tafonomía, 242
Tansley, A. G., 240
taxones, 159, 162-165
taxones fósiles, clasificación de, 159
  homínidos, 253
taxonomía, 143-146
  investigación en, 236
Teilhard de Chardin, Pierre, 204
Teofrasto, 143, 155
teoría celular, 170, 173, 178

teoría sintética, 114
teorías, 62, 78, 100
  avances, 100-101
  refutadas, 100-101
teorías no darvinistas, 204
teorías ortogenéticas, 204
Thompson, P., 66, 118
Thoreau, Henry David, 239
Timofeeff-Ressovsky, Nikolai, 210
tipo, en nomenclatura, 166
topobiología, 181
transmutacionismo, 193
Trevino, S., 257
Treviranus, G. R., 127
Trivers, Robert, 271

Uexküll , Jacob J. von, 91
unidad de selección, 217
uniformismo, 201

variación, 118
  geográfica, 147, 191
  morfológica, 147
  origen, 118
  producción de, 205
variación genética, 190-191
vitalismo, 18, 23
Volterra, V., 230

Waddington, Conrad H., 183, 191, 282, 283, 284
Wagner, Moritz, 121
Wald, George, 138
Wallace, Alfred Russel, 69, 116, 127
Warming, Eugene, 238
Weismann, August, 15, 107, 109, 114, 176, 178, 183, 205
Weiss, Paul, 130, 135
Wheeler, W. M., 131
Whewell, William, 50, 62, 145
White, Gilben, 227
Williams, G. C., 234
Wilson, E. O., 219, 220, 221
Wilson, James, 278
Woese, Carl, 199
Wöhler, Frederick, 29
Wolff, Caspar Friedrich, 25, 26, 172, 175, 178

Zeitgeist, 68, 69, 226
zootipo, 186

ÚLTIMOS TÍTULOS PUBLICADOS EN DEBATE

Isabelle Saporta
Comer puede matar

Juan Luis Arsuaga y Manuel Martín-Loeches
El sello indeleble
Pasado, presente y futuro del ser humano

Peio H. Riaño
La otra Gioconda
El reflejo de un mito

David Trueba
Érase una vez
Antología de artículos

Jorge Bergoglio y Abraham Skorka
Sobre el cielo y la tierra
Las opiniones del papa Francisco

Michael J. Sandel
Lo que el dinero no puede comprar
Los límites morales del mercado

Jesús J. de la Gándara
El síndrome del espejo
Cómo reconciliarse con la propia imagen

Paul Preston
El zorro rojo
La vida de Santiago Carrillo

Pere Estupinyà
$S=EX^2$
La ciencia del sexo

Niall Ferguson
La gran degeneración
Cómo decaen las instituciones y mueren las economías

Fernando Savater
Las ciudades y los escritores

Manuel Lozano Leyva
El gran Mónico
La insólita aventura de un ingeniero manchego en tiempos de crisis

FÉLIX DE AZÚA
Contra Jeremías
Artículos políticos

ADRIÁN PAENZA
¿Pero esto también es matemática?

MONGOLIA
Papel mojado

GREGORIO MORÁN
La decadencia de Cataluña
Contada por un charnego

GRADY KLEIN Y YORAM BAUMAN
Introducción a la microeconomía en viñetas

GRADY KLEIN Y YORAM BAUMAN
Introducción a la macroeçonomía en viñetas

JUAN JOSÉ SEBRELI
El asedio a la modernidad
Crítica del relativismo cultural

MARTÍN DE AMBROSIO Y ALFREDO VES LOSADA
¿Por qué corremos?
Las causas científicas del furor de las maratones

ERNESTO SAMPER PIZANO
Drogas. Prohibición o legalización
Una nueva propuesta

D. T. MAX
Todas las historias de amor son historias de fantasmas
David Foster Wallace, una biografía

BORIS CYRULNIK
Sálvate, la vida te espera

JOSEP MENGUAL CATALÀ
A dos tintas
Josep Janés, poeta y editor

JARED DIAMOND
El mundo hasta ayer
¿Qué podemos aprender de las sociedades tradicionales?

MIGUEL-ANXO MURADO
La invención del pasado
Verdad y ficción en la historia de España

MIGUEL-ANXO MURADO
Outra idea de Galicia

EDWARD W. SAID
La cuestión palestina

MERCEDES GALLIZO
Penas y personas
2810 días en las prisiones españolas

IGNACIO RAMONET
Hugo Chávez
Mi primera vida

JULIA CHILD, LOUISETTE BERTHOLLE Y SIMONE BECK
El arte de la cocina francesa

MOISÉS NAÍM
El fin del poder
Empresas que se hunden, militares derrotados, papas que renuncian y gobiernos impotentes. Cómo el poder ya no es lo que era

SEAN CARROLL
La partícula al final del universo
Del bosón de Higgs al umbral de un nuevo mundo

GEORGE ORWELL
Ensayos

LAWRENCE WRIGHT
Cienciología
Hollywood y la prisión de la fe

PHILIP SHENON
JFK. Caso abierto
La historia secreta del asesinato de Kennedy

FELIPE GONZÁLEZ
En busca de respuestas
El liderazgo en tiempo de crisis

CRISTINA GARCÍA-TORNEL
Compendio general e innecesario de cosas que nunca pensó que le fueran a importar

JOHN CARLIN
La sonrisa de Mandela

DAVID STEVENSON
1914-1918
Historia de la Primera Guerra Mundial

JOAN MARIA THOMÀS
El gran golpe
El «caso Hedilla» o cómo Franco se quedó con Falange

EDWARD O. WILSON
Cartas a un joven científico

STEPHEN GROSZ
La mujer que no quería amar
Y otras historias sobre el inconsciente

DOUG SAUNDERS
Ciudad de llegada
La última migración y el mundo del futuro

JUAN SCALITER
Exploradores del futuro
Cómo la ciencia del mañana traspasará las barreras de lo que imaginamos hoy

MICHAEL POLLAN
Cocinar
Una historia natural de la transformación

ANNE APPLEBAUM
El Telón de Acero
La destrucción de Europa del Este, 1944-1956

FRANCISCO DE LA TORRE
¿Hacienda somos todos?
Impuestos y fraude en España

PAUL KENNEDY
Ingenieros de la victoria
Los hombres que cambiaron el destino de la Segunda Guerra Mundial

MICHIO KAKU
El futuro de nuestra mente
El reto científico para entender, mejorar y fortalecer nuestra mente

TIMOTHY TUNG
Wushu!
Gimnasia china para la salud del cuerpo y la mente

ÁNGEL SANTAMARÍA
Heducación se escribe sin hache
La educación en España

ALAN WEISMAN
Un pueblo llamado Gaviotas
El lugar donde se reinventó el mundo

ALAN WEISMAN
La cuenta atrás
¿Tenemos futuro en la Tierra?

ALEX STONE
Engañar a Houdini
Magos, mentalistas, ilusionistas y los poderes ocultos de la mente

PEDRO BRAVO
Biciosos
¿Por qué vamos en bici? y otras preguntas que te haces cuando vas a pedales

JESÚS MERCADER
Se busca…
El mercado de trabajo en España

GUILLERMO ORTIZ
Compendio atlético y liviano de todo lo que siempre quiso saber sobre deporte para ejercitar su curiosidad

POLITIKON
La urna rota
La crisis política e institucional del modelo español

SANTI GIMÉNEZ Y LUIS MARTÍN
Cuándo éramos los mejores (pero no ganábamos nunca)
Recuerdos compartidos del Mundial '86

LEONARDO FACCIO
Messi
Messi y el mundial de su vida

ANDREW SOLOMON
Lejos del árbol
Historias de padres e hijos que han aprendido a quererse

LUIGI CARLETTI Y AGENTE KASPER
Superdólares

FELIPE FERNÁNDEZ-ARMESTO
Las Américas
Historia de un hemisferio

ANTHONY PAGDEN
Pueblos e imperios
Una breve historia de la migración, exploración y conquistas europeas, desde Grecia hasta hoy

SILVANA PATERNOSTRO
Soledad & compañía
Un retrato compartido de Gabriel García Márquez

JOHN DICKIE
¡Delizia!
La historia épica de la comida italiana

SIDDHARTHA MUKHERJEE
El emperador de todos los males
Una biografía del cáncer

YUVAL NOAH HARARI
Sapiens. De animales a dioses
Breve historia de la humanidad

JARON LANIER
¿Quién controla el futuro?

BRIAN COX Y JEFF FORSHAW
El universo cuántico
Y por qué todo lo que puede suceder, sucede

JERRY BROTTON
Historia del mundo en 12 mapas

DAVID DE JORGE Y MARTÍN BERASATEGUI
Más de 100 recetas adelgazantes pero sabrosas

MARTÍN SIVAK
Jefazo
Retrato íntimo de Evo Morales

GEORGE ORWELL
Escritor en guerra
Correspondencia y diarios, 1937-1943

FÈLIX MARTÍNEZ Y JORDI OLIVERES
¿Quién es Jordi Pujol?

WALTER ISAACSON
Los innovadores
Los genios que inventaron el futuro

ARI SHAVIT
Mi tierra prometida
El triunfo y la tragedia de Israel

WILLIAM OSPINA
En busca de Bolívar

ANDRÉS OPPENHEIMER
¡Crear o morir!
Cómo reinventarnos y progresar en la era de la innovación

PAUL PRESTON
El final de la guerra
La última puñalada a la República

GEORGE PACKER
El desmoronamiento
Treinta años de declive americano

GEORGE DYSON
La catedral de Turing
Los orígenes del universo digital

FÉLIX DE AZÚA
La invención de Caín
Sobre las ciudades

SERGIO LUZZATTO
Partisanos
Una historia de la resistencia

SEAN CARROLL
Desde la eternidad hasta hoy
En busca de la teoría definitiva del tiempo

ANDREW SOLOMON
El demonio de la depresión
Un atlas de la enfermedad

ANTONI BATISTA
Matar a Franco
Los atentados contra el dictador

GUY SORMAN
El corazón americano
Ni el Estado, ni el mercado: la opción filantrópica

LEWIS DARTNELL
Abrir en caso de apocalipsis

EUGENIA DE LA TORRIENTE
La elegancia masculina
Los secretos del guardarropa

DAVID REMNICK
Reportero
Los mejores artículos del director del *New Yorker*

MARK KURLANSKY
No violencia
25 lecciones sobre una idea peligrosa

ANNA ERELLE
En la piel de una yihadista
Una joven occidental en el corazón del Estado Islámico

GEORGE ORWELL
Sin blanca en París y Londres

SIMON SCHAMA
La historia de los judíos
En busca de las palabras, 1000 a. e. c.-1492

WALTER MISCHEL
El test de la golosina
Cómo entender y manejar el autocontrol

JOSÉ IGNACIO TORREBLANCA
Asaltar los cielos
Podemos o la política después de la crisis

LUIS MAGRINYÀ
Estilo rico, estilo pobre
Todas las dudas: guía para expresarse y escribir mejor

RAMÓN ACÍN
Ramón Acín toma la palabra
Edición anotada de los escritos (1913-1936)

BALTASAR GARZÓN
El fango
Cuarenta años de corrupción en España

HA-JOON CHANG
Economía para el 99 % de la población

SEBASTIÁN FEST
Sin red
La historia detrás del duelo que cambió el tenis

JOHN HERSEY
Hiroshima

V. S. NAIPAUL
Una zona de oscuridad
El descubrimiento de la India

JANET MALCOLM
Cuarenta y un intentos fallidos
Ensayos sobre escritores y artistas

FRANCIS WHEEN
Karl Marx

KAREN ARMSTRONG
Historia de la Biblia

FUNDÉU
Manual de español urgente

INÉS GARCÍA-ALBI
Cuestión de educación
Un viaje por la enseñanza española

ÉLISABETH ROUDINESCO
Freud en su tiempo y en el nuestro

JUAN PABLO MENESES
Una vuelta al Tercer Mundo
La ruta salvaje de la globalización

CHRISTOPHER MCDOUGALL
Nacidos para ser héroes
Cómo un audaz grupo de rebeldes redescubrieron los secretos de la fuerza
y la resistencia

ANDRÉS DANZA Y ERNESTO TULBOVITZ
Una oveja negra al poder
Pepe Mujica, la política de la gente

WILLIAM EASTERLY
La carga del hombre blanco
El fracaso de la ayuda al desarrollo

JOHN DICKIE
Historia de la mafia
Cosa Nostra, 'Ndrangheta y Camorra de 1860 al presente

ADRIÁN PAENZA
Matemagia
Problemas y enigmas

ANA DURANTE
Guía práctica de neoespañol
Enigmas y curiosidades del nuevo idioma

Fèlix Martínez y Jordi Oliveres
Los intocables
Pocos, poderosos e impunes

Iñaki Ellakuría y José M. Albert de Paco
Alternativa naranja
Ciudadanos a la conquista de España

M. F. K. Fisher
El arte de comer

Fernando Savater y Sara Torres
Aquí viven leones
Viaje a las guaridas de los grandes escritores

Svetlana Alexiévich
La guerra no tiene rostro de mujer

Paul Preston
Franco

William L. Shirer
Diario de Berlín
Un corresponsal extranjero en la Alemania de Hitler (1934-1941)

William L. Shirer
Regreso a Berlín
1945-1947

Martín Berasategui y David de Jorge
Aventuras, desventuras y recetas de un 7 estrellas Michelin y del cocinero que pilota ese programa de TV que se llama «Robin Food»

Svetlana Alexiévich
Voces de Chernóbil
Crónica del futuro

Rafael Sánchez Ferlosio
Altos estudios eclesiásticos
Gramática. Narración. Diversiones

Jared Diamond
Sociedades comparadas
Un pequeño libro sobre grandes temas

Eduardo Suárez y María Ramírez
Marco Rubio y la hora de los hispanos

Henry Kissinger
China

Henry Kissinger
Orden mundial
Reflexiones sobre el carácter de las naciones y el curso de la historia

Joan Maria Thomàs
Franquistas contra franquistas
Luchas por el poder en la cúpula del régimen de Franco

Manuel Vázquez Montalbán
Obra periodística
La construcción del columnista (1960-1973)

Manuel Vázquez Montalbán
Obra periodística
Del humor al desencanto (1974-1986)

David Quammen
Ébola
La historia de un virus mortal

Christopher Hitchens
«Los derechos del hombre» de Thomas Paine

J. M. Coetzee
Contra la censura
Ensayos sobre la pasión por silenciar

Fernando Savater
La aventura de pensar

María O'Donnell
El secuestro de los Born

Svetlana Alexiévich
Los muchachos de zinc
Voces soviéticas de la guerra de Afganistán

Ian Buruma
Asesinato en Amsterdam
La muerte de Theo van Gogh y los límites de la tolerancia